住房城乡建设部土建类学科专业『十三五』规划教材
全国住房和城乡建设职业教育教学指导委员会建筑与规划类
专业指导委员会规划推荐教材

建筑装饰施工图绘制

（建筑装饰工程技术专业适用）

本教材编审委员会组织编写
陆文莺 主编
江向东 主审

中国建筑工业出版社

图书在版编目（CIP）数据

建筑装饰施工图绘制／陆文莺主编．—北京：中国建筑工业出版社，2010.9（2023.4重印）
全国住房和城乡建设职业教育教学指导委员会建筑与规划类专业指导委员会规划推荐教材
ISBN 978-7-112-12526-5

Ⅰ.①建… Ⅱ.①陆… Ⅲ.①建筑装饰－工程施工－建筑制图 Ⅳ.①TU767

中国版本图书馆CIP数据核字（2010）第188870号

本书是建筑装饰工程技术专业教学改革的产物，以工作程序为主线，融入了方案识读、尺寸复核、深化设计、装饰施工图绘制、文本编制、文本输出和审核的相关知识及技术要求。全书分为六个模块：建筑装饰施工图绘制导入、建筑装饰施工图绘制准备、建筑装饰施工图绘制、建筑装饰施工图文件编制、建筑装饰施工图的审核，以及综合项目实训。

本书可作为高职高专建筑装饰工程技术专业、室内设计专业及其相关专业的教材，也可供建筑装饰有关工作人员参考。

为更好地支持本课程的教学，我们向使用本书的教师免费提供教学课件，有需要者请与出版社联系，邮箱：jckj@cabp.com.cn，电话：（010）58337285，建工书院 http://edu.cabplink.com。

责任编辑：杨　虹　周　觅
责任校对：李欣慰　李美娜

住房城乡建设部土建类学科专业“十三五”规划教材
全国住房和城乡建设职业教育教学指导委员会建筑与规划类专业指导委员会规划推荐教材
建筑装饰施工图绘制
（建筑装饰工程技术专业适用）
本教材编审委员会组织编写
陆文莺　主编
江向东　主审
*
中国建筑工业出版社出版、发行（北京海淀三里河路9号）
各地新华书店、建筑书店经销
北京雅盈中佳图文设计公司制版
北京建筑工业印刷厂印刷
*
开本：787毫米×1092毫米　1/16　印张：$13^1/_2$　字数：285千字
2017年12月第一版　2023年4月第八次印刷
定价：42.00元（赠教师课件）
ISBN 978-7-112-12526-5
（30765）

编审委员会名单

前　言

《建筑装饰施工图绘制》课程是建筑装饰工程技术专业必修的专业拓展课程、室内设计专业的专业核心课程，学生已经学习过《建筑制图与识图》、《建筑装饰材料、构造与施工》等专业基础课程，并经过了一系列装饰施工技能的训练，学生有了一定的制图和建筑装饰材料构造与施工知识的基础上开设此门课，因此，这门课程教学内容的专业性、技能性更强更深。本课程的着眼点是对专业技能的拓展，直接对应装饰公司深化设计员岗位，以建筑装饰公司装饰施工图深化设计工作为课程内容，以装饰施工图深化设计程序为学习过程，以典型性工作任务为学习任务，以真实工程项目为实训项目，成为一门典型的工学结合课程，本课程已于2008年确立为国家示范院校重点建设专业建筑装饰工程技术专业的核心课程、2014年国家教学资源库课程、2017年江苏省在线课程。

本教材就在这样的背景下产生了，它是建筑装饰工程技术专业教学改革的产物，它以工作程序为主线，融入了方案识读、尺寸复核、深化设计、装饰施工图绘制、文本编制、文本输出到审核的相关知识和技术要求，把前期教学的知识点融入本教材中，形成了一本全新的教材。本教材还特别设计了配套的实训项目指导教学，包括基本项目训练和综合项目训练等几个方面，每个实训项目都附有实训流程进行指导，并设计了成绩评定标准，更加方便教师组织教学活动，为从事本课程教学的教师提供了有价值的教学方法和思路。

本教材的出版在建筑装饰工程技术专业和室内设计专业的教学改革中能够起到积极的推动作用，学生能够更好地掌握本课程内容，学校能够更容易地组织教学。

本课程由国家示范院校——江苏建筑职业技术学院建筑设计与装饰学院建筑装饰系主任、室内设计专业负责人陆文莺副教授主编，由江苏建筑职业技术学院杨洁老师、王睿老师，泰州职业技术学院程广君老师和江苏水立方建筑装饰设计院胡艳琴设计师参编，江苏建筑职业技术学院建筑设计与装饰学院江向东副院长审核。陆文莺老师设计全书的结构，撰写了模块一知识目标和知识单元的2.1、2.3、2.4部分，模块二部分，模块三的学习情境2、学习情境5，模块四的学习情境2，模块五的学习情境1、学习情境2，并负责全书的统稿；杨洁老师撰写了模块三学习情境1、学习情境3，模块四的学习情境3；王睿老师撰写了模块一知识单元的2.2部分，模块四的学习情境1，程广君老师撰写了模块三的学习情境4，模块五的学习情境3，胡艳琴设计师撰写了模块六。江苏建筑职业技术学院的领导和老师对本书的编写给予了很大的关心和支持，在此特向他们表示衷心的感谢。由于本书是教学改革的产物，加之作者水平有限，一定存在着许多不足之处，敬请同行能对本教材提出宝贵意见，以期在今后再版时予以充实和提高。

编者

2017年2月

目　录

模块一　建筑装饰施工图绘制导入

教学导引：建筑装饰施工图有着自己的特点，在内容和深度上都和建筑施工图有所区别，建筑装饰施工图的制图标准也会更加详细；在建筑装饰施工图的绘制中，深度设计是非常重要的，学生需要掌握深度设计的依据及方法。

重点：掌握建筑装饰制图标准；掌握建筑装饰施工图的深度设计。

1　学习目标

通过学习能正确理解建筑装饰施工图绘制的内容及要求，掌握建筑装饰制图标准，正确理解建筑装饰施工图绘制的工作程序；正确理解深化设计的内容及要求；能够根据不同的深度要求，进行建筑装饰施工图的深度设计。

2　知识单元

2.1　建筑装饰施工图的内容和特点

建筑是人工创造的供人们进行生产、生活或其他活动的空间场所。建筑装饰是指对建筑物室外和室内进行设计和装饰装修，及室内固定家具的设计和装饰装修。建筑装饰施工图是指在建筑土建部分完成后进行的建筑装饰工程施工所依据的图纸。

2.1.1　建筑装饰施工图的内容

建筑装饰工程是对建筑物的室外部分、室内部分进行装饰装修的工程，室外一般包括建筑外观各界面的装饰装修；室内包括建筑室内空间各界面及固定家具的装饰装修。

建筑装饰施工图应用比较广泛，按照工程性质分，可以有办公空间建筑装饰、商业空间建筑装饰、酒店空间建筑装饰、娱乐空间建筑装饰、展演空间建筑装饰、居室空间建筑装饰；按照装饰部位来分，可以分为室内建筑装饰、室外建筑装饰。

建筑装饰施工图文件包括图纸总封面、施工设计说明、主要图表及一套完整的装饰施工图纸，施工图纸应包括总平面图、各层平面布置图、平面尺寸定位图、地面铺装图、平面插座布置图、立面索引图、顶平面布置图、顶棚尺寸定位图、顶棚灯位开关控制图、顶棚索引图、墙立面图、柱立面图、隔墙立面图、剖面图、详图、固定家具装饰施工图等。建筑装饰施工图文件要能够反映图样的具体造型、尺寸、材料、构造做法等内容，以作为建筑装饰施工的重要依据。

2.1.2　建筑装饰施工图的特点

1）建筑装饰施工图是在装饰设计方案图的基础上进行深化设计，图纸内容须包括详细的构造大样图。

2）图示内容、标注尺寸、文字说明根据比例大小都有相应的深化设计要求。

3）在绘图中可以省略土建原有的建筑材料和构造的绘制。

4）装饰平面图、立面图中可以修饰、画出配景。

5）装饰施工图中的需购置陈设内容（如家具、电器、装饰品等）只提供大致构想，具体实施由房主根据情况来选择。

6）建筑装饰施工图的表达须完整、正确、清晰，是指导施工的重要依据。

2.2 建筑装饰制图的有关标准（《房屋建筑制图统一标准》GB/T 50001—2017、《房屋建筑室内装饰装修制图标准》JGJ/T 244—2011）

2.2.1 图纸幅面

装饰装修的图纸幅面规格与建筑类专业的图纸幅面规格一样，只是建筑类其他专业的图纸幅面的尺寸大多比装饰装修图纸的幅面大，常采用 A1、A2 及 A0。装饰装修图纸常采用 A2、A3，少数用 A1。

1）图幅即图纸幅面，指图纸的尺寸大小，以幅面代号 A0、A1、A2、A3、A4 区分。

2）图纸幅面及图框尺寸，应符合表 1-1-1、表 1-1-2 的规定和格式。

幅面及图框尺寸（mm） **表1-1-1**

幅面代号 尺寸代号	A0	A1	A2	A3	A4
$B \times L$	841×1189	594×841	420×594	297×420	210×297
c	10			5	
a	25				

表中 B、L 分别为图纸的短边和长边，a、c 分别为图框线到图幅边缘之间的距离。A0 幅面的面积为 1m^2，A1 幅面是 A0 的对开，其余类推。制图标准对图纸的标题栏和会签栏的尺寸、格式和内容没有统一的规定。学校制图作业的标题栏可以简单些。

纸长边加长尺寸（mm） **表1-1-2**

幅面尺寸	长边尺寸	长边加长后尺寸
A0	1189	1486　1635　1783　1932　2080　2230　2378
A1	841	1051　1261　1471　1682　1892　2102
A2	594	743　891　1041　1189　1338　1486　1635　1783　1932　2080
A3	420	630　841　1051　1261　1471　1682　1892

注：1. 有特殊需要的图纸，可采用 $b \times l$ 为841mm×891mm与1189mm×1261mm的面。

2. 建筑装饰装修施工图以A3为主，居室装饰装修施工图以A3为主，设计修改通知单以A4为主。

3）图纸以短边作为垂直边称为横式，以短边作为水平边称为立式。一般 A0～A3 图纸宜横式使用；必要时，也可立式使用。

4）建筑装饰装修制图中，各专业所使用的图纸，一般不宜多于两种幅面。

2.2.2　标题栏与会签栏

1）标题栏是设计图纸中表示设计情况的栏目。标题栏又称图标。标题栏的内容包括：工程名称、设计单位名称、图纸内容、项目负责人、设计总负责人、设计、制图、校对、审核、审定、项目编号、图号、比例、日期等。

2）图框是界定图纸内容的线框。包括：图框线、幅面线、装订线、标题栏以及对中标志。

3）图纸的标题栏、会签栏及装订边的位置，可参照下列形式：

横式使用的图纸，应按图 1–1–1 的形式布置。

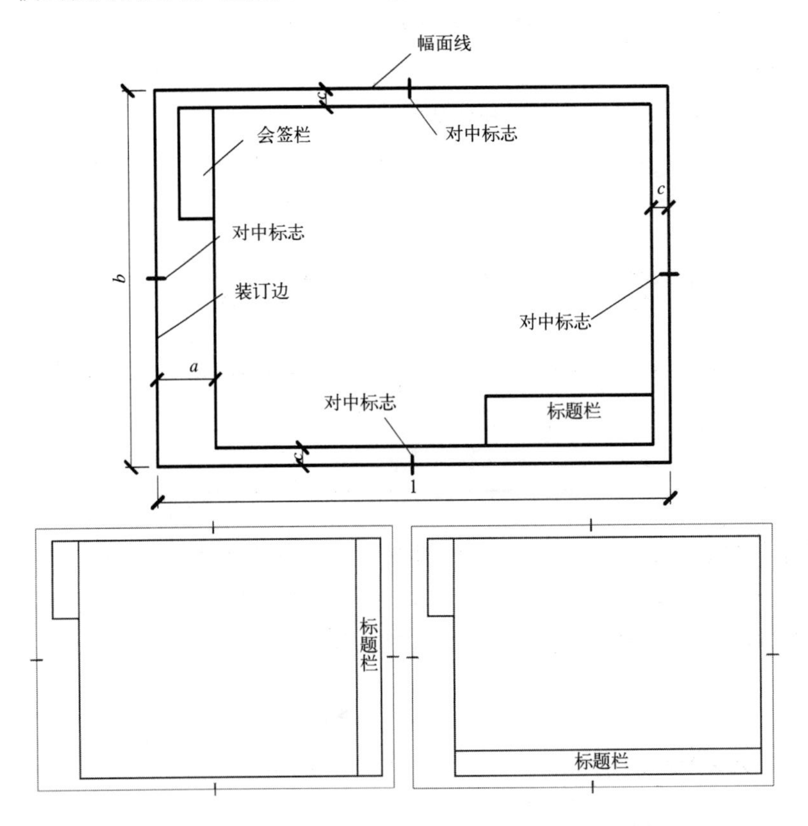

图 1–1–1　标题栏

4）会签栏应按图 1–1–2 的格式绘制，其尺寸应为 100mm × 20mm，栏内应填写会签人员所代表的专业、姓名、日期（年、月、日）。一个会签栏不够时，可另加一个，两个会签栏应并列，不需会签的图纸可不设会签栏。

（专业）	（实名）	（签名）	（日期）

25　25　25　25　100　5　5　5　5　20

图 1–1–2　会签栏

2.2.3 图纸编排顺序

1）当建筑装饰装修工程含设备设计时，图纸的编排顺序应按专业顺序编排。各专业的图纸应按图纸内容的主次关系、逻辑关系有序排列，通常以图纸目录、房屋建筑室内装饰装修图、给水排水图、暖通空调图、电气图等先后为序。标题栏中应含各专业的标注，如"饰施"、"水施"、"设施"、"电施"等。

2）建筑装饰装修工程图一般按图纸目录，设计说明，总平面图，墙体定位图，地面铺装图，陈设、家具平面布置图，部品部件平面布置图，各空间平面布置图，各空间顶棚布置图，立面图，部品部件立面图、剖面图、详图、节点图，装饰装修材料表，配套标准图的顺序排列。

3）各楼层平面的排列一般按自下而上的顺序排列，某一层的各局部的平面一般按主次区域和内容的逻辑关系排列，立面的表示应按所在空间的方位或内容的区别表示。

2.2.4 图线

图线是制图最基本、最重要的知识。图线的核心内容是线型和线宽两个元素。它是表达设计思想的基本语言，设计者必须熟练掌握各种线形和线宽所表达的内容。

图线指制图中用以表示工程设计内容的规范线条，它以线型和线宽两个基础元素组成。线型有：实线、虚线、单点长画线、折断线、波浪线、点线、样条曲线、云线等（表 1–1–3）。图线的宽度 b，宜从下列线宽系列中选取：2.0、1.4、1.0、0.7、0.5、0.35mm。每个图样，应根据复杂程度与比例大小，先选定基本线宽 b，再选用表 1–1–4 中相应的线宽组。工程建设制图，应选用表 1–1–3 所示的图线。

线型及用途 **表1–1–3**

名称	线宽/线型	主要用途
粗实线	b	1.平、剖面图中被剖切的主要建筑结构（包括构配件）的轮廓线； 2.立面图的外轮廓线； 3.建筑装饰构造详图中被剖切的主要轮廓线
中粗实线	$0.7b$	平、剖面图中被剖切的次要建筑构造（包括构配件）的轮廓线。 房屋建筑室内装饰装修详图中的外轮廓线
中实线	$0.5b$	1.建筑装饰构造详图及构配件详图中一般轮廓线； 2.小于$0.7b$的图形线、家具线、尺寸线、尺寸界线、索引符号、标高符号、引出线、地面、墙面的高差分界线等

续表

名称	线宽 线型	主要用途
细实线	0.25*b*	图形和图例的填充线
中粗虚线	0.7*b*	1.表示被遮挡部分的轮廓线； 2.表示被索引图样的范围； 3.拟建、扩建房屋建筑室内装饰装修部分轮廓线
中虚线	0.5*b*	1.表示平面图中的上部的投影装饰轮廓线； 2.预想放置的建筑或装饰构件
细虚线	0.25*b*	表示内容与中虚线相同，小于粗实线一半线宽的不可见轮廓线
中粗单点长画线	0.7*b*	运动轨迹线
细单点长画线	0.25*b*	中心线、对称线、定位轴线
折断线	0.25*b*	不需要画全的断开界线
波浪线	0.25*b*	1.不需要画全的断开界限； 2.构造层次的断开界限
点线	0.25*b*	制图需要的辅助线
样条曲线	0.25*b*	1.不需要画全的断开界线； 2.制图需要的引出线
云线	0.5*b*	1.圈出被索引的图样范围； 2.标注材料的范围； 3.标注需要强调、变更或改动的区域

线宽组 **表1-1-4**

线宽比	线宽组					
b	2.0	1.4	1.0	0.7	0.5	0.35
0.7*b*	1.4	1.0	0.7	0.5	0.35	0.25
0.25*b*	0.5	0.35	0.25	0.18	—	—

注：1.需要微缩的图纸，不宜采用0.18mm及更细的线宽。
2.同一张图纸内，各个不同线宽中的细线，可统一采用较细线宽组的细线。

2.2.5 比例

图样的比例，应为图形与实物相对应的线性尺寸之比。比例的大小，是指其比值的大小，如1：50大于1：100。比例宜注写在图名的右侧，字的基准线应取平，比例的字高宜比图名的字高小一号或二号（图1-1-3）。

平面图 1：50　　平面图 1：100　　⑤ 1：30

图 1–1–3　图名、比例

绘图所用的比例，应根据图样的用途与被绘对象的复杂程度，从表 1–1–5 中选用，并优先用表中常用比例。

绘图所用的比例　　**表1–1–5**

常用比例	1：1、1：2、1：5、1：10、1：15、1：20、1：25、1：30、1：40、1：50、1：75、1：100、1：150、1：200、1：500
可用比例	1：3、1：4、1：6、1：8、1：60、1：80、1：250、1：300、1：400

根据建筑装饰装修工程的不同阶段及施工图的内容不同，绘制比例常用设置见表 1–1–6。

不同阶段及内容的比例设置　　**表1–1–6**

1：200 1：150 1：100	总图阶段	平面 平顶
1：60 1：50 1：30	区域平面施工图阶段 区域平面施工图阶段 局部平面图、顶平面图（如客房、餐厅、卫生间等）	平面 平顶
1：50 1：30 1：20	顶标高在2.8m以上的剖立面施工图 顶标高在2.5m左右的剖立面 顶标高在2.2m以下的剖立面或特别繁复的立面	剖立面 立面
1：10 1：5 1：4 1：2 1：1	2m左右的剖立面（如顶到地的剖面，大型橱柜剖面等） 1m左右的剖立面（如吧台、矮隔断、酒水柜等剖立面） 50～60cm左右的剖面（如大型门套的剖面造型） 18cm左右的剖面（如踢脚、顶角线等线脚大样） 8cm左右的剖面（如凹槽、勾缝、线脚等大样节点）	节点大样

不同实体尺寸的比例设置　　**表1–1–7**

比例	实体尺寸（mm）	浮动范围（mm）
1：10	2000	±300，1700～2300
1：8	1500	±300，1200～1800
1：5	1000	±280，720～1280
1：4	600	±150，450～750
1：3	300	±60，240～360
1：2	180	±50，130～230
1：1	80	±40，40～120

特殊情况下可以自选比例，也可以绘制出相应的比例尺。

2.2.6 符号

符号也是装饰装修制图的重要内容。装饰装修制图中的符号，主要有剖切符号、索引符号、详图符号、引出线以及对称符号与连接符号。

1. 剖切符号

剖切符号是表示图样中剖视位置的符号。剖切符号有两种，分别用于剖面图和断面图。

1）剖视图的剖切符号应符合下列规定：

（1）剖视的剖切符号应由剖切位置线、投射方向线和索引符号组成。剖切位置线位于图样被剖切的部位，以粗实线绘制，长度宜为 8 ~ 10mm；投射方向线平行于剖切位置线，以细实线绘制，一端与索引符号相连，另一段与剖切位置线平行且长度相同。绘制时，剖视的剖切符号不应与其他图线相接触（图 1—1—4）。也可采用国际统一的剖视方法（图 1—1—5）。

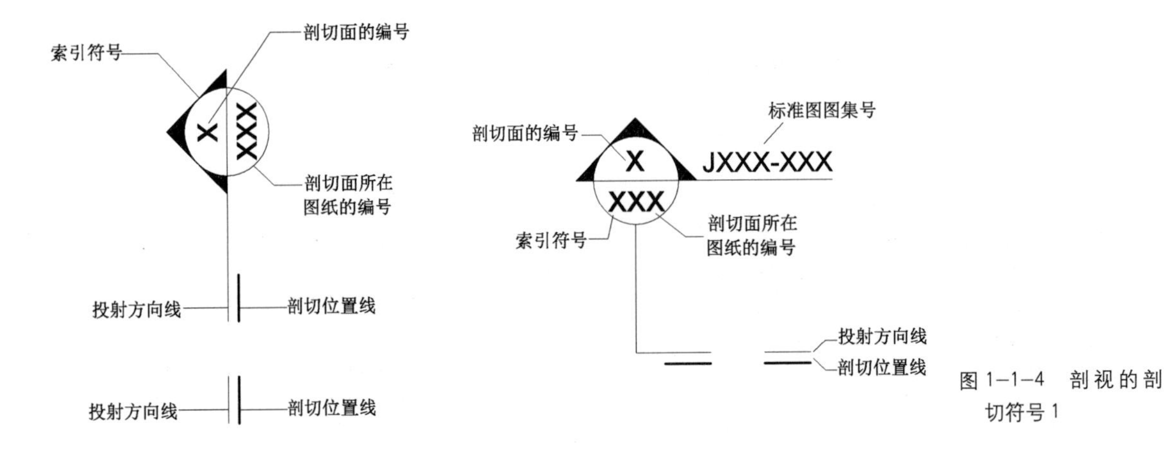

图 1—1—4　剖视的剖切符号 1

（2）剖视剖切符号的编号宜采用阿拉伯数字，按顺序由左至右、由下至上连续编排，并应注写在剖视方向线的端部。

（3）需要转折的剖切位置线，应在转角的外侧加注与该符号相同的编号。

（4）建筑装饰装修图的剖面符号应标注在要表示的图样上。

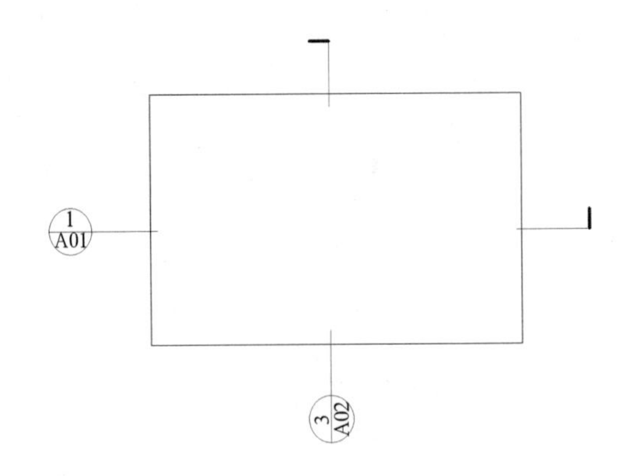

图 1—1—5　剖视的剖切符号 2

2）断面的剖切符号应符合下列规定：

（1）断面的剖切符号应由剖切位置线、引出线及索引符号组成，剖切位置线应以粗实线绘制，长度宜为 8 ～ 10mm。引出线由细实线绘制，连接索引符号和剖切位置线。

（2）断面剖切符号的编号宜采用阿拉伯数字或字母，按顺序由左至右、由下至上连续编排，并应注写在索引符号内（图 1–1–6）。

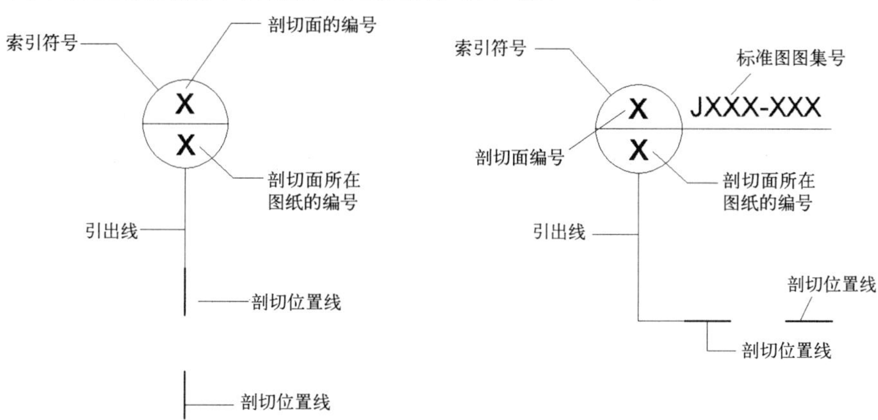

图 1–1–6　断面的剖切符号

2. 索引符号与详图符号

1）索引符号是指图样中用于引出需要清楚绘制细部图形的符号，以方便绘图及图纸查找，提高制图效率。

建筑装饰装修制图中的索引符号可表示图样中某一局部或构件（图 1–1–7*a*），也可表示某一平面中立面的所在位置（图 1–1–7*b*），索引符号是根据图面比例由直径为 8 ～ 10mm 的圆和水平直径组成，圆及水平直径均应以细实线绘制。室内立面索引符号根据图面比例圆圈直径可选择 8 ～ 10mm。索引符号应按规定编写：

（1）索引出的详图，如与被索引的详图同在一张图纸内，应在索引符号的上半圆中用阿拉伯数字或字母注明该详图的编号，并在下半圆中间画一段水平细实线（图 1–1–7*c*）。

（2）索引出的详图，如与被索引的详图不在同一张图纸内，应在索引符号的上半圆中用阿拉伯数字或字母注明该详图的编号，在索引符号的下半圆中用阿拉伯数字或字母注明该详图所在图纸的编号（图 1–1–7*d*）。

（3）索引出的详图，如采用标准图，应在索引符号水平直径的延长线上加注该标准图册的编号（图 1–1–7*e*）。

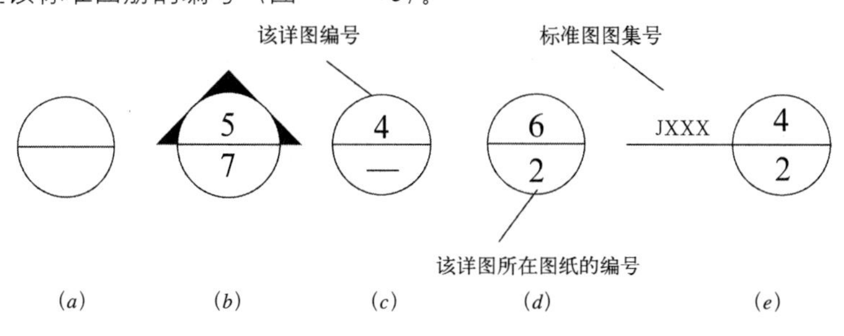

图 1–1–7　索引符号

(4) 表示剖切面在界面上的位置或图样所在图纸编号，应在被索引的界面或图样上使用剖切索引符号（图 1–1–8）。

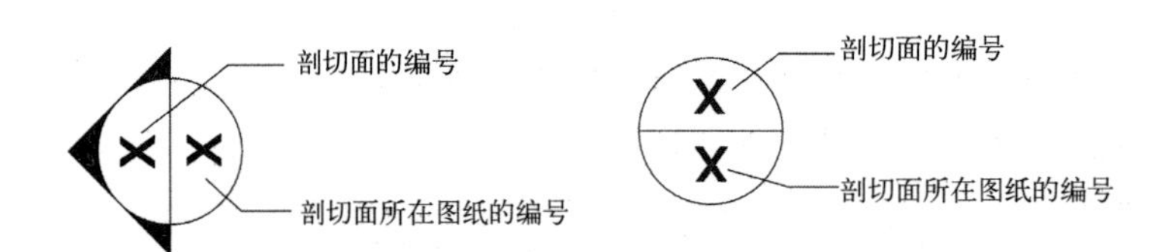

图 1–1–8 用于索引剖视详图的索引符号

(5) 索引符号如用于索引立面图，立面图投视方向应用三角形所指方向表示。三角形方向随立面投视方向而变，但圆中水平直线、数字及字母不变方向（图 1–1–9）。

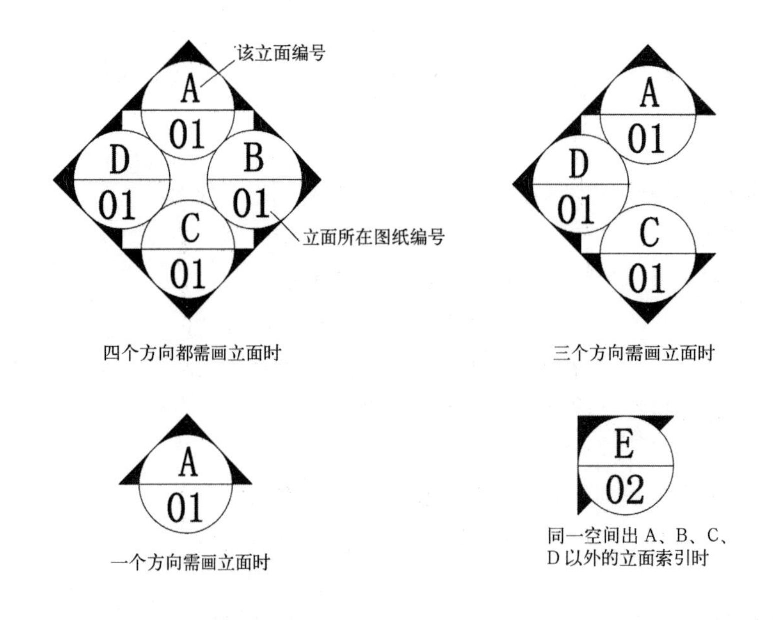

图 1–1–9 立面索引符号

(6) 在平面图中，进行平面及立面索引符号标注，应采用阿拉伯数字或字母为立面编号代表各投视方向，并应以顺时针方向排序（图 1–1–10）。

平面图中 A 、B 、C 、D 等方向所对应的立面，一般按直接正投影法绘制。

在平面上表示立面索引符号示例（图 1–1–10）。

(7) 索引符号如用于图样中某一局部大样图索引，应用引出圈将需被放样的大样图范围完整圈出，并以引出线引出索引符号。范围较小的引出圈以圆形细虚线绘制，范围较大的引出圈以有弧角的矩形细虚线绘制（图 1–1–11）。

(8) 设备索引符号应由正六边形、水平内径线组成，正六边形、水平内径线应以细实线绘制。正六边形长轴可选择 8 ~ 12mm。正六边形内应注明设备编号及设备品种代号（图 1–1–12）。

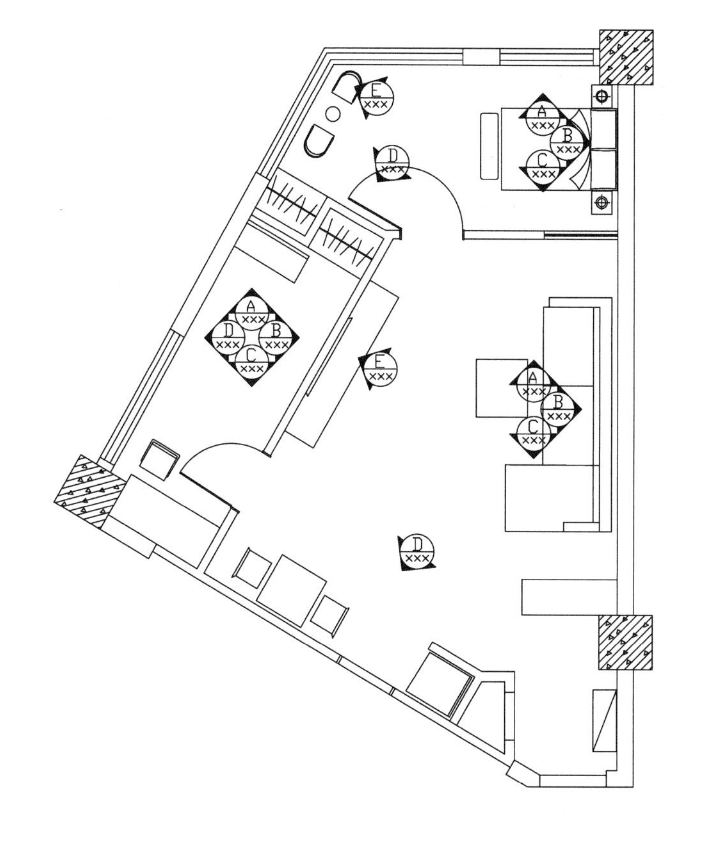

图 1–1–10　立面索引符号的编号

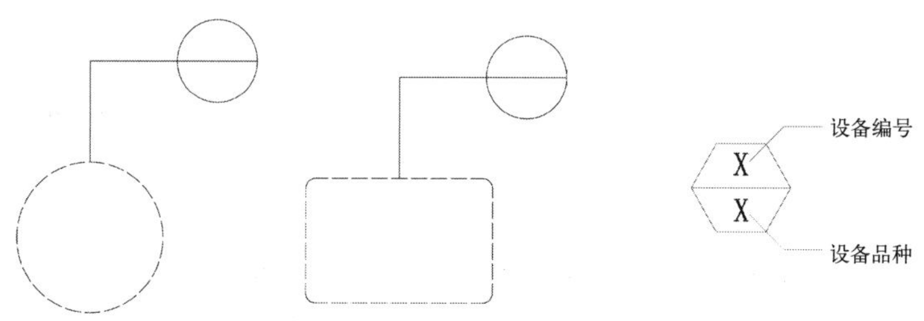

图 1–1–11　大样图索引符号（左）
图 1–1–12　设备索引符号（右）

2）详图的位置和编号，应以详图符号表示。详图符号的圆应以直径为 8~12mm 粗实线绘制。详图应按下列规定编号：

（1）详图与被索引的图样同在一张图纸内时，应在详图符号内用阿拉伯数字或字母注明详图的编号（图 1–1–13）。

（2）详图与被索引的图样不在同一张图纸内，应用细实线在详图符号内画一水平直径，在上半圆中注明详图编号，在下半圆中注明被索引的图纸的编号（图 1–1–14）。

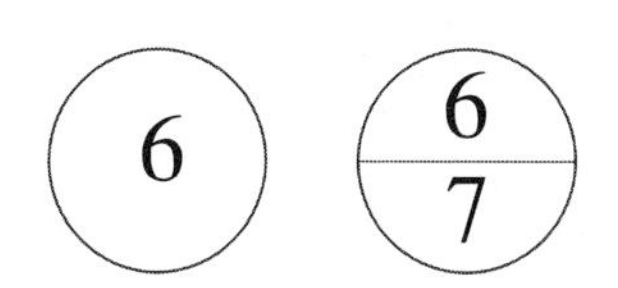

图 1–1–13　与被索引图样在同一张图纸内的详图符号（左）
图 1–1–14　与被索引图样不在同一张图纸内的详图符号（右）

3. 引出线

引出线应以细实线绘制，宜采用水平方向的直线、与水平方向成 30°、45°、60°、90° 的直线，或经上述角度再折为水平线。文字说明宜注写在水平线的上方（图 1–1–15*a*）、水平线的上方和下方（图 1–1–15*b*），也可注写在水平线的端部（图 1–1–15*c*）。多行文字的排列起始位置应对齐。索引详图的引出线，应与水平直径相连接或对准索引符号的圆心（图 1–1–15*d*）。

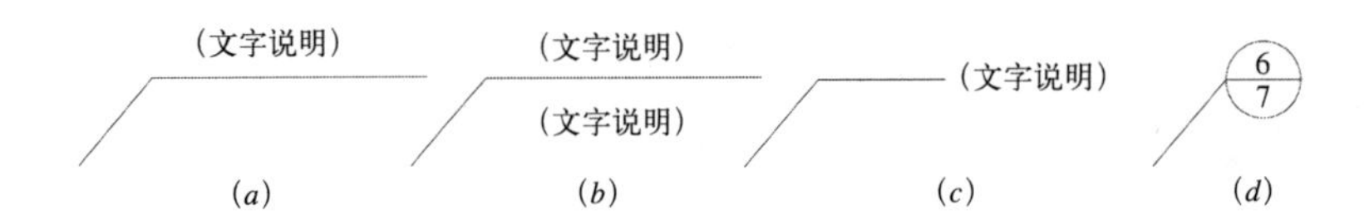

图 1–1–15　引出线

同时引出几个相同内容的引出线，宜互相平行（图 1–1–16*a*），也可画成集中于一点的放射线（图 1–1–16*b*）。

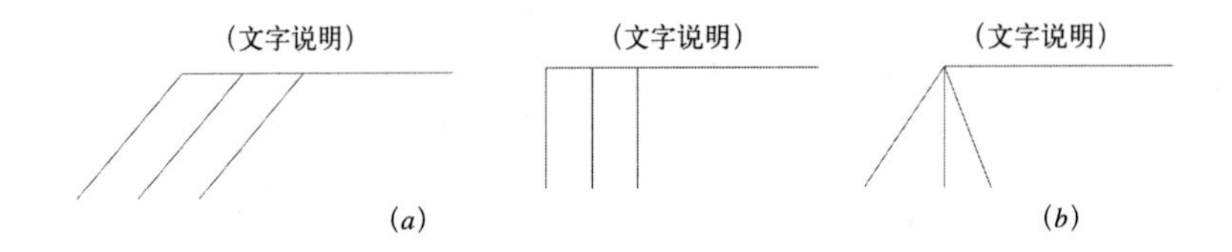

图 1–1–16　共同引出线

多层构造或多层管道共用引出线，应通过被引出的各层，并应以引出线起止符号指出相应位置。引出线和文字说明的表示应符合现行国家标准《房屋建筑制图统一标准》GB/T 50001 的规定。如图 1–1–17 所示。

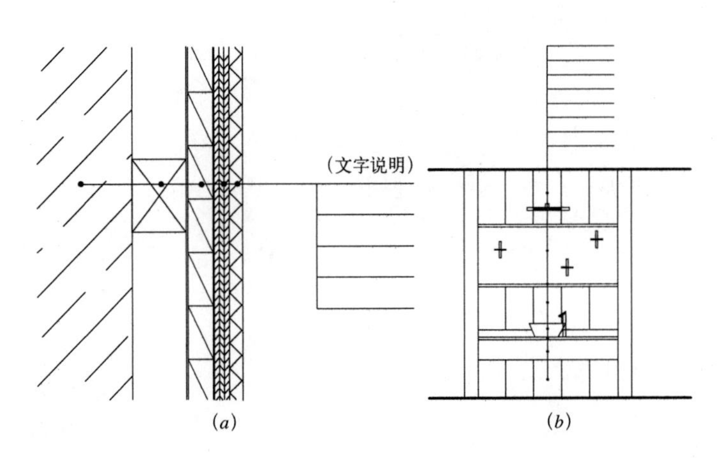

图 1–1–17　多层构造引出线

4. 其他符号

对称符号由对称线和两端的两对平行线组成。对称线用细单点长划线绘制；平行线用细实线绘制，其长度宜为 6 ~ 10mm，每对的间距宜为 2 ~ 3mm；对称线垂直平分于两对平行线，两端宜超出平行线 2 ~ 3mm（图 1–1–18）。

连接符号应以折断线表示需连接的部位。两部位相距过远时，折断线两端靠图样一侧应注明大写拉丁字母表示连接编号。两个被连接的图样必须用相同的字母编号（图 1–1–19）。

指北针的形状宜如图 1–1–20 所示，其圆的直径宜为 24mm，用细实线绘制；指针尾部的宽度宜为 3mm，指针头部应注"北"或"N"字。需用较大直径绘制指北针时，指针尾部宽度宜为直径的 1/8，图 1–1–20 为指北针的基本画法。指北针应绘制在建筑装饰装修平面图上，并放在明显位置，所指的方向应与建筑平面图一致。

图 1–1–18　对称符号

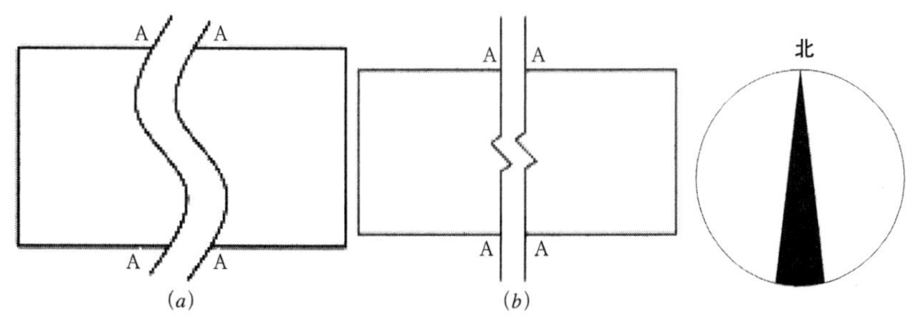

图 1–1–19　连接符号（左）

图 1–1–20　指北针（右）

2.2.7　定位轴线

定位轴线是表示柱网、墙体位置的符号。

定位轴线一般应编号，编号应注写在轴线端部的圆内。圆应用细实线绘制，直径为 8 ~ 10mm。定位轴线圆的圆心，应在定位轴线的延长线上或延长线的折线上。定位轴线应用细单点长划线绘制。

平面图上定位轴线的编号，宜标注在图样的下方与左侧。横向编号应用阿拉伯数字，从左至右顺序编写，竖向编号应用大写拉丁字母，从下至上顺序编写（图 1–1–21）。

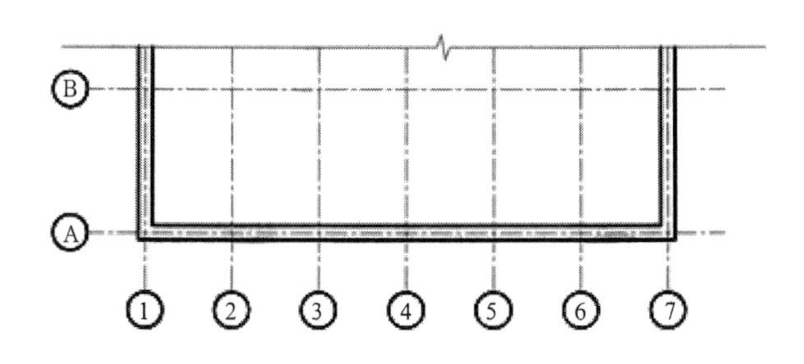

图 1–1–21　定位轴线的编号顺序

拉丁字母的I、O、Z不得用做轴线编号。如字母数量不够使用，可增用双字母或单字母加数字注脚，如AA、BA……YA或A_1、B_1…Y_1。

组合较复杂的平面图中定位轴线也可以采用分区编号，编号的注写形式应为"分区号—该分区编号"。分区号采用阿拉伯数字或大写拉丁字母表示（图1—1—22）。

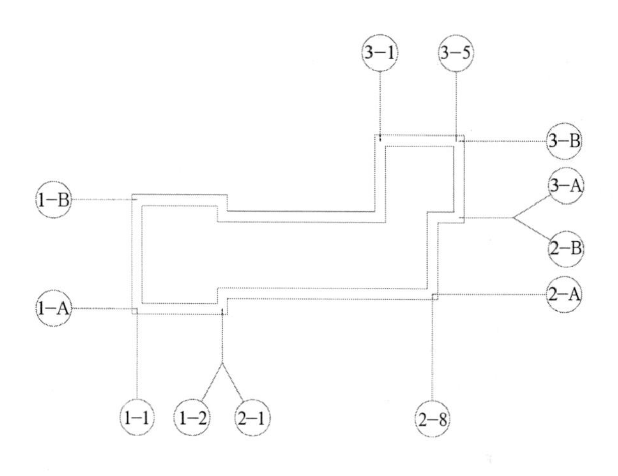

图1—1—22 定位轴线的分区编号

附加定位轴线的编号，应以分数形式表示，并应按下列规定编写：

1）两根轴线间的附加轴线，应以分母表示前一轴线的编号，分子表示附加轴线的编号，编号宜用阿拉伯数字顺序编写，如图1—1—23所示。

表示3号轴线之后附加的第一根轴线

表示D号轴线之后附加的第二根轴线

图1—1—23 根轴线间的附加轴线

2）1号轴线或A号轴线之前的附加轴线的分母应以01或0A表示，如图1—1—24所示。

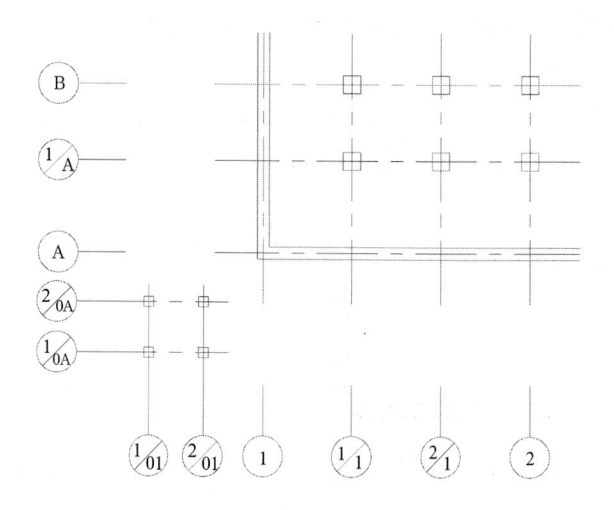

图1—1—24 1号或A号轴线前的附加轴线

一个详图适用于几根轴线时，应同时注明各有关轴线的编号（图 1–1–25）。

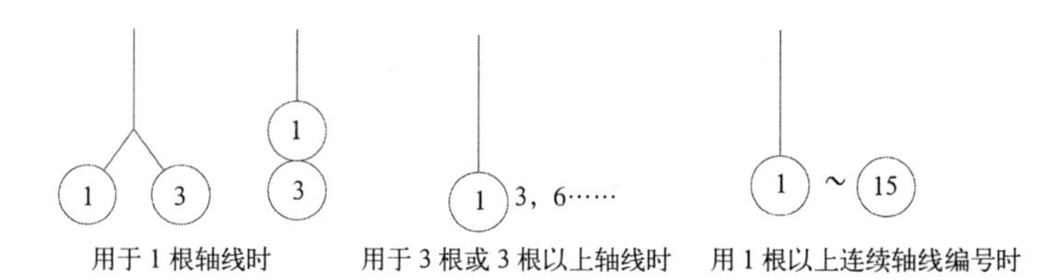

图 1–1–25　详细的轴线编号

折线形平面图中定位轴线的编号可按图 1–1–26 的形式编写。

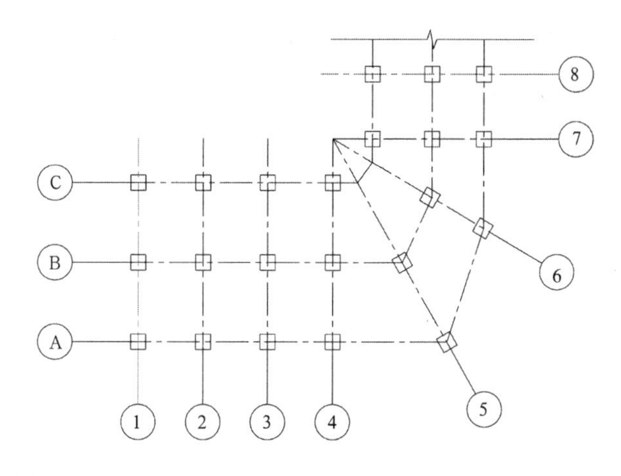

图 1–1–26　折线形平面定位轴线的编号

2.2.8　尺寸标注

尺寸标注是装饰装修制图中最基本的知识之一，其内容丰富，有不少具体的规定细则。能否正确地标注各种尺寸，是衡量装饰装修设计师和制图员专业素质的重要标准。图样上的尺寸，包括尺寸界线、尺寸线、尺寸起止符号和尺寸数字（图 1–1–27）。

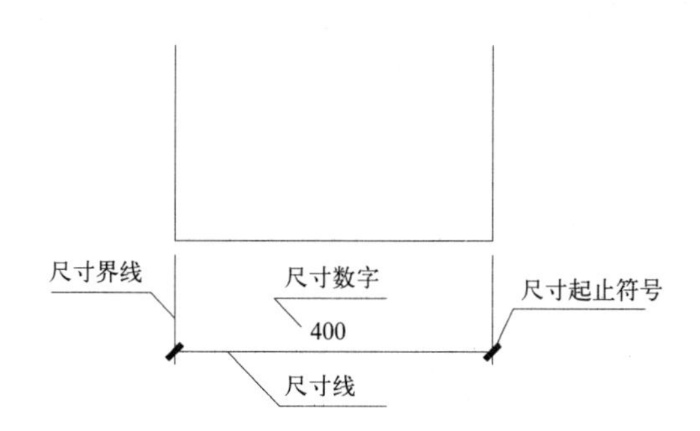

图 1–1–27　尺寸的组成

1. 尺寸线

尺寸线应用细实线绘制，应与被注长度平行。图样本身的任何图线均不得用作尺寸线。在圆弧上标注半径尺寸时，尺寸线应通过圆心。

2. 尺寸界线

尺寸界线应用细实线绘制，一般应与被注长度垂直，其一端应离开图样轮廓线不小于 2mm，另一端宜超出尺寸线 2 ～ 3mm。图样轮廓线可用作尺寸界线（图 1–1–28）。

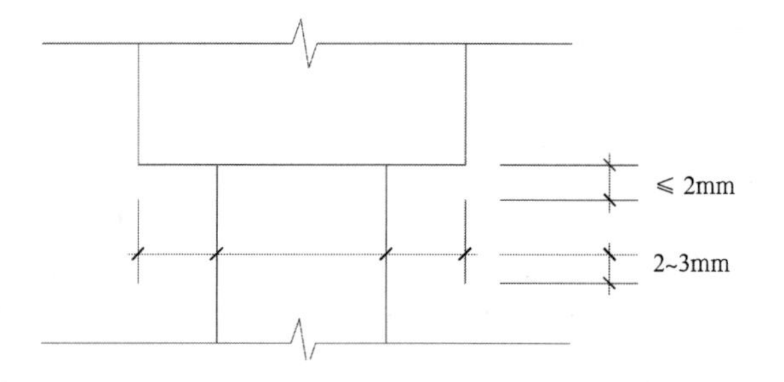

图 1–1–28　尺寸界线

3. 尺寸起止符号

尺寸起止符号一般用中粗斜短线绘制，其倾斜方向应与尺寸界线成顺时针 45° 角，长度宜为 2 ~ 3mm；也可用圆点绘制。半径、直径、角度及弧长的尺寸起止符号，宜用箭头表示（图 1–1–29）。

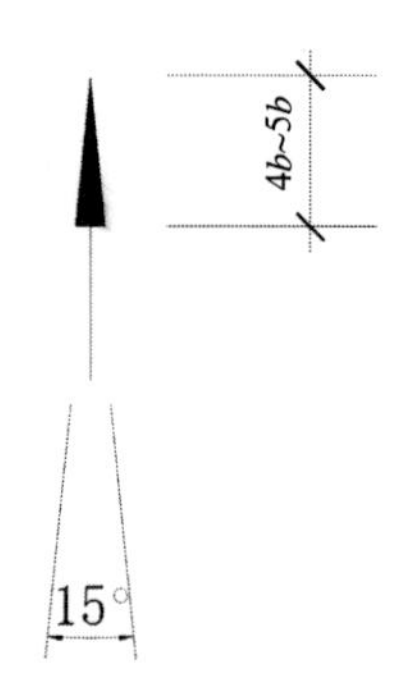

图 1–1–29　箭头尺寸起止符号

4. 尺寸数字

图样上的尺寸，应以尺寸数字为准，不得从图上直接量取。

图样上的尺寸单位，除标高及总平面以米为单位表示外，其他必须以毫米为单位表示。

尺寸数字的方向，应按图 1–1–30*a* 的规定注写。若尺寸数字在 30° 斜线区内，宜按图 1–1–30*b* 的形式注写。

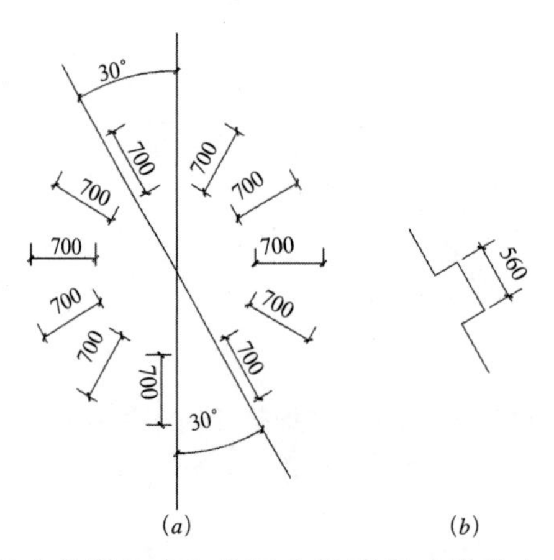

图 1–1–30　尺寸数字的注写方向

尺寸数字一般应依据其方向注写在靠近尺寸线的上方中部或尺寸线的中部（图 1–1–30）。如没有足够的注写位置，最外边的尺寸数字可注写在尺寸界线的外侧，中间相邻的尺寸数字可错开注写（图 1–1–31）。

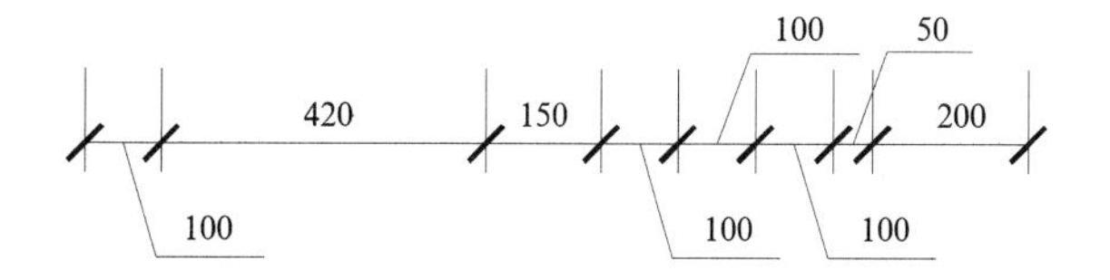

图 1–1–31　尺寸数字的注写位置

5. 尺寸的排列与布置

1）尺寸宜标注在图样轮廓以外，不应与图线、文字及符号等相交（图 1–1–32）。

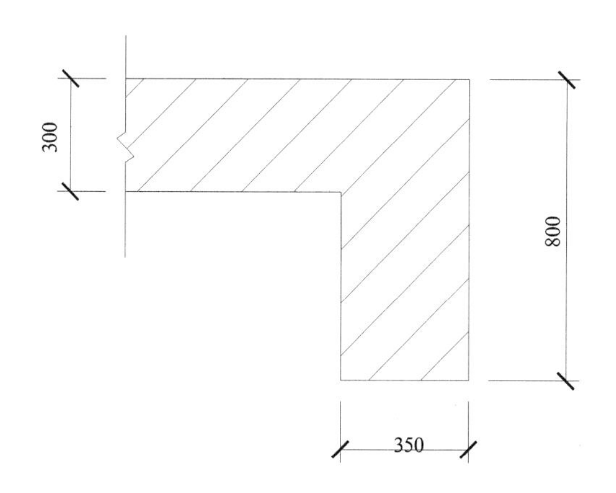

图 1–1–32　尺寸数字的注写

2）互相平行的尺寸线，应从被注写的图样轮廓线由近向远整齐排列，较小尺寸应离轮廓线较近，较大尺寸应离轮廓线较远（图 1–1–33）。

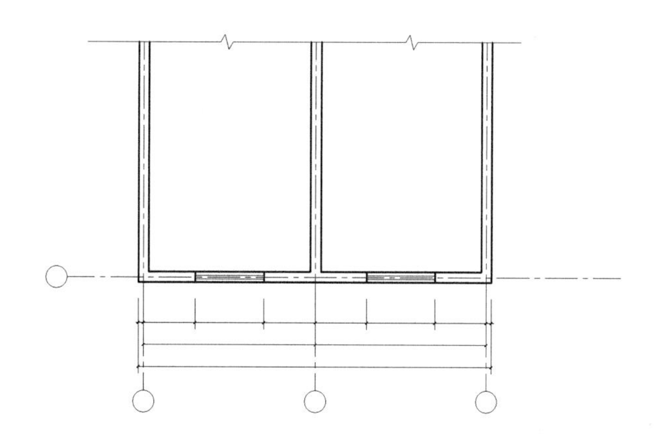
图 1–1–33　尺寸的排列

3）图样轮廓线以外的尺寸线，距图样最外轮廓之间的距离，不宜小于 10mm。平行排列的尺寸线的间距，宜为 7~10mm，并应保持一致（图 1–1–33）。

4）总尺寸的尺寸界线应靠近所指部位，中间的分尺寸界线可稍短，但其长度应相等。

5）尺寸分为总尺寸、定位尺寸、细部尺寸三种。绘图时，应根据设计深度和图纸用途确定所需注写的尺寸。

6）建筑装饰装修平面图中楼地面、阳台、平台、窗台、地台、家具等处的高度尺寸及标高，宜按下列规定注写：

（1）平面图及其详图注写完成面的标高。

（2）立面图、剖面图及其详图注写完成面的标高及高度方向的尺寸。

（3）标注建筑装饰装修平面图各部位的定位尺寸时，注写与其最邻近的轴线间的尺寸；标注建筑装饰装修剖面各部位的定位尺寸时，注写其所在层次内的尺寸。

（4）建筑装饰装修图中连续等距重复的构配件等，当不易表明定位尺寸时，可在总尺寸的控制下，定位尺寸不用数值而用“均分”或“EQ”字样表示，如图 1–1–34 所示。

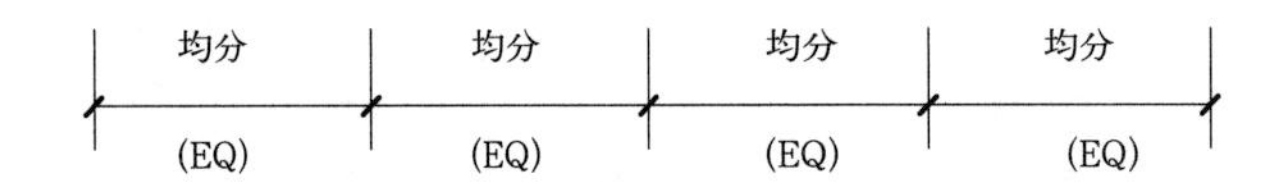

图 1–1–34　不易标明定位尺寸的标注方法

7）较小圆弧的半径，可按图 1–1–35 形式标注。

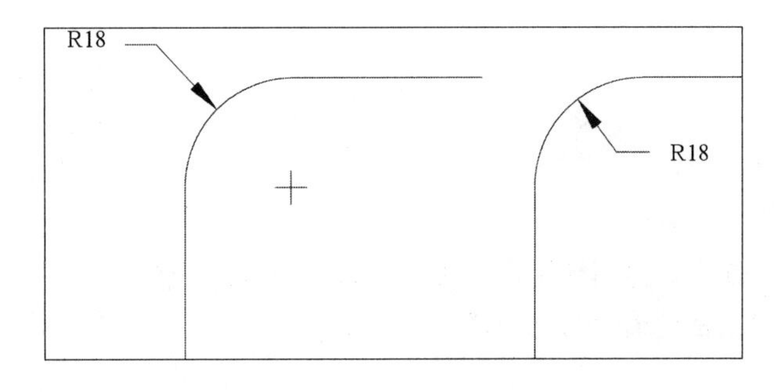

图 1–1–35　小圆弧半径的标注方法

8）较大圆弧的半径，可按图 1–1–36 形式标注。

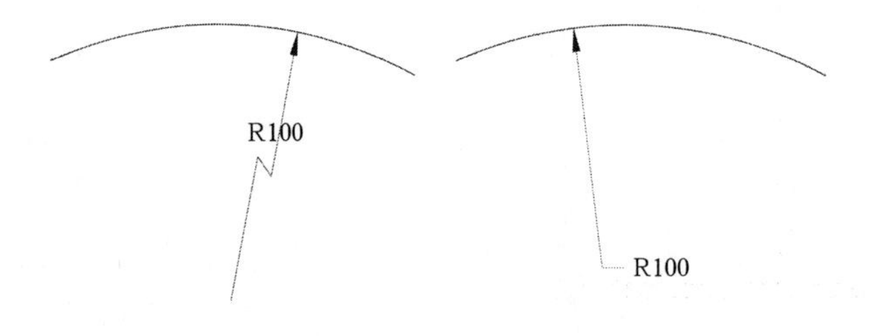

图 1–1–36　大圆弧半径的标注方法

6. 标高

在建筑装饰装修施工图制图中，表示高度的符号称“标高”。

标高符号应以细实线绘制的直角等腰三角形表示，按图 1–1–37*a* 所示，如标注位置不够，也可按图 1–1–37*b* 所示形式绘制。标高符号的具体画法如图 1–1–37*c*、图 1–1–37*d* 所示。

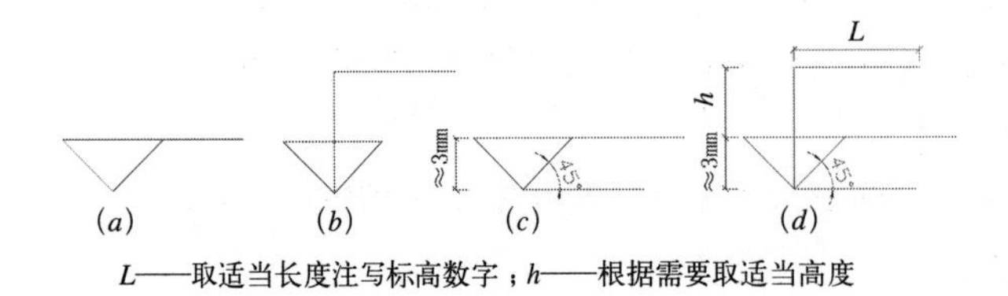

L——取适当长度注写标高数字；*h*——根据需要取适当高度

图 1–1–37　标高符号

总平面图室外地坪标高符号，宜用涂黑的三角形表示（图 1—1—38*a*），具体画法如图 1—1—38*b* 所示。

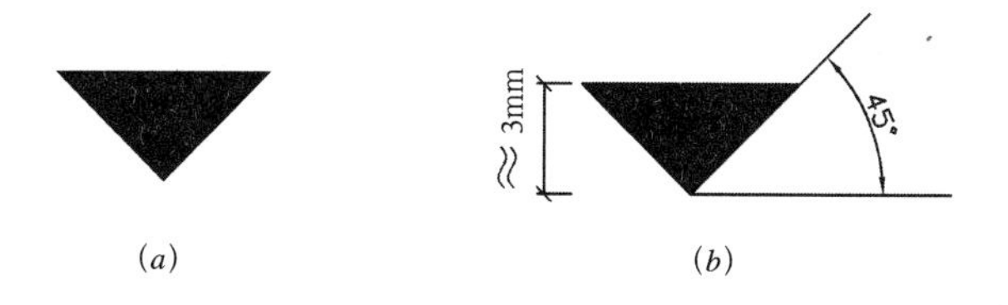

图 1—1—38　总平面图室外地坪标高符号

标高符号的尖端应指至被注高度的位置。尖端一般应向下，也可向上。标高数字可注写在标高符号的左侧或右侧（图 1—1—39）。

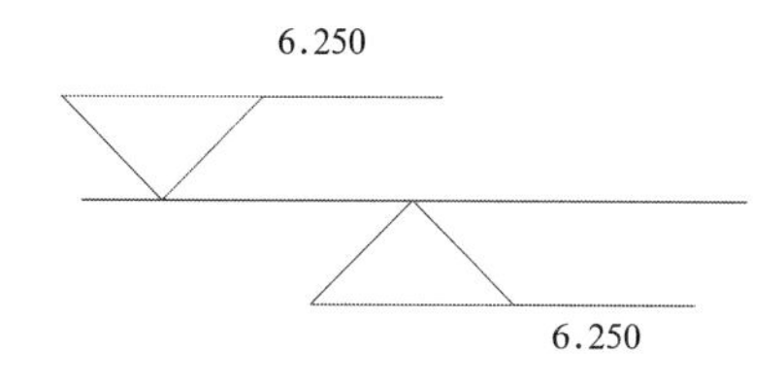

图 1—1—39　标高的指向

标高数字应以米为单位，注写到小数点后第三位。在总平面图中，可注写到小数点后第二位。

在建筑装饰装修中宜取本楼层室内装饰地坪完成面为 ±0.000。正数标高不注“+”，负数标高应注“—”，例如 3.000、—0.600。

在图样的同一位置需表示几个不同标高时，标高数字可按图 1—1—40 的形式注写。

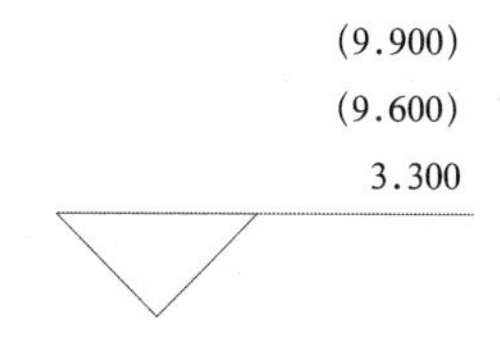

图 1—1—40　同一位置注写多个标高数字

2.3　建筑装饰施工图的绘制要求

2.3.1　装饰施工图文件评价标准

建筑装饰施工工程以装饰施工图文件为依据来完成预算、配料及组织施工，最终完成建筑室内外的装饰装修工程。因此，建筑装饰施工图文件是建筑装饰工程施工必要的指导性文件，装饰施工图文件的完整性、正确性、清晰性极为重要。

2.3.2　装饰施工图文件封面要求

应写明建筑装饰装修工程项目名称、编制单位名称、设计阶段（施工图设计）、设计证书号、编制日期等，封面上应盖设计单位设计专用章。

2.3.3　装饰施工图图纸目录要求

装饰施工图设计图纸目录应逐一写明序号、图纸名称、图号、幅面、比例等，标注编制日期，并盖设计单位设计资质专用章。规模较大的建筑装饰装修工程设计，因图纸数量大，可以分册装订，为了便于施工作业，应按楼层或功能分区为单位进行分册编制，但每个编制分册都应包括图纸总目录。

2.3.4　装饰施工说明编写要求

公共建筑装饰施工说明的主要内容有：工程概况、设计依据和施工图设计的说明。

家庭装饰装修的施工说明可根据业主要求和实际情况，参照以下内容酌情表述。

1. 工程概况

应包括以下内容：

1）工程名称、工程地点和建设单位；

2）工程的原始情况、建筑面积、建筑等级、装饰等级、结构形式、装饰风格、主要用材、设计范围和反映建筑装饰装修等级的主要技术经济指标；

3）对工程中实际问题的分析及解决方法。

2. 施工图设计的依据

应该包括以下几点内容：

1）设计所依据的国家和所在省现行政策、法规、标准化设计及其他相关规范；

2）规模较大的建筑装饰装修工程应说明经上级有关部门审批获得批准文件的文号及其相关内容；

3）应着重说明装饰设计在遵循消防、生态环保、卫生防疫等规范方面的情况。

3. 施工图设计说明

1）应写明装饰装修设计在结构和设备等技术方面对原有建筑改动的情况和技术依据；

2）应写明建筑装饰装修的类别和对耐火等级、防火分区、防火设备、防火门、消火栓的设置以及安全疏散标志的设计等消防要求；

3）对工程可能涉及的声、光、电、防潮、防水、消声、抗震、防震、防尘、防腐蚀、防辐射等特殊工艺的设计进行说明；

4）对设计中所采用的新技术、新工艺、新设备和新材料的情况进行说明；

5）对装饰装修设计风格和特点进行说明；

6）对主要用材的规格和质量的要求进行说明；

7）对主要施工工艺的工序和质量的要求进行说明；

8）标注引用的相关图集。

4. 施工图图纸的有关说明

说明图纸的编制概况、特点以及提示施工单位看图时必要的注意事项，同时还应对图纸中出现的符号、绘制方法、特殊图例等进行说明。所有施工说明都应标注编制日期，并加盖设计单位设计资质专用章。

2.3.5 装饰施工图设计图纸

装饰施工图图纸应包括平面图、顶棚（天花）平面图、立面图、剖面图、局部大样图和节点详图。

图纸应能全面、完整地反映装饰装修工程的全部内容，作为施工的依据。对于在施工图中未画出的常规做法或者是重复做法的部位，应在施工图中给予说明。所有施工图都应标注设计出图日期，并加盖设计单位设计资质专用章，项目负责人、设计师和制图、校对、审核的相关人员均应签名。对于一些规模较小或者设计要求较为简单的装饰装修工程，可依据本规定对施工图纸的编制作相应的简化和调整。

1. 平面图

平面图包括所有楼层的总平面图、各房间的平面布置图、平面尺寸定位图、地面铺装图、立面索引图等。 所有平面图应符合下列要求：

1）标明原建筑图中柱网、承重墙以及装饰装修设计需要保留的非承重墙、建筑设施、设备；

2）标明轴线编号，轴线编号应与原建筑图一致，并标明轴线间尺寸、总尺寸以及装饰装修需要定位的尺寸；

3）标明装饰装修设计对原建筑变更过后的所有室内外墙体、门窗、管井、电梯和自动扶梯、楼梯和疏散楼梯、平台和阳台等位置和需要的尺寸，并标明楼梯的上下方向；

4）标明固定的装饰造型、隔断、构件、家具、卫生洁具、照明灯具、花台、水池、陈设以及其他固定装饰配置和饰品的名称、位置及需要的定位尺寸。必要时可将尺寸标注在平面图内；

5）标注装饰设计新设计的门窗编号及开启方向，表示家具的橱柜门或其他构件的开启方向和方式；

6）标注装饰装修完成后的楼层地面、主要平台、卫生间、厨房等有高差处的设计标高；

7）标注索引符号和编号、图纸名称和制图比例。

2. 顶平面图

顶棚（天花）平面图应包括：装饰装修楼层的顶棚（天花）总平面图、顶棚（天花）布置图、顶棚尺寸定位图、顶棚灯位开关控制图、顶棚索引图。

所有顶棚（天花）平面图应符合下列要求：

1）应与平面图的形状、大小、尺寸相对应；

2）标明柱网和承重墙、主要轴线和编号、轴线间尺寸和总尺寸；

3）标明装饰装修设计调整过后的所有室内外墙体、管井、电梯和自动扶梯、楼梯和疏散楼梯、雨棚和天窗等的位置，并标注空间位置名称；

4）标注顶棚（天花）设计标高；

5）标注索引符号和编号、图纸名称和制图比例。

3. 立面图

应画出需要装饰装修设计的外立面和室内各空间的立面。无特殊装饰装修要求的立面可不画立面图，但应在装饰装修施工说明中予以交代。

1）标明立面范围内的轴线和轴线编号，标注立面两端轴线之间的尺寸及需要设计部位的立面尺寸；

2）绘制立面左右两端的内墙线，标明上下两端的地面线、原有楼板线、装饰的地坪线、装饰设计的顶棚（天花）及其造型线；

3）标注顶棚（天花）剖切部位的定位尺寸及其他相关所有尺寸，标注地面标高、建筑层高和顶棚（天花）净高；

4）绘制墙面和柱面的装饰造型、固定隔断、固定家具、装饰配置、饰品、广告灯箱、门窗、栏杆、台阶等的位置，标注定位尺寸及其他相关尺寸。非固定物如可移动的家具、艺术品、陈设品及小件家电等一般不需绘制；

5）标注立面和顶棚（天花）剖切部位的装饰材料种类、材料分块尺寸、材料拼接线和分界线定位尺寸等；

6）标注立面上的灯饰、电源插座、通讯和电视信号插孔、空调控制器、开关、按钮、消火栓等的位置及定位尺寸，标明材料种类、产品型号和编号、施工做法等；

7）标注索引符号和编号、图纸名称和制图比例；

8）对需要特殊和详细表达的部位，可单独绘制其局部立面大样，并标明其索引位置。

4. 剖面图

剖面图包括表示空间关系的整体剖面图、表示墙身构造的墙身剖面图，以及为表达设计意图所需要的各种局部剖面图。

整体剖面图应符合以下几个要求：

1）标注轴线、轴线编号、轴线间尺寸和外包尺寸；

2）剖切部位的楼板、梁、墙体等结构部分应按照原始建筑图或者实际情况绘制清楚，标注需要装饰装修设计的剖切部位的楼层地面标高、顶棚（天花）标高、顶棚（天花）净高、剖切位置层高等尺寸；

3）剖面图中可视的墙柱面应按照其立面内容绘制，并标注立面的定位尺寸和其他相关尺寸，注明装饰材料种类和做法；

4）应绘制顶棚（天花）、天窗等剖切部分的位置和关系，标注定位尺寸和其他相关尺寸，注明装饰材料种类和做法；

5）应绘制出地面高差处的位置，标注定位尺寸和其他相关尺寸，标明标高；

6）标注索引符号和编号、图纸名称和制图比例。

局部剖面图应能绘制出平面图、顶棚（天花）平面图和立面图中未能表达清楚的复杂部位以及需要特殊说明的部位，应表明剖切部位的装饰装修构造的各组成部分的关系或装饰装修构造与建筑构造之间的关系，标注详细尺寸、标高、材料、连接方式和做法。局部剖面的部位应根据需要表示的装饰装修构造形式确定。

5. 局部大样图

局部大样图是将平面图、顶棚（天花）平面图、立面图和剖面图中某些需要更加清晰表达的部位，单独抽取出来绘制大比例图样，大样图要能反映更详细的内容。

6. 节点详图

节点详图应剖切在需要详细说明的部位并绘制大比例图样。节点详图通常应包括以下内容：

1）表示节点处的内部构造形式，绘制原有结构形态、隐蔽装饰材料、支撑和连接材料及构件、配件之间的相互关系，标明面层装饰材料的种类，标注所有材料、构件、配件等的详细尺寸、产品型号、工艺做法和施工要求；

2）表示面层装饰材料之间的连接方式、标明连接材料的种类及连接构件等，标注面层装饰材料的收口、封边及其详细尺寸和工艺做法；

3）标注面层装饰材料的种类，详细尺寸和做法；

4）表示装饰面上的设备和设施安装方式及固定方法，确定收口和收边方式，并标注其详细尺寸和做法；

5）标注详图符号和编号、节点名称和制图比例。

7. 图表

建筑装饰工程中项目分类较细，为方便阅图，需要编制相关图表。建筑装饰施工图图表包括：图纸目录表、主要材料表、灯光图表、门窗图表、五金图表等。

图表的具体编制方法在模块四学习情境 1 中详细说明。

2.4 建筑装饰施工图深化设计

2.4.1 建筑装饰施工图深化设计的内容

建筑装饰施工图是在装饰设计方案图的基础上，正确理解方案设计构思，对建筑室内外空间的装饰部位进行构造深化设计的图纸，是装饰施工工程中必不可少的施工文件。

建筑装饰施工图深化设计工作包括：方案图后期施工图深化设计、建筑装饰施工图绘制、建筑装饰施工图文件编制等工作内容。

建筑装饰施工单位需要有设计单位审核通过的施工图纸方可施工。

2.4.2 建筑装饰施工图深化设计的程序

参考国内各建筑装饰设计院和建筑装饰公司设计部门的施工图深化工作，

本节对建筑装饰施工图深化设计的程序做了概括。建筑装饰施工图的深化程序如下（表 1–1–8）：

建筑装饰施工图深化设计程序 **表1–1–8**

深化阶段	工作顺序	深化设计内容	工作过程
准备阶段	1	方案设计阶段设计输出成果识读	咨询
	2	确定装饰构造及施工工艺	决策
	3	现场尺寸复核	
绘制阶段	4	制定装饰施工图深化设计与绘图计划	计划
	5	楼地面装饰施工图绘制	实施
	6	顶棚装饰施工图绘制	
	7	墙、柱面装饰施工图绘制	
	8	固定家具制作图绘制	
	9	详图绘制	
	10	主要图表编制	
	11	装饰施工图设计文件、说明书编制	
	12	装饰施工图文件输出	
审核阶段	13	装饰施工图审核	检查
	14	现场技术交底	评估

2.4.3 建筑装饰施工图深度设置

建筑装饰施工图是设计方案阶段之后的图纸，应能达到指导施工的要求，装饰施工图要求有一定的深度。在装饰施工图的制图中，依据不同的比例设置，将表达不同的绘制深度。

1. 深度设置内容

深度设置共分为三项内容：尺寸标注深度设置、界面绘制深度设置、断面绘制深度设置。

2. 尺寸标注深度设置

建筑装饰施工图应在不同阶段和不同绘制比例时，均对尺寸标注的详细程度做出不同要求。尺寸标注的深度是按照制图阶段及图样比例这两方面因素来设置，具体分为六个层级的尺寸标注深度设置。这六级尺寸设置是按照设计深度顺序不断递进的。

1）土建轴线尺寸

反映结构轴号之间的尺寸。

2）总尺寸

反映图样总长、宽、高的尺寸。

3）定位尺寸

反映空间内各图样之间的定位尺寸的关系。

4）分段尺寸

各图样内的大构图尺寸（如：立面的三段式比例尺寸关系、分割线的板块尺寸、主要可见构图轮廓线的尺寸）。

5）局部尺寸

局部造型的尺寸（如装饰线条的总高、门套线的宽度等）。

6）节点细部尺寸

一般为详图上所进一步标注的细部尺寸（如：分缝线的宽度等）。

建筑装饰施工图尺寸标注深度设置一般的表现为：平面图中一般表现第1、2、3尺寸深度层级；立面图中根据比例应延伸表现到第4、5尺寸深度层级；只有在详图的大比例图纸中才能表现第6尺寸深度层级。

3. 装饰界面绘制深度

装饰界面绘制深度是指对各平、顶、立界面，及陈设界面的绘制详细程度，其绘制深度依据不同的比例来设置。

装饰界面绘制深度大体可分为四个层级：

1）画出外形轮廓线和主要空间形态分割线（1 ：200、1 ：150、1 ：100）。

2）画出外轮廓线和轮廓线内的主要可见造型线（1 ：100、1 ：80）。

3）画出具体造型的可见轮廓线及细部界面的折面线、花饰图案等（1 ：50、1 ：30、1 ：20）。

4）画出不小于4mm的细微造型可见线和细部折面线等，画出所有五金配、饰件的具象造型细节及花饰图案、纹理线等（1 ：10、1 ：5、1 ：2、1 ：1）。

绘制1 ：200、1 ：150、1 ：100比例的平面、顶平面时，家具、灯具、设备等线型较丰富的图块只画外轮廓线，当内部主要分割线不能简化时，笔宽设置则全部改为浅色细线。绘制1 ：50比例的立面、剖立面图时，家具、灯具、设备等线型较丰富的图块只画外轮廓线，当内部主要分割线不能简化时，笔宽设置则全部改为浅色细线。绘制1 ：30、1 ：50比例的立面、剖立面时，当被绘制图样为两条平行线，且图样实际间距过近时，应改变其线型或数量。装饰界面绘制深度，可由项目负责人针对某一具体情况，进行调整。

建筑装饰施工图装饰界面深度设置一般的表现为：平面图、立面图中一般可包含第1、2、3界面深度层级；较大比例立面图也可以延伸表现到第4界面深度层级；一般在详图中才能详细表现第4界面深度层次。

4. 装修断面绘制深度设置

装修断面绘制深度是指对装修构造层剖面的表示深度，其绘制深度按不同比例的设置，均有不同的绘制深度（表1–1–9）。

装修断面包括平面系列、剖立面系列和详图系列。

断面深度设置 **表1–1–9**

深度级别	深度设置图例	深度设置要求	参考比例
1		不表示断面	1：150、1：200、1：250
2		表示断面外饰线，不表示断面层	1：100、1：80、1：70

续表

深度级别	深度设置图例	深度设置要求	参考比例
3		表示断面层，不表示断面龙骨形式	1∶60、1∶50、1∶20
4		表示断面层，表示断面龙骨形式，表示部分断面材料图例填充	1∶10
5		表示断面层，表示断面龙骨形式，表示部分断面材料图例填充，表示紧固件	1∶6、1∶5、1∶2、1∶1

按照不同的比例，装修断面（层）绘制深度共分五个层级：

以 a 为某比例读数。

1）当 1 ∶ a 时（$a > 100$），如 1 ∶ 150、1 ∶ 200……

断面层总厚度＜ 150mm 时，不表示断面。

断面层总厚度≥ 150mm 时，表示断面外饰线，不表示断面层。

2）当 1 ∶ a 时（$60 < a \leqslant 100$）如 1 ∶ 100、1 ∶ 80、1 ∶ 70……

断面层总厚度＜ 60mm 时，不表示断面。

断面层总厚度≥ 60mm 时，表示断面外饰线，不表示断面层。

3）当 1 ∶ a 时（$10 < a \leqslant 60$），如 1 ∶ 60、1 ∶ 50、1 ∶ 20……

断面层总厚度≤ a 时，表示断面外饰线（如粉刷线等），不表示断面层。

断面层总厚度≤ $a$mm 时，表示断面层，不表示断面龙骨形式。

断面层总厚度≥ 250mm，表示断面层，表示断面龙骨排列，不表示断面材料图例填充。

4）当 1 ∶ a 时，a=10，

断面层总厚度≤ 10 时，彼岸是断面外饰线（如粉刷线等），不表示断面层。

断面层总厚度＞ 10mm 时，表示断面层，表示断面龙骨形式，表示断面层部分材料图例填充。

5）当 1 ∶ a 时，（$1 \leqslant a < 10$），如：1 ∶ 6、1 ∶ 5、1 ∶ 2、1 ∶ 1……

表示断面层，表示断面龙骨形式，表示断面层部分材料图例填充，表示节点紧固件。

建筑装饰施工图装修断面的绘制深度主要是依据图纸比例，一般的表现为：平面图中的墙体断面依据比例一般表现第 1、2 断面深度层级；立面图的墙体断面表现第 2 断面深度层级，顶剖面表现第 3 断面深度层级；在详图中，断面根据比例表现第 4、5 断面深度层级。

思考题：

1. 建筑装饰施工图绘制的执行文件有哪些？
2. 建筑装饰施工图的深化设计的内容？
3. 建筑装饰施工图的深度设置包括哪几个方面？

实训要求：

1. 抄绘一套符合制图标准的装饰施工图，纠正绘图坏习惯，严把制图标准关；
2. 选择平面图、立面图、剖面图、节点详图，分别做深度设置层级的分析。

2 模块二　建筑装饰施工图绘制准备

教学导引：要能够绘制正确、完整、标准的建筑装饰施工图，首先需要做好施工图绘制的准备工作，这样将取得事半功倍的效果。本模块将指导学生做好设计方案和施工图深化衔接的必要准备。

重点：正确识读设计方案，把握设计理念；有计划地详细做好尺寸复核。

【知识点】装饰方案设计文件的内容；装饰方案的识读方法；装饰方案设计立意的识读；装饰方案空间布局分析；方案图识读内容及要求；尺寸复核内容和要求；测量设备与机具的使用。

【学习目标】通过项目活动，学生能够做好绘制装饰施工图的准备工作，掌握建筑装饰方案图的识读方法，正确理解建筑装饰方案的设计意图；能理解尺寸复核的必要性，掌握尺寸复核的方法。

学习情境1　装饰方案设计文件识读

1　学习目标

1）快速掌握装饰方案设计文件的表达内容和特点；
2）掌握装饰方案设计文件的识读方法；
3）能够根据项目要求正确理解设计立意；
4）能够分析设计方案的主要装饰材料、造型设计、色彩和光源设计；
5）能够根据项目要求分析方案未表达内容。

2　知识单元

2.1　装饰方案设计文件的表达内容及特点

2.1.1　方案设计文件内容

1）设计说明书；
2）设计图纸，包括设计招标、设计委托或设计合同中规定的平面图、立面图以及透视图等；
3）主要装饰材料表等；
4）业主要求提供的工程投资估算（概算）书。

2.1.2　方案设计文件的编制顺序

1）封面：写明项目名称、编制单位（暗标例外）、编制年月；
2）扉页：较大规模的装饰装修工程设计项目应写明编制单位法定代表人、技术总负责人、项目总负责人的姓名，并经上述人员签署或授权盖章，但在投标（暗标）中应按标书要求对扉页中的有关内容密封或隐藏；
3）设计文件目录：包括序号、文字文件和图纸名称、文件号、图号、备注、编制日期等；
4）设计说明书；
5）设计图纸：一般应包括平面图、顶棚平面图、主要立面图、设计效果图等；
6）装饰装修材料表（或附材料样板）；
7）投资估算（概算）书。

2.1.3　方案设计说明书

方案设计说明书是方案设计文件的重要组成部分，是对建筑装饰装修工程在总体设计方面的文字叙述，一般简洁明了和重点突出。公共建筑的装饰装修说明一般应包括以下几个方面的内容：

1）对招标文件或设计委托书或设计合同书的响应；

2）设计的内容和范围；

3）工程的基本状况、规模和设计标准；

4）工程设计中存在的必须解决的关键问题；

5）设计所采用的主要法规和标准的说明；

6）主要技术经济指标，包括建筑面积、主要房间面积和数量等；

7）有关设计图纸的说明；

8）方案设计的主要特点：包括方案的设计理念和设计方法，装饰装修的特点及效果，关于设计所采用的新技术、新工艺、新设备和新材料的说明，关于防火、环保节能、生态利用以及可持续发展方面的说明等；

9）方案设计的具体说明。

根据实际情况进行说明，但一般包括对建筑室内外空间关系的组织和处理，对主要房间使用功能的设计说明，关于建筑室内外环境的装饰风格及效果，关于建筑装饰装修材料的应用和陈设品等配置的分析说明，关于室内交通组织的分析说明，关于防火设计和安全疏散设计的说明，关于无障碍、节能和智能化设计方面的简要说明，对于建筑声学、热工、建筑防护、电磁波屏蔽以及人防地下室等方面有较高要求的建筑，一般简要说明如何配合上述专业的技术。

家装装饰装修设计方案的说明书，一般也需要以上内容来表达，但根据业主要求和实际情况可以酌情增减。

2.1.4 方案设计图纸

方案设计图纸是方案设计文件的主要内容。在通常情况下，图纸包括主要楼层和部位的平面图、顶棚（天花）平面图、主要立面图等，但也要根据业主的要求，调节图纸的内容和深度。

2.1.5 设计效果图

设计效果图（也称表现图、渲染图等），可与其他设计文件一起编制成册，也可单独装裱，其表现手法不限，内容应能表现建筑装饰装修设计的主要或特殊部位的空间形态和装饰效果，效果图应该注重真实性。图面上一般应标注所表达的建筑空间名称等。通过效果图能了解设计图纸所表达的内容和意向。

2.1.6 主要装饰材料表

主要装饰材料表的内容一般应有材料名称、规格，或根据招标文件、设计合同的要求提供的相应内容。通过主要材料表了解装饰材料的要求，并根据设计要求调研相应材料规格和一般做法。

2.1.7　招标文件或设计合同要求提供的估算（概算）书

通过估算书可以了解工程预算，是决定施工深化设计的辅材与选择构造做法的依据。

2.2　装饰方案设计文件的识读方法

建筑装饰设计方案是建筑装饰施工图深化设计的基础，正确识读方案图，有助于建筑装饰施工图的正确绘制，使得装饰空间的施工能正确表达设计师的设计意图。

对方案图的识读可以采用读图、分析、资料整理和讨论总结的方法。

建筑装饰设计方案的识读要求如下：

1）了解该空间的建筑结构、已有设施和设备；

2）了解设计方案立意；

3）识读空间布局及类型；

4）识读设计造型；

5）识读装饰材料及构造；

6）分析方案图未表达内容。

2.3　装饰方案设计文件识读

2.3.1　识读装饰方案设计立意

通过识读设计方案的设计说明和效果图可以了解设计方案的设计风格和设计主题。参照设计说明识读效果图，可以确定设计方案的设计风格倾向，了解设计造型、空间色彩、装饰材料、光度设计的依据，在施工图深化设计的同时，能始终遵循方案设计立意，更好地实现设计师的意图。

分析建筑装饰设计立意时可以了解方案设计的背景、当地的民俗民风，以及可以延伸的知识单元。设计立意分析如图 2–1–2~ 图 2–1–5 所示。

图 2–1–1　基昂 2 寿司店就餐区：基昂 2 寿司店就餐区空间高度较高，通过丰富墙面的设计减轻高耸感，墙面造型设计运用了构成的原理，组成多样几何形态，形成寿司店空间的亮点之一。

图 2-1-2　可口可乐第五大道商店：可口可乐第五大道商店的设计，是依照提高可口可乐的形象这一设计概念完成的，走廊设计为红色波浪形带状玻璃顶棚，为的是使人联想起可口可乐的标志"飘动的绶带"，顶棚的照明调整得微微有些发暗，使得这条带子看起来好像在缓缓地流向深处楼梯的方向。

图 2-1-3　赛·德沃雷服装店：为明星提供极品男士礼服的赛·德沃雷服装店以展示服装为主，为了给顾客以轻松的购物环境，店堂设计了金属板结合灯具悬吊式吊顶，静中有动，使得购物空间气氛高贵而不失轻松、活泼。

图 2-1-4　查雅·威尼斯餐馆：查雅·威尼斯餐馆洋溢着恬静的异国风情，拱形的凹凸式吊顶饰以花卉图案，华美富丽，营造了宜人的餐饮环境。

图 2-1-5　哈尔滨光谱 SPA 美容美体中心：哈尔滨光谱 SPA 美容美体中心的设计主题是富有诗意般的"荷花梦"文化主题，设计师由表及里地去探索主题的真谛，成功地将文化和审美主题等因素有机地同功能主题内容结合在一起。角落里悄悄盛开着花草，空间中到处悬吊着荷花瓣，随处摇曳，散发着淡淡的花木气息，让人忘记都市尘嚣，一觉香甜。

2.3.2　平面布置图识读

规模较大的建筑装饰方案设计的平面图应完整详细，包括主要楼层的总平面图、各房间的平面布置图等。通过平面布置图应了解以下内容：

1）原建筑图中柱网、承重墙以及需要装饰装修设计的非承重墙、建筑设施、设备；

2）轴线编号，轴线编号是否与原建筑图一致，轴线间尺寸及总尺寸；

3）装饰设计调整过后的所有室内外墙体、门窗、管井、电梯和自动扶梯、楼梯和疏散楼梯、平台和阳台等位置；

4）房间的名称和主要部位的尺寸，标明楼梯的上下方向；

5）固定的和可移动的装饰造型、隔断、构件、家具、卫生洁具、照明灯具、陈设以及其他装饰配置和饰品的名称和位置；

6）门窗、橱柜或其他构件的开启方向和方式；

7）装饰装修材料的品种和规格、标明装饰装修材料的拼接线和分界线等；

8）室内外地面设计标高和各楼层的地面设计标高。主要平台、台阶、固定台面等有高差处的设计标高；

9）索引符号、编号、指北针（位于首层总平面中）、图纸名称和制图比例；

10）其他。

2.3.3 顶棚装饰设计图识读

顶棚（天花）平面图应了解：

1）一般应与平面图的形状、大小、尺寸等相对应；

2）柱网和承重墙、轴线和轴线编号、轴线间尺寸和总尺寸；

3）装饰设计调整过后的所有室内外墙体、管井、电梯和自动扶梯、楼梯和疏散楼梯、雨篷和天窗等的位置，必要部位的名称及主要尺寸；

4）照明灯具、防火卷帘、装饰造型以及顶棚（天花）上其他装饰配置和饰品的位置及主要尺寸；

5）顶棚（天花）的主要装饰材料、材料的拼接线和分界线等；

6）顶棚（天花）包括凹凸造型、顶棚（天花）各位置的设计标高；

7）索引符号、编号、图纸名称和制图比例；

8）其他。

2.3.4 立面装饰设计图识读

方案设计图纸应包括重要空间和主要方位的立面图，应比较准确地反映设计意图和效果。

通过立面图应了解：

1）立面范围内的轴线和轴线编号，立面两端轴线之间的尺寸；

2）了解需要设计的立面，了解装饰完成面的地面线和装饰完成面的顶棚（天花）及其造型线。了解装饰完成面的净高和楼层的层高；

3）墙面和柱面的装饰造型、固定隔断、固定家具、门窗、栏杆、台阶等立面形状和位置。清楚主要部位的定位尺寸；

4）了解设计部分立面装饰装修材料的品种和规格，装饰装修材料的拼接线和分界线等；

5）索引符号、编号、图纸名称和制图比例；

6）其他。

2.3.5 分析方案图未表达内容

装饰方案设计文件属于投标前文件，主要表达建筑室内外空间的设计立意、设计造型、主要的装饰材料、灯光设计、陈设设计等，一般不包括详细的尺寸定位、构造详图、详细图表等内容，图纸的内容和深度还不能指导施工。在方案图识读时就需要分析方案图未表达的内容，确定后以便在下一步图纸深化过程中详细表达。

思考题：

1. 装饰方案设计文件的表达内容有哪些？
2. 识读装饰方案需分析哪几个方面？

实训要求：

识读一套装饰方案设计文本，对该方案进行设计分析。

3 实训单元

3.1 装饰方案设计文件识读实训

例：已知某餐厅设计方案如下（图 2–1–6~ 图 2–1–8）。

3.1.1 实训目的

通过下列实训，充分理解装饰方案设计文件的内容，理解装饰方案设计文件的识读内容和识读方法。能独自完成装饰方案设计文件的分析、资料整理的识读工作。

图 2–1–6 某餐厅方案效果图

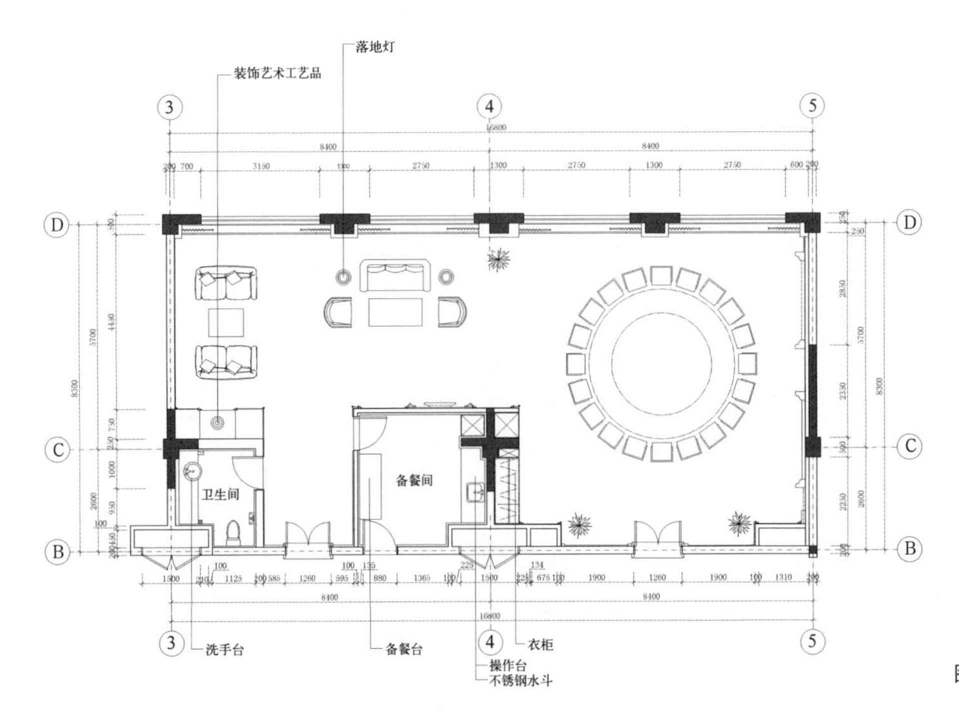

图 2—1—7　平面布置图

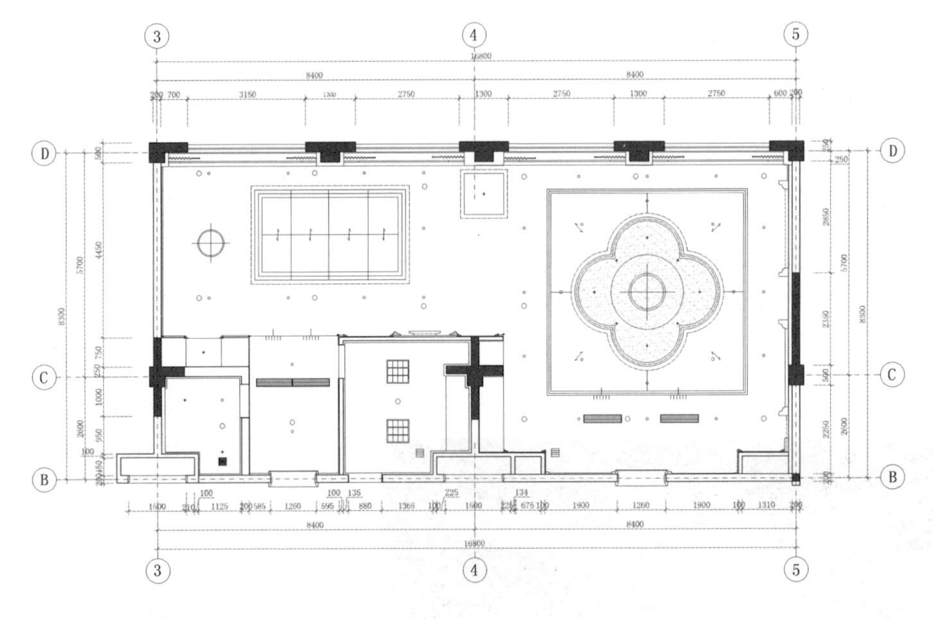
图 2—1—8　顶平面布置图

3.1.2　实训要求

1. 通过分析方案能力训练，掌握装饰方案设计文件的设计立意、造型设计等的识读方法。

2. 通过整理资料能力训练，掌握装饰方案设计文件识读的内容及要求。

3. 通过识读过程，理解装饰方案设计文件的识读内容和程序，对装饰方案设计文件的资料整理、分析、识读流程和识读方法等进行实践验证，并能举一反三。

3.1.3 实训类型

1. 分析能力训练

1）根据某餐厅方案设计文件，分析设计立意，绘制相关图表（表 2–1–1）。

工作页1–1 设计立意分析表　　表2–1–1

分析项目	分析内容（可绘制图形）
设计风格	明确方案的设计风格，将有助于选材、色彩和做法的确定
空间布局	确定空间类型，家具布置及通道设置的规律
设计造型	分析各界面造型设计，确定边口和细节的处理
设计色彩	理解方案的色彩设计理念，有助于材料的选配

2）根据某餐厅方案设计文件，整理相关设计资料，完成资料整理表（表 2–1–2~ 表 2–1–4）。

工作页1–2 材料分析表　　表2–1–2

项次	项目	材料	规格	品牌、性能描述、构造做法	价格
1	地面				
2	顶棚				
3	墙面				

工作页1–3 光源分析表　　表2–1–3

序号	光源	照明描述	品牌型号	规格
1				
2				
3				
4				
5				
6				

工作页1–4 家具陈设设备分析表　　表2–1–4

序号	房间	家具（规格）	陈设（规格）	卫浴（规格）	设备（规格）
1					
2					
3					

2. 方案识读实训（表 2–1–5）

项目：识读某餐厅装饰方案设计文件　　表2–1–5

实训任务	餐厅装饰方案设计文件识读训练
学习领域	装饰方案设计文件识读
行动描述	教师给出餐厅装饰方案设计文件，提出识读要求。学生制定识读计划，按照方案图识读的内容和要求，分析并整理资料。完成后，学生自评，教师点评
工作岗位	设计员、施工员
工作过程	详见附件
工作要求	参照建筑装饰设计原理
工作工具	记录本、工作页、笔、电脑
工作方法	分析任务书，阅读装饰方案设计文件； 识读方法决策； 制定识读计划； 分析设计立意； 设计背景调研，材料、家具、陈设、灯具调研； 分析整理设计资料； 完成识读资料的整理； 识读资料自审； 识读经验PPT交流
阀值	通过实践训练，进一步掌握装饰方案设计文件识读的内容和方法

3.2　装饰方案设计文件识读流程

3.2.1　进行技术准备

阅读设计方案。了解设计方案的内容、性质、规模、设计单位、设计背景等情况。

3.2.2　工具、资料准备

2.1　工具准备：记录本、工作页、笔、电脑。

2.2　资料准备：《建筑装饰设计原理》、《室内设计资料集》、《装饰材料与构造》。

3.2.3　编写识读计划

完成装饰方案设计文件识读的计划安排表（表 2–1–6）。

工作页1–5 装饰方案设计文件识读计划表　　表2–1–6

序号	工作内容	识读要求	需要时间	备注
1	设计背景调研			
2	设计立意分析			
3	装饰材料调研及分析			
4	光源设计调研及分析			
5	家具与陈设分析			
6	设备分析			

3.2.4 按照计划完成装饰方案设计文件的识读

学生按照自己制订的计划表，完成工作页 1–1 ～工作页 1–4，并准备设计方案分析 PPT 文件。

3.2.5 自审

学生完成方案设计文件识读后，首先自审，完成方案设计文件识读自审表（表 2–1–7）。

工作页1–6 装饰方案设计文件识读自审表 **表2–1–7**

序号	分项	指标	存在问题	得分
1	设计立意分析	30		
2	装饰材料分析	30		
3	光源设计分析	20		
4	家具陈设设备分析	20		
	总分	100		

3.2.6 汇报交流

学生准备设计方案分析 PPT 文件，进行公开交流。

3.2.7 实训考核成绩评定（表 2–1–8）

实训考核内容、方法及成绩评定标准 **表2–1–8**

<table>
<tr><th>系列</th><th>考核内容</th><th>考核方法</th><th>要求达到的水平</th><th>指标</th><th>教师评分</th></tr>
<tr><td rowspan="2">对基本知识的理解</td><td rowspan="2">对装饰方案设计文件理论知识的掌握</td><td>识读内容及要求</td><td>能理解识读内容</td><td>10</td><td></td></tr>
<tr><td>识读的方法</td><td>能合理运用识读方法</td><td>10</td><td></td></tr>
<tr><td rowspan="4">实际工作能力</td><td rowspan="4">能正确分析并完成装饰方案设计文件的识读</td><td rowspan="4">检测各项能力</td><td>分析能力</td><td>20</td><td rowspan="4"></td></tr>
<tr><td>调研能力</td><td>10</td></tr>
<tr><td>资料整理能力</td><td>20</td></tr>
<tr><td>总结汇报能力</td><td>10</td></tr>
<tr><td rowspan="2">职业关键能力</td><td rowspan="2">思维能力、团队协作能力</td><td>查找问题的能力</td><td>能及时发现问题</td><td>5</td><td rowspan="2"></td></tr>
<tr><td>解决问题的能力</td><td>能协调解决问题</td><td>5</td></tr>
<tr><td rowspan="2">自审能力</td><td rowspan="2">根据实训结果评估</td><td>工作页</td><td>填写完备</td><td>5</td><td rowspan="2"></td></tr>
<tr><td>总结报告书PPT</td><td>能客观评价</td><td>5</td></tr>
<tr><td colspan="4">任务完成的整体水平</td><td>100</td><td></td></tr>
</table>

学习情境2 现场尺寸复核

1 学习目标

（1）了解一般测量工具，能熟练使用测量工具；
（2）掌握尺寸复核的内容和要求；
（3）能够根据项目要求正确测量建筑空间，精确进行尺寸复核。

2 知识单元

2.1 测量工具及其使用

在建筑装饰工程设计与绘图过程中，测量工作是必不可少的，应该包括对建筑物的勘察和测量、装饰造型的放样等方面的内容，在装饰施工图深化设计中，同样需要各方面的测绘工作，主要是对已有方案图与施工现场对照，进行尺寸的复核，精确掌握建筑空间的各类尺寸，才能进行科学有效的深化设计和绘图。

在进行工程测量时，设计人员应会使用各种测量工具，主要的测量工具有水准测量仪、光学经纬仪、量距工具、测距仪等。

2.1.1 水准测量仪

水准测量仪是建立水平视线测定地面两点间高差的仪器，简称水准仪。水准仪有多种类型，按结构分为微倾水准仪、自动安平水准仪、激光水准仪和数字水准仪，按精度分为精密水准仪和普通水准仪。

水准仪适用于水准测量的仪器，目前，我国水准仪是按仪器所能达到的每千米往返测高差中数的偶然中误差这一精度指标划分的，共分为 4 个等级。 水准仪型号都以 DS 开头，分别为“大地测量”和“水准仪”的汉语拼音第一个字母，通常书写省略字母 D。其后“05”、“1”、“3”、“10”等数字表示该仪器的精度。S3 级（图 2–2–1）和 S10 级水准仪又称为普通水准仪，用于国家三、四等水准及普通水准测量，S05 级和 S1 级水准仪称为精密水准仪，用于国家一、二等精密水准测量（表 2–2–1）。

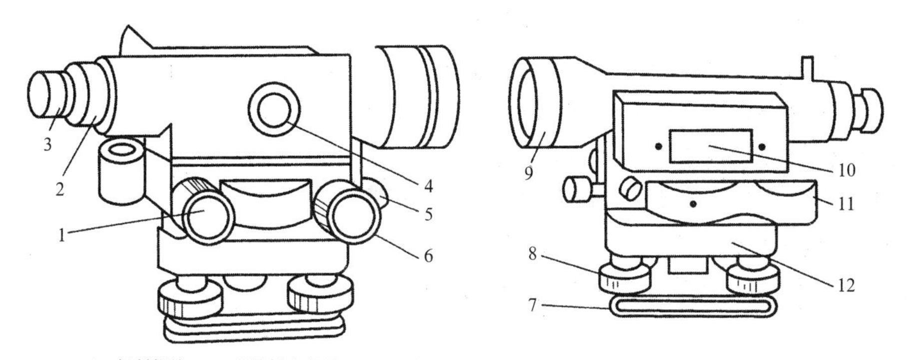

1—倾斜螺旋；2—目镜对光螺旋；3—目镜；4—物镜对光螺旋；5—制动螺旋；6—微动螺旋；7—底板；8—脚螺旋；9—望远镜；10—管水准器；11—圆水准器；12—基座

图 2–2–1　DS3 水准仪

表2–2–1

水准仪型号	DS05	DS1	DS3	DS10
千米往返高差中数偶然中误差	≤ 0.5mm	≤1mm	≤3mm	≤10mm
主要用途	国家一等水准测量及地震监测	国家二等水准测量及精密水准测量	国家三、四等水准测量及一般工程水准测量	一般工程水准测量

2.1.2　光学经纬仪

光学经纬仪是一种测量角度的仪器，按其精度分为 DJ07、DJ1、DJ2、DJ6、DJ15 等几种。经纬仪一般包括基座、水平度盘和照准部三大部分，由于各种型号不一样，其外形、螺旋的形状和位置各不相同。图 2–2–2 为 DJ6 型光学经纬仪。

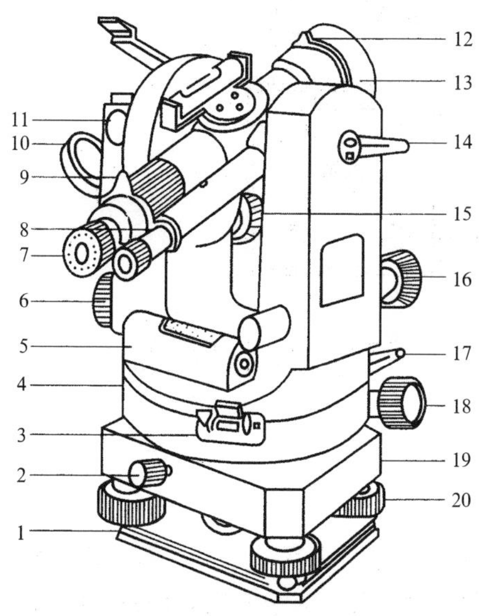

1—三角压板；2—轴套制动螺旋；3—复测扳手；4—水平度盘外罩；5—照准部水准管；6—测微轮；7—目镜对光螺旋；8—读数显微镜；9—物镜对光螺旋；10—反光镜；11—竖盘指标水准管；12—准星；13—物镜；14—望远镜制动螺旋；15—竖盘指标水准管微动螺旋；16—望远镜微动螺旋；17—水平方向制动螺旋；18—水平方向微动螺旋；19—基座；20—脚螺旋

图 2–2–2　DJ6 型光学经纬仪

2.1.3 量距工具

钢尺是直接量距法的主要工具，又称钢卷尺，长度有 5、10、20、30、50m 几种。其基本单位有 cm 和 mm 两种，在每分米和每米的分划线处有相应的标记。由于尺上零点位置的不同，有端点尺和刻线尺之分。

当地面两点之间距离大于钢卷尺长度，也就是用钢卷尺的长度一次不能量够距离时，应采用直线定线的方法，也就是在两点连线之间设置几个分段点，使分段点在一条直线上，分段量取，最后相加得出要测量的两点值。

2.1.4 测距仪

按测定传播时间的方式不同，测距仪分为相位式测距仪和脉冲式测距仪两种；按照测程的不同，测距仪又可分为远程、中程和短程测距仪三种。目前，使用较多的是相位式短程光电测距仪，其构造如图 2-2-3 所示。短程光电测距仪的测程在 5km 以下，通常使用红外光源。在建筑装饰工程中常使用一种小型电子测距仪，多用于测量建筑的高度。

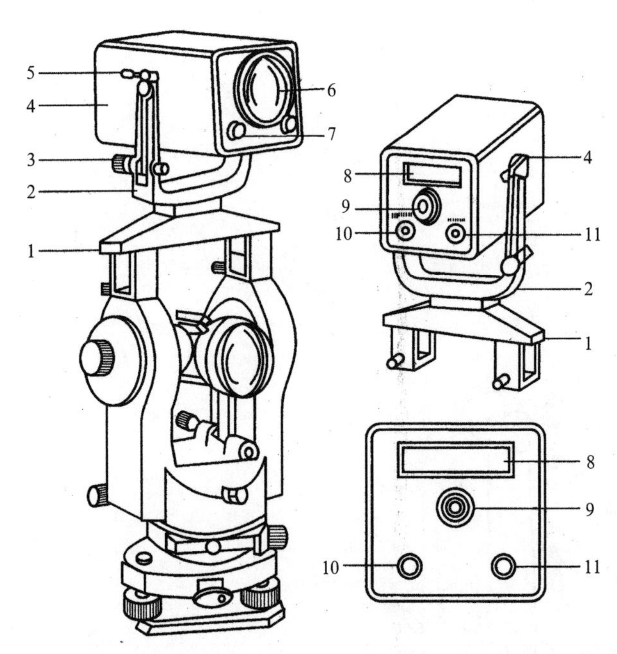

1—支架座；2—支架；3—竖直微动螺旋；4—主机；5—竖直制动螺旋；6—发射接收镜的物镜；7—电源电缆插座；8—显示器；9—发射接收镜的目镜；10—电源开关键；11—测量键

图 2-2-3 相位式短程光电测距仪

2.2 尺寸复核内容

建筑装饰工程的尺寸复核是指依据方案图的标注尺寸，对建筑装饰工程现场进行多方面尺寸的复核，确定准确的尺寸，并对装饰施工现场进行勘测，根据建筑结构存在的不利因素和弊端，以在下一步的装饰施工图绘制中进行调整和补救。见表 2-2-2。

尺寸复核内容及要求 **表2-2-2**

序号	尺寸复核项目	尺寸复核内容	尺寸复核要求
1	建筑空间结构尺寸	平面、顶面、立面	定形尺寸、定位尺寸、总体尺寸
2	建筑细部结构尺寸	柱、梁、门窗、管道井、楼梯、阳台等	定形尺寸、定位尺寸、总体尺寸
3	水暖电设备尺寸	上下水管、电路、暖通等	定形尺寸、定位尺寸、总体尺寸

2.2.1 建筑空间尺寸复核

建筑装饰设计是在已有建筑空间中进行表面装饰和装修，建筑物土建部分施工完成后，不免会出现歪斜现象、不成直角现象，这时需要尺寸复核后，利用施工技术或者用装饰设计来弥补建筑空间形态的不足。建筑空间的尺寸复核包括房间的基本形状复核，各界面的角度复核，空间的长、宽、高尺寸复核。

2.2.2 建筑细部结构尺寸复核

建筑空间由建筑细部构成，满足不同空间功能的需求，形成错综复杂的建筑空间形态。建筑细部结构形态有时是对建筑形态的一种补充，有时却会影响建筑空间的整体效果，因此，在建筑装饰设计中常常需要通过多种设计手法来强调或隐藏某些建筑细部结构。建筑细部结构包括柱、梁、门窗、管井、楼梯、阳台、雨篷等部分，建筑细部结构的尺寸复核应包括建筑细部结构本身的基本形状尺寸复核，包括长、宽、高尺寸复核，夹角复核，以及与建筑界面的距离、角度复核。

2.2.3 水暖电设备尺寸复核

建筑空间内已有水暖电设备管线铺设及相关洞口预留，这些都需要与建筑装饰部分合理规划，既能保证水暖电设备的使用方便，又能保证建筑空间形态的完整与美观。水暖电设备尺寸复核包括水管的尺寸及与建筑结构的位置尺寸复核，上下水洞口的尺寸和预留位置的详细尺寸复核，暖通设备的尺寸及与建筑结构的位置尺寸复核，电器控制设备的尺寸复核等。

2.3 尺寸复核基本要求

2.3.1 尺寸复核基本原则

1. 建筑空间的尺寸复核必须遵循"从整体到局部，先控制后碎部"的原则，即首先要建立控制网，然后根据控制网进行碎部测量。控制网是指在测量范围内选择若干有控制意义的控制点，按一定规律和要求组成网状几何图形。控制网分为平面控制网和高程控制网，平面控制网测量和高程控制测量统称控制测量。对于已有方案图的建筑室内空间，应首先复核控制网的尺寸。如建筑室内空间的控制网尺寸复核，应首先测量空间的平面控制网，即平面的基本形状和尺寸；测量空间高程控制网，即测量空间高度的尺寸。

2. 合理选择导线点。在测量过程中，将相邻控制点用直线连接而构成的折线称为导线，构成导线的控制点称为导线点。导线测量是建立平面控制网常用的一种方法，它的主要工作就是依次测定各导线边的边长和各转折角。选点时应注意：①相邻点间通视良好，便于测量。②点位应选择比较稳定坚实的地方，以便于安置仪器和保持标识点。③视野应开阔，便于测量碎部。

3. 控制网尺寸复核工作结束后就可进行碎部尺寸复核。碎部尺寸复核是在原有图纸上确定碎部点，根据控制点来测量控制点与碎部点的水平距离、高差，通过已知方向的角度来复核碎部点的位置尺寸。

2.3.2 尺寸复核的基本工作

综上所述，控制网尺寸复核、碎部尺寸复核等，其实质都是为了确定点的位置再进行测量，而要确定地面点的位置离不开距离、角度和高差这三项基本工作。

1. 距离测量。

距离测量是指测量两标志点之间的水平直线长度，距离测量的方法可分为直接量距法、光学量距法和物理量距法。在这三种距离测量的方法中，使用较为广泛的是钢尺量距和光电测距。

钢尺量距是工程测量中最常用的一种距离测量的方法，按精度要求不同分为一般方法和精密方法两种。一般方法采用钢尺和辅助工具（如标杆、垂球架）等，通过定点、定线、量距和计算等步骤得出两点距离，精度可达到1/1000 ~ 1/5000；精度方法则采用通过鉴定过的钢尺量距和经纬仪定线来测得，其精度可达到1/1000 ~ 1/40000。

光电测量是一种物理测距方法，它通过光电测距仪来测出两点间距离，其优点为精度较高、测距较远、速度较快。

2. 角度测量。

角度测量是确定地面点位的基本测量工作之一。角度测量分为水平角测量和垂直角测量两种。水平角是指地面上某点到两目标的方向线在水平面上铅垂投影所形成的角度，用于求算地面点的平面坐标位置；竖直角是指地面一点至目标的方向线与水平视线间的夹角，用于求算两点间高差或将倾斜距离换算成水平距离。常用的角度测量仪器是光学经纬仪。

3. 水准测量。

水准测量是高程测量最常用的方法，它不是直接测定地面点的高程，而是测出两点间的高差。在地面两点间安置水准仪，观测竖立在两点上的水准标尺，按尺上读数推算两点间的高差。

思考题：

1. 建筑装饰工程尺寸复核有哪些常用测量工具？
2. 建筑装饰施工图的尺寸复核内容有哪些？
3. 怎样有计划地完成尺寸复核工作？

实训要求：

测量一室内空间，并做好尺寸复核记录，绘制图纸。

3 实训单元

3.1 现场尺寸复核实训

3.1.1 实训目的

通过下列实训，认识和掌握测量工具的使用方法，充分理解现场尺寸复核的必要性，理解现场尺寸复核的内容和要求。能独自完成尺寸复核的工作。

3.1.2 实训要求

1. 通过测量训练，掌握测量工具的使用方法。

2. 通过现场尺寸复核训练，掌握尺寸复核的内容和要求。

3. 通过现场尺寸复核过程，理解现场尺寸复核的必要性，对尺寸复核的内容、要求、流程和方法等进行实践验证，并能举一反三。

3.1.3 实训类型

1. 测量训练

1）认识并使用水准仪进行测量训练，掌握水准仪的使用方法。

2）认识并使用光学经纬仪进行测量训练，掌握角度测量方法。

3）认识并使用量距工具进行测量训练，掌握量距工具的使用方法。

4）认识并使用测距仪进行测量训练，掌握测距仪的使用方法。

2. 现场尺寸复核能力实训（表 2–2–3）

项目：根据某居室设计方案图进行现场尺寸复核 **表2–2–3**

实训任务	居室空间尺寸复核训练
学习领域	现场尺寸复核
行动描述	教师根据居室空间设计方案，提出尺寸复核要求。学生制定尺寸复核方案，按照现场尺寸复核的内容和要求，依据图纸进行尺寸复核，提交尺寸复核说明书。完成后，学生自评，教师点评
工作岗位	设计员、施工员
工作过程	详见附件
工作要求	依据深化设计规定
工作工具	水准仪、经纬仪、卷尺、记录本、工作页、笔
工作方法	分析任务书，识读设计方案； 确定尺寸复核方案； 制定尺寸复核计划； 复核尺寸； 分析尺寸变化部分和尺寸缺少部分； 完成尺寸复核说明书； 尺寸复核说明书自审，检测完成度及结果； 尺寸复核交流
阈值	通过实践训练，进一步掌握现场尺寸复核的内容方法

3.2 现场尺寸复核流程

3.2.1 进行技术准备

1）识读设计方案。了解方案设计立意，明确装饰材料、造型设计、尺寸要求。

2）查看现场。对照设计方案图查看现场，了解现场和图纸的对应部分和有出入的部分。

3）审核设计方案尺寸缺失部分，绘出需详细测量的图纸。

3.2.2 工具、资料准备

1）工具准备：水准仪、经纬仪、卷尺、记录本、工作页、笔。

2）资料准备：《测量工具使用手册》、《XX 省建筑装饰装修工程设计文件编制深度规定》。

3.2.3 编写尺寸复核计划

完成居室空间尺寸复核的计划安排表（表 2–2–4）。

工作页2–1 现场尺寸复核计划表 表2–2–4

序号	工作内容	复核要求	需要时间	备注
1	建筑结构尺寸复核			
2	建筑细部结构尺寸复核			
3	水暖电设备尺寸复核			

3.2.4 完成现场尺寸复核

学生按照设计方案图及绘制的测量图，完成尺寸复核内容，形成一套尺寸图。

3.2.5 形成尺寸复核说明书

对照方案设计图和尺寸测量图，分析尺寸有误差和缺失的部分，写出尺寸复核说明书，可以用图文来说明。

包括：1）建筑结构尺寸复核；

2）建筑细部结构尺寸复核；

3）水暖电尺寸复核。

3.2.6 尺寸复核自审

学生完成现场尺寸复核，形成说明书后，首先自审，完成尺寸复核自审表（表 2–2–5）。

工作页2-2 尺寸复核自审表 表2-2-5

序号	分项	指标	存在问题	得分
1	建筑结构尺寸复核	20		
2	建筑细部结构尺寸复核	25		
3	水暖电设备尺寸复核	25		
4	说明书	30		
	总分	100		

3.2.7 汇报交流

学生准备尺寸复核说明书文件，进行公开交流。

3.2.8 实训考核成绩评定（表2-2-6）

实训考核内容、方法及成绩评定标准 表2-2-6

<table>
<tr><th>系列</th><th>考核内容</th><th>考核方法</th><th>要求达到的水平</th><th>指标</th><th>教师评分</th></tr>
<tr><td rowspan="2">对基本知识的理解</td><td rowspan="2">对现场尺寸复核理论知识的掌握</td><td>测量工具的性能及使用</td><td>能理解测量工具的性能和使用方法</td><td>10</td><td></td></tr>
<tr><td>现场尺寸复核内容及要求</td><td>能正确理解现场尺寸复核的内容及要求</td><td>10</td><td></td></tr>
<tr><td rowspan="3">实际工作能力</td><td rowspan="3">能准确完成现场尺寸复核，并形成说明书</td><td rowspan="3">检测各项能力</td><td>测量工具使用能力</td><td>15</td><td rowspan="3"></td></tr>
<tr><td>尺寸复核能力</td><td>25</td></tr>
<tr><td>分析总结能力</td><td>20</td></tr>
<tr><td rowspan="2">职业关键能力</td><td rowspan="2">思维能力
团队协作能力</td><td>查找问题的能力</td><td>能及时发现问题</td><td>5</td><td rowspan="2"></td></tr>
<tr><td>解决问题的能力</td><td>能协调解决问题</td><td>5</td></tr>
<tr><td rowspan="2">自审能力</td><td rowspan="2">根据实训结果评估</td><td>工作页</td><td>填写完备</td><td>5</td><td rowspan="2"></td></tr>
<tr><td>尺寸复核说明书</td><td>能客观评价</td><td>5</td></tr>
<tr><td colspan="4">任务完成的整体水平</td><td>100</td><td></td></tr>
</table>

3 模块三　建筑装饰施工图绘制

教学导引：建筑装饰施工图绘制是本课程的核心内容，将通过实施真实或模拟项目带领学生完成一套建筑装饰施工图的绘制，其中各部位的深化设计是能力的提升，也是教学的难点，需要学生有较扎实的制图基础和较充分的装饰材料和构造知识，并能活学活用。

重点：树立标准制图、合理制图、准确制图的理念；对装饰构造知识的活学活用，正确深化设计。

【知识点】楼地面建筑装饰的材料和构造及其施工图绘制的内容及特点；顶棚建筑装饰的材料和构造及其施工图绘制的内容及特点；墙、柱面建筑装饰的材料和构造及其施工图绘制的内容及特点；固定家具的装饰材料和构造及其施工图绘制的内容及特点；装饰施工图详图的绘制内容及要求。

【学习目标】通过项目活动，学生能够熟知建筑装饰各界面常用建筑装饰材料和装饰构造，掌握装饰施工图绘制的工作程序和步骤；能够正确深化设计；独立完成一套建筑装饰施工图的绘制工作。

1　学习目标

（1）熟悉楼地面装饰的常用材料；
（2）掌握楼地面造型的装饰构造做法；
（3）能掌握楼地面装饰施工图绘制要求；
（4）能够按照项目要求独立完成楼地面构造的深化设计；
（5）能够根据项目要求正确完成楼地面装饰施工图的绘制。

2　知识单元

2.1　楼地面装饰施工图概念

楼地面装饰施工图是用于表达建筑物室内室外楼地面装饰美化要求的图样。它是以装饰方案图为主要依据，采用正投影法反映建筑地面的装饰结构、装饰造型、饰面处理，以及反映家具、陈设、绿化等布置内容。

楼地面装饰平面图是用一个假想的水平剖切平面在窗台略上的位置剖切后，移去上面的部分，向下所做的正投影图。与建筑平面图基本相似，不同之处是在建筑平面图的基础上增加了装饰和陈设的内容。

楼地面装饰施工图包括总平面图、平面布置图、平面尺寸定位图、地面铺装图、平面插座布置图、立面索引图、楼地面详图等。

2.2　楼地面装饰材料与构造

楼地面的类型可从材料和构造形式两方面来分类。

根据材料分类主要有水泥类楼地面、陶瓷类楼地面、石材类楼地面、木质类楼地面、软质类楼地面、塑料类楼地面、涂料类楼地面等。

根据构造形式主要有整体式楼地面、板块式楼地面、木（竹）楼地面、软质楼地面等。

2.2.1　楼地面常用材料

楼地面装饰材料应具有安全性（即地面使用时的稳定性和安全性，如阻燃、防滑、电绝缘等）、耐久性、舒适性（指行走舒适有弹性、隔声吸声等）、装饰性。

常用的楼地面装饰材料有如下几种：

1. 木质类地面材料

主要指楼地面的表层采用木板或胶合板铺设，经上漆而成的地面。其优点是弹性好、生态舒适、表面光洁、木质纹理自然美观、不老化、易清洁等；同时还具有无毒，无污染，保温，吸声，自重轻，导热性小，自然、温暖、高雅等特点。常用的有实木地板、复合木地板、强化木地板、防水地板（又叫桑拿地板）、软木地板等。

2. 石材

石材在楼地面装饰装修中运用非常普遍。它包括天然石材和人造石材两大类，其特点是强度高、硬度大、耐磨性强、光滑明亮、色泽美观、纹理清晰、施工简便，广泛用于公共建筑空间和住宅空间。天然石材主要包括天然花岗岩、天然大理石及天然青石、板岩等。人造石材主要是由不饱和聚酯、树脂等聚合物或水泥为粘结剂，以天然大理石、碎石、石英砂、石粉等为填充料，经抽空、搅拌、固化、加压成型、表面打磨抛光而制成。

3. 陶瓷地砖

陶瓷地砖用于楼地面装饰已有很久的历史，由于地砖花色品种层出不穷，因而仍然是当今盛行的装饰材料之一。陶瓷地砖坚固耐用，色彩鲜艳，易清洗，防火，耐腐蚀，耐磨，较石材质地轻。有全瓷地砖、玻化地砖、劈离砖、广场砖、仿石砖、陶瓷艺术砖等。

4. 地毯

地毯具有良好的弹性与保温性，极佳的吸声、隔声、减少噪声等功能。地毯按材质可分为羊毛地毯、混纺地毯、化纤地毯。羊毛地毯质地优良，柔软弹性好，美观高贵，但价格昂贵，且易虫蛀霉变。化纤地毯重量轻，耐磨、富有弹性而脚感舒适，色彩鲜艳且价格低于纯毛地毯。地毯按编织工艺分类可分为手工编织地毯、机织地毯、簇绒地毯；按面层形状分类可分为圈绒地毯、剪绒地毯、圈绒剪绒结合地毯。

5. 塑料地板

近些年类塑料地板发展较快，从单一的 PVC 材料到目前盛行的塑胶地板、EVA 地板、彩色石英地板等，形状从单一的卷材到块状形、多边形、几何形等；质地有软质、硬质、半硬质等。塑料地板不仅具有独特的装饰效果，而且还具有质地轻、表面光洁、有弹性、脚感舒适、防滑、防潮、耐磨、耐腐蚀、易清洗、阻燃、绝缘性好、噪声小、施工方便等优点。

2.2.2 楼地面装饰构造

1. 水泥类楼地面

水泥类楼地面根据配料不同可分为水泥砂浆楼地面、现浇水磨石楼地面、细石混凝土楼地面等。它们都是以水泥为主要原料配以不同的骨料组合而成，属一般装饰装修构造。

2. 陶瓷地面铺设

装饰装修工程不管采用何种地砖进行地面装饰，均要求地砖的规格、品种、颜色必须符合设计要求，抗压抗折强度符合设计规范，表面平整、色泽均匀、尺寸准确，无翘曲、破角、破边等现象。各种地砖的构造技术大同小异，基本相同。铺贴时需注意地面铺设方向，一般入口处用整砖铺设，把需裁切的砖铺贴在家具的下面或不显眼处；还需注意拼花对缝，比如地面和墙面都铺砖时需考虑地面砖和墙面砖的对缝，地面砖和陶瓷踢脚也需考虑对缝。不同材质的地面面层在分界处可以嵌入玻璃条或铜条等，使界线分明清晰。不同材质地面面层分隔宜在门框裁口处，如图 3-1-1 所示。

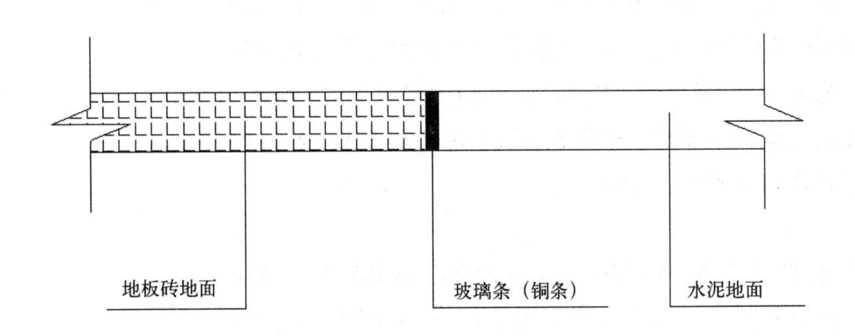

图 3-1-1　不同材质的地面面层分界处理

3. 石材地面构造

石材铺装，可根据设计的要求以及室内空间的具体尺寸，把石材切割成规则或不规则的几何形状，尺寸可大可小，厚度可薄可厚。石材类地面的铺装一般用干贴法。石材铺贴后高差要不大于 1mm。石材在施工中应尽量将四块石材的角部铺贴成同一高度。

石材铺贴楼梯时，注意理论尺寸与实际尺寸不一致的情况，要预先进行详细排版，尤其是平台转角处，要用整块异形石材，避免在转角处用若干小块石材拼贴。①休息平台转角处，石材镶贴方案，如 3-1-2*a* 所示。②楼梯踏步石材镶贴，如图 3-1-2*b* 所示。③同一种色质石材铺贴的楼梯间，在休息平台处可适当用不同色质石材贴花（贴花不宜复杂），以增加美感，如图 3-1-2*c* 所示。

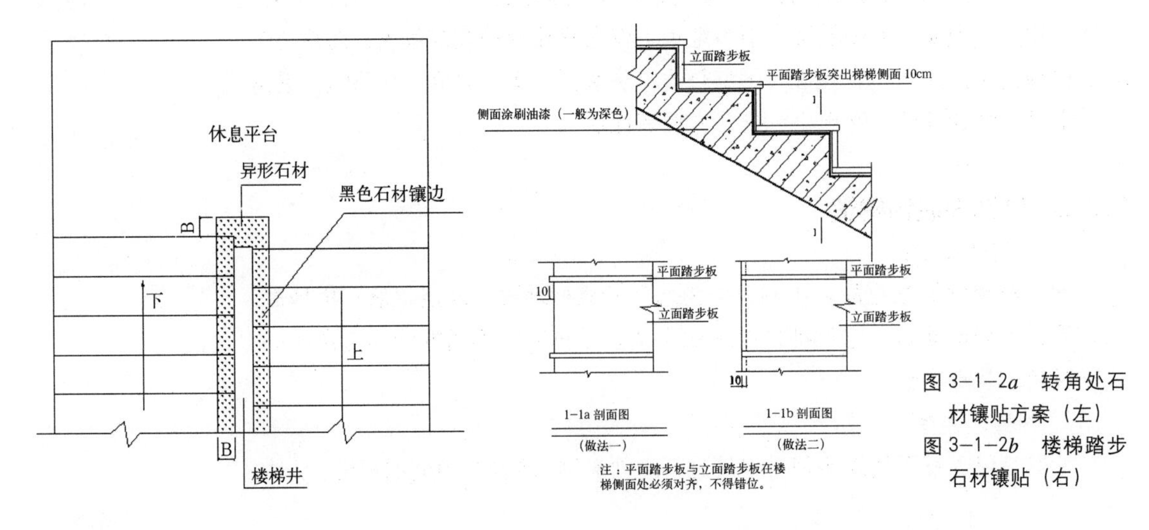

图 3-1-2*a*　转角处石材镶贴方案（左）
图 3-1-2*b*　楼梯踏步石材镶贴（右）

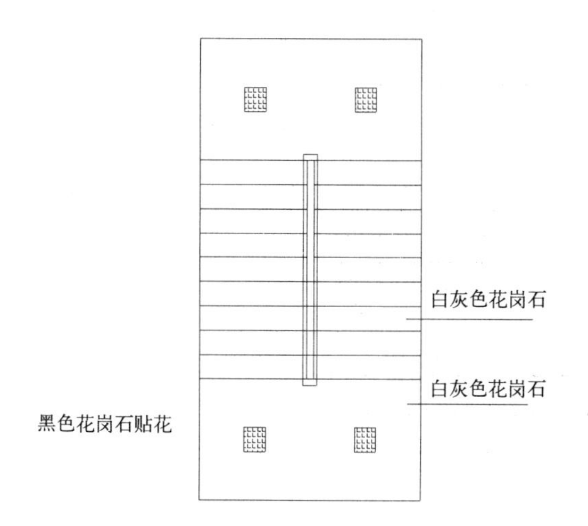

图 3–1–2c　楼梯踏步石材搭配

4. 木质楼地面构造

木质楼地面按构造形式可分为有地垄墙架空木地面和无地垄墙木地面两大类。

1）地垄墙架空木地面

地垄墙架空木地面多用于建筑的底层，它主要是解决设计标高与实际标高相差较大以及防潮问题，同时可以节约木地板下面的空间用于安装、检修管道设备。地垄墙架空木地面主要由地垄墙、垫木、剪刀撑、木格栅、基层板和面板等组成，如图 3–1–3 所示。

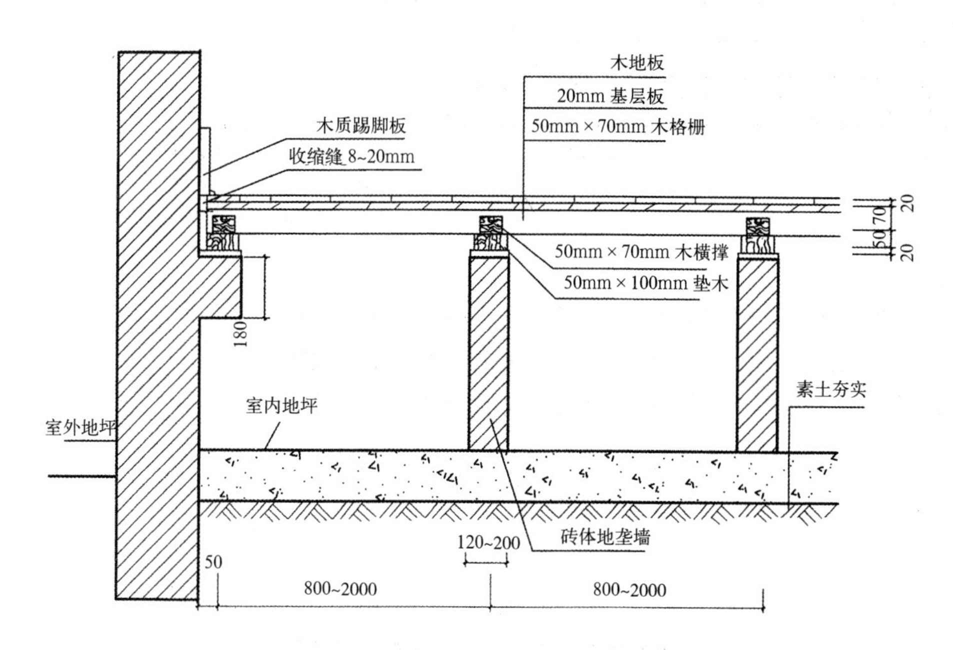

图 3–1–3　地垄墙木地板构造示意

2）无地垄墙木地面

无地垄墙木地面主要安装在地面基层平整，防潮性能好的底层及楼层地面，分空铺与实铺两种。如图 3–1–4、图 3–1–5 所示。

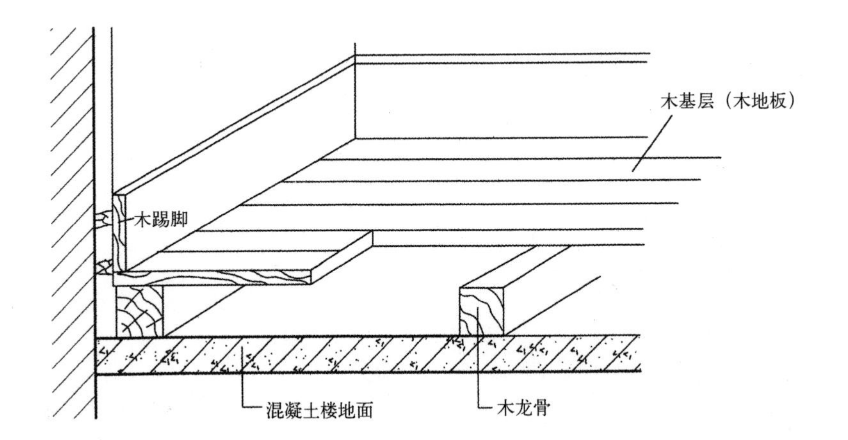

图 3–1–4　空铺木地板构造示意

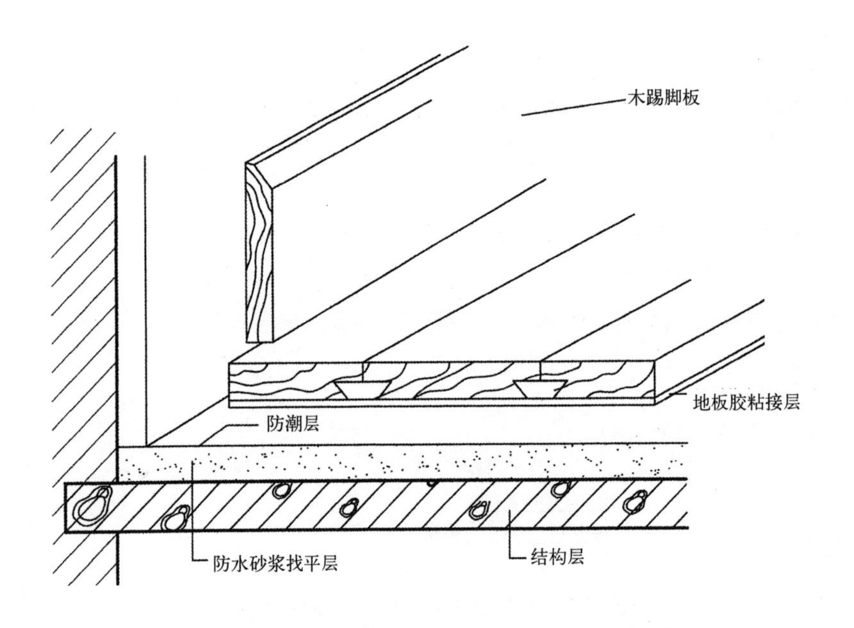

图 3–1–5　实铺木地板构造示意

5. 地毯楼地面构造

室内装饰装修中地毯可满铺，也可局部铺设于地面上，铺贴工艺分固定与活动两种。活动式铺贴施工简单方便，易更换，不用任何钉、胶与地面或基层面相固定。固定式铺贴是将地毯舒展拉平以后，用钩挂或胶贴方式与基层固定（图 3–1–6）。

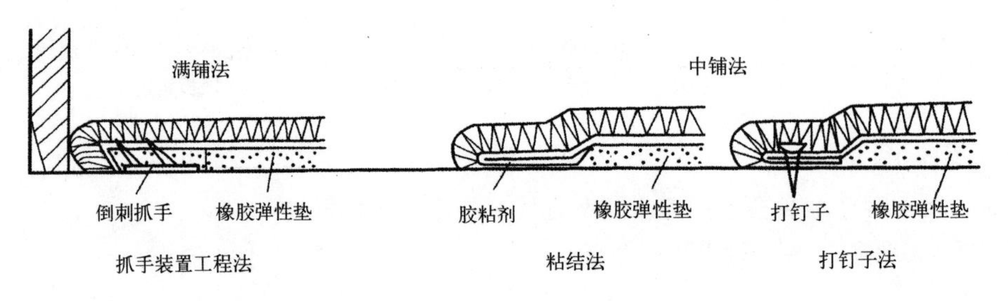

图 3–1–6　地毯收口及固定方法

2.3 楼地面装饰施工图绘制内容及要求

楼地面装饰施工图是能完整反映空间楼地面造型及地面高差变化与空间组织、流线分布、家具布置等的装饰施工图。

楼地面平面图需由（最外侧）立面墙体与地界面的交接线开始绘制。

楼地面装饰施工图应包括：总平面图、平面布置图、平面尺寸定位图、平面插座布置图、立面索引图、楼地面详图。

上述楼地面装饰施工图的内容仅指所需表示的范围，当设计对象较为简易时，根据具体情况可将上述几项内容合并，减少图纸数量。

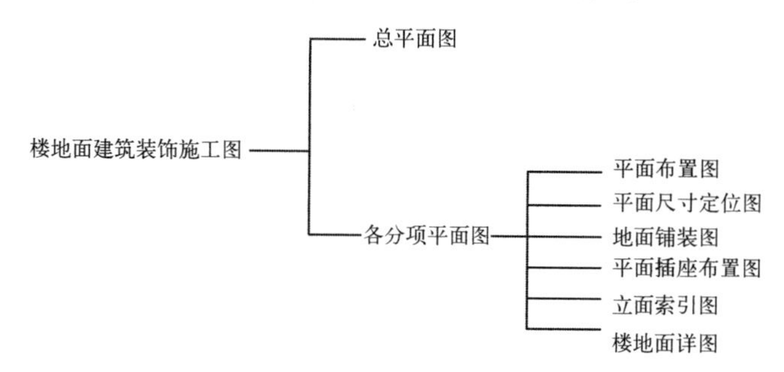

2.3.1 平面布置图

1. 平面布置图绘制要求

1）表达出剖切线以下的平面空间布置内容及关系；

2）表达楼地面的布置形式及材料；

3）表达出立面落地造型的装饰完成面，如门套、踢脚线、落地立面造型的外轮廓等；

4）表达出楼地面上的隔断、隔墙、固定家具、固定构件、活动家具、植物分布位置、窗帘等相互之间的关系（视具体情况而定）；

5）表达楼地面地坪高差关系，标注标高；

6）表达出轴号和轴线尺寸；

7）以虚线表达出在剖切位置线之上的，需强调的立面内容。

如图 3–1–7 所示。

2. 平面布置图绘制步骤（以下图 3–1–7 为例）

1）绘制定位轴线网；

2）绘制墙体，添加门、窗、楼梯、电梯、阳台等建筑构件；

3）绘制装饰完成面；

4）绘制室内家具、设备、植物并合理布置；

5）标注楼地面高差关系（如没有高差可以不标）；

6）标注轴号和轴线尺寸；

7）标注房间名称、家具名称；

8）绘制引线，文字标注装饰材料名称；

9）标注图名及比例。

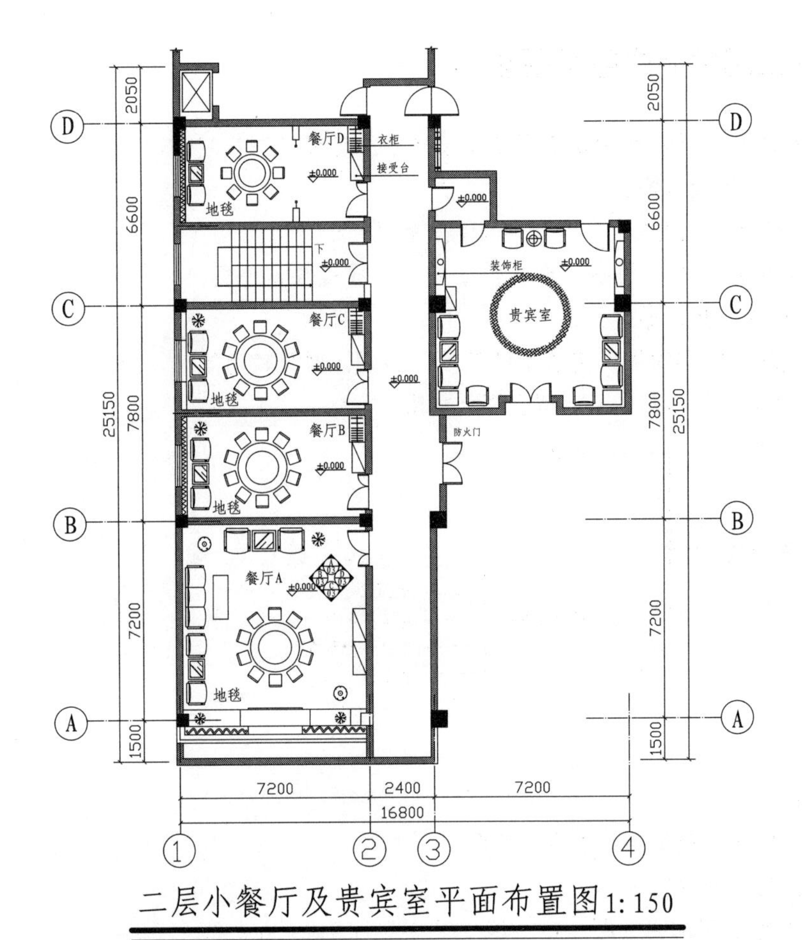

图3–1–7　平面布置图

2.3.2　平面尺寸定位图

1. 平面尺寸定位图绘制要求

1）表达出剖切线以下的室内空间的造型及关系；

2）表达出隔墙、隔断、固定构件、固定家具、窗帘等；

3）详细表达出平面上各装修内容的详细尺寸；

4）表达出地坪的标高关系；

5）不表示任何活动家具、灯具、陈设等；

6）注明轴号及轴线尺寸；

7）以虚线表达出在剖切位置线之上的，需强调的立面内容。

如图3–1–8所示。

2. 平面尺寸定位图绘制步骤（以下图3–1–8为例）

1）绘制定位轴线网；

2）绘制墙体，添加门、窗、楼梯、电梯、阳台等建筑构件；

3）绘制室内固定家具及设备；

4）标注楼地面高差关系（如没有高差可以不标）；

5）标注轴号和轴线尺寸；

6）标注室内详细尺寸，包括墙面建筑结构和洞口尺寸、固定家具和设备尺寸及与建筑构件之间的尺寸关系；

7）标注房间名称；

8）标注图名及比例。

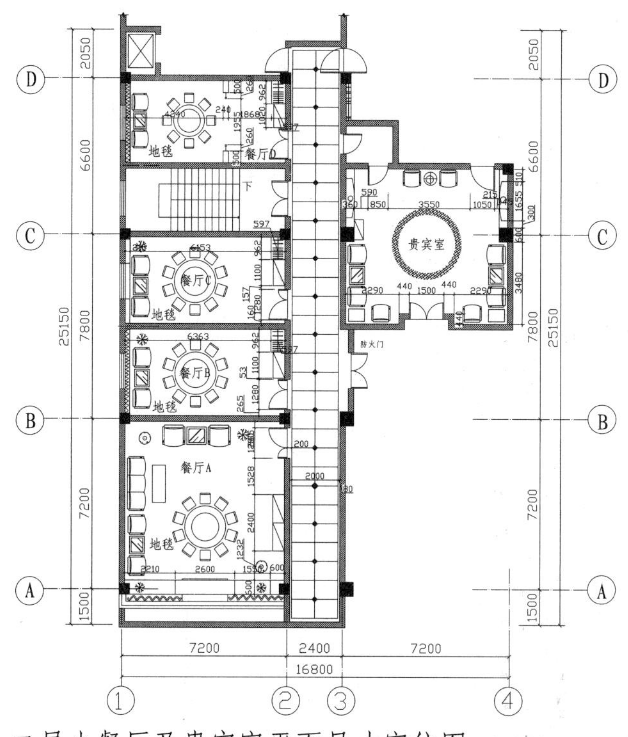

图 3–1–8 平面尺寸定位图

2.3.3 地面铺装图

1. 地面铺装图绘制要求

1）表达出地坪界面的空间内容及关系；

2）表达楼地面材料的规格、材料编号及施工排版图；

3）表达出埋地式内容（如地灯、暗藏光源、地插等）；

4）表达楼地面地坪相接材料的装修节点剖切索引号和地坪落差的节点剖切索引号；

5）表达出楼地面地坪拼花或大样索引号；

6）表达出地坪装修所需的构造节点索引号；

7）注明地坪标高关系；

8）注明轴号及轴线尺寸。

如图 3–1–9 所示。

2. 地面铺装图绘制步骤（以下图 3–1–9 为例）

1）绘制定位轴线网；

2）绘制墙体，添加门、窗、楼梯、电梯、阳台等建筑构件；

3）根据设计填充各房间地面装饰材料，餐厅包间填充地毯材料，走廊为大理石拼花，严格按照实铺规格和方向绘制；

4）标注楼地面高差关系（如没有高差可以不标）；

5）标注轴号和轴线尺寸；

6）标注房间名称；

7）绘制引线，文字标注装饰材料名称；

8）标注图名及比例。

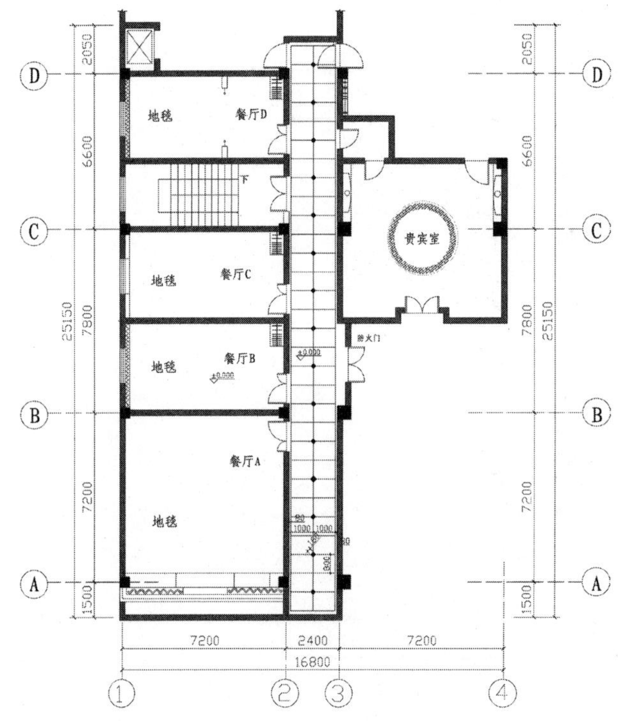

二层小餐厅及贵宾室地面铺装图1:150

图 3–1–9 地面铺装图

2.3.4 平面插座布置图

1. 平面插座布置图绘制要求

1）表达出剖切线以下的室内空间的造型及关系；

2）表达出各墙、地面的强／弱电插座的位置及图例；

3）不表示地坪材料的排版和活动家具、陈设品；

4）注明地坪标高关系；

5）注明轴号及轴线尺寸；

6）表达出插座在本图纸中的图表注释。

如图 3–1–10 所示。

2. 平面插座布置图绘制步骤（以下图 3–1–10 为例）

1）绘制定位轴线网；

2）绘制墙体，添加门、窗、楼梯、电梯、阳台等建筑构件；

3）绘制室内固定家具及设备；

4）标注楼地面高差关系（如没有高差可以不标）；

5）标注轴号和轴线尺寸；

6）标注各房间插座、有线电视、网线、电话线等位置；

7）绘制插座图例表；

8）标注房间名称；

9）标注图名及比例。

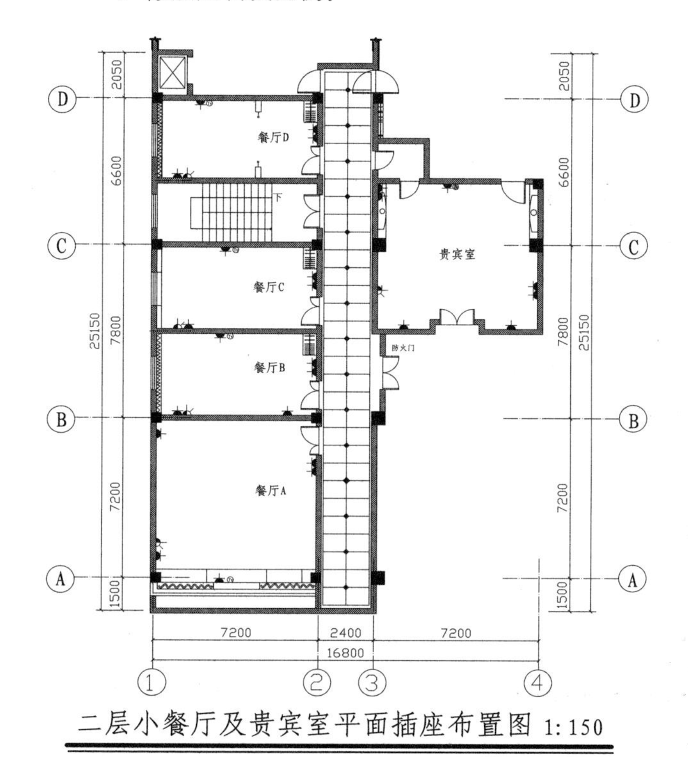

图例	说明	高度
	两眼\ 三眼插座	H=300mm
	双两眼插座	H=300mm
	三眼插座	H=300mm
	三眼空调插座	H=300mm（柜机） H=2000mm（壁挂）
	配电箱	H=1800mm
Tv	有线电视插座	H=300mm

图 3-1-10　平面插座布置图

2.3.5　立面索引图

1. 立面索引图绘制要求

1）表达出剖切线以下的平面空间布置内容及关系；

2）表达出隔墙、隔断、固定构件、固定家具、窗帘等；

3）详细表达出各立面的索引号和剖切号，表达出平面中需被索引的详图号；

4）不表示任何活动家具、灯具和陈设品；

5）注明地坪标高关系；

6）注明轴号及轴线尺寸。

如图 3-1-11 所示。

2. 立面索引图绘制步骤（以下图 3-1-11 为例）

1）绘制定位轴线网；

2）绘制墙体，添加门、窗、楼梯、电梯、阳台等建筑构件；

3）绘制室内固定家具及设备；

4）标注楼地面高差关系（如没有高差可以不标）；

5）标注轴号和轴线尺寸；

6）标注各房间立面索引位置和符号；

7）标注房间名称；

8）标注图名及比例。

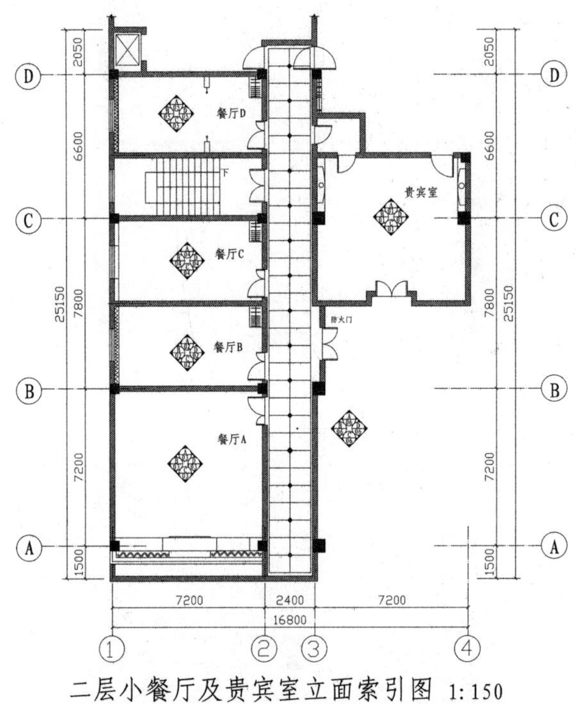

图 3–1–11　立面索引图

思考题：

1. 楼地面装饰施工图的绘制内容有哪些？
2. 楼地面的常用装饰材料有哪些？
3. 楼地面有几种构造形式？

实训要求：

1. 根据具体方案进行楼地面构造深化设计，绘制构造图；
2. 绘制楼地面装饰施工图。

3　实训单元

3.1　楼地面装饰施工图绘制实训

3.1.1　实训目的

通过下列实训，充分理解楼地面的装饰构造与画法，理解楼地面装饰施工图的绘制内容和绘制要求。能独自完成楼地面装饰施工图的深化设计工作及楼地面装饰施工图的绘制工作。

3.1.2 实训要求

1. 通过深化设计能力训练掌握楼地面的装饰构造及绘制方法。

2. 通过绘图能力训练掌握楼地面装饰施工图绘制的规范要求。

3. 通过绘图过程理解楼地面装饰施工图的绘制内容和程序，对楼地面装饰施工图的深化设计、绘制要求、绘制流程和绘制方法等进行实践验证，并能举一反三。

3.1.3 实训类型

1. 深化设计能力训练

1）根据某餐厅的地面设计方案，调研相关主材与辅材，完成材料调研表（表3-1-1）。

工作页3-1楼地面装饰施工图材料调研表 **表3-1-1**

项次	项目	材料	规格	品牌、性能描述、构造做法	价格
1	龙骨				
2	基层				
3	面层				

2）根据某餐厅的地毯铺地大理石走边的地面造型，深化设计内部构造。并画出地面造型构造、楼地面与墙面的交接构造。

3）根据给出的地面照片，绘制节点构造大样。

2. 绘图实训（表3-1-2）

项目：根据某餐厅楼地面方案设计图完成一套楼地面装饰施工图 **表3-1-2**

实训任务	餐厅楼地面装饰施工图绘制训练
学习领域	楼地面装饰施工图绘制
行动描述	教师给出餐厅楼地面设计方案，提出施工图绘制要求。学生做出深化设计方案，按照楼地面装饰施工图绘制的内容和要求，绘制出楼地面装饰施工图，并按照制图标准、图面原则设置。输出施工图后，学生自评，教师点评
工作岗位	设计员、施工员
工作过程	详见附件
工作要求	按照建筑装饰制图标准、深化设计规定
工作工具	记录本、工作页、笔、电脑

续表

工作方法	分析任务书，识读设计方案，调研装饰材料和装饰构造； 确定装饰构造方案，制图方法决策； 制定制图计划； 现场测量，尺寸复核，确定完成面； 完成平面图、地面构造节点大样图； 编制主要材料表；根据项目编制施工说明； 输出装饰施工图文件； 装饰施工图自审，检测设计完成度，以及设计结果； 现场施工技术交底，装饰施工图会审
阀值	通过实践训练，进一步掌握楼地面装饰施工图的绘制内容和绘制方法

3.2 楼地面装饰施工图绘制流程

3.2.1 进行技术准备

1. 识读设计方案。识读楼地面设计方案，了解楼地面方案设计立意，明确楼地面装饰材料、楼地面造型设计、楼地面尺寸要求。

2. 现场尺寸复核。根据楼地面图进行尺寸复核，测量现场尺寸，检查楼地面设计方案的实施是否存在问题。

3. 深化设计。根据楼地面设计方案，确定地面造型构造形式，进行龙骨、面层、搭接方式等的深化设计，绘制大样草图。

3.2.2 工具、资料准备

1. 工具准备：记录本、工作页、笔、电脑。

2. 资料准备：《房屋建筑室内装饰装修制图标准》、《XX 省建筑装饰装修工程设计文件编制深度规定》、《国家建筑标准设计图集——内装修》系列图集。

3.2.3 编写绘图计划

完成楼地面装饰施工图绘制的计划安排表（表 3–1–3）。

工作页3–2楼地面装饰施工图绘制计划表 　　**表3–1–3**

序号	工作内容	绘制要求	需要时间	备注
1	平面布置图			
2	平面尺寸定位图			
3	地面铺装图			
4	立面索引图			
5	平面插座布置图			
6	楼地面节点大样图			

3.2.4 按照计划绘制楼地面装饰施工图

学生按照绘图计划完成楼地面装饰施工图的绘制。

3.2.5 打印输出装饰施工图

首先进行输出设置，打印输出装饰施工图。

3.2.6 图纸自审

学生绘制完成楼地面装饰施工图后，首先自审，完成楼地面装饰施工图自审表（表3–1–4）。

工作页3–3楼地面装饰施工图自审表 **表3–1–4**

序号	分项	指标	存在问题	得分
1	楼地面装饰施工图文件齐全	10		
2	深化设计正确	20		
3	图纸内容完整	10		
4	材料标注清晰	15		
5	尺寸标注准确	15		
6	符合制图标准	10		
7	图面设置规范	10		
	总分	100		

3.2.7 实训考核成绩评定（表3–1–5）

实训考核内容、方法及成绩评定标准 **表3–1–5**

系列	考核内容	考核方法	要求达到的水平	指标	教师评分
对基本知识的理解	对楼地面装饰施工图理论知识的掌握	楼地面装饰构造深化设计	能理解构造深化设计	10	
		楼地面装饰施工图绘制内容及要求	能正确理解装饰施工图绘制的内容和要求	10	
实际工作能力	能正确深化设计，完成楼地面装饰施工图	检测各项能力	深化设计能力	15	
			尺寸复核能力	8	
			绘图能力	25	
			图面设置能力	12	
职业关键能力	思维能力	查找问题的能力	能及时发现问题	5	
		解决问题的能力	能协调解决问题	5	
自审能力	根据实训结果评估	工作页	填写完备	5	
		楼地面装饰施工图	能客观评价	5	
任务完成的整体水平				100	

1　学习目标

(1) 熟悉顶棚装饰的常用材料；
(2) 掌握顶棚造型的装饰构造做法；
(3) 能掌握顶棚装饰施工图绘制要求；
(4) 能够按照项目要求独立完成顶棚构造的深化设计；
(5) 能够根据项目要求正确完成顶棚装饰施工图的绘制。

2　知识单元

2.1　顶棚装饰施工图概念

顶棚在建筑装饰装修中又称天棚、天花，一般是指建筑空间的顶部。建筑空间的顶界面可以通过各种材料和构造组成形式各异的界面造型，对空间设计风格的形成和装饰效果的塑造具有重要的作用。随着现代建筑装修要求越来越高，顶棚装饰被赋予了新的特殊功能和要求：保温、隔热、隔声、吸声等，利用天棚装修来调节和改善室内热环境、光环境、声环境，同时又常作为安装各类管线设备的隐蔽层。

顶棚装饰施工图是以图纸形式表达顶棚造型、灯具和设备与顶棚造型的关系及相关的构造做法，顶棚装饰施工图可以正确指导顶部的施工。顶棚装饰施工图主要包含顶棚（天花）平面图和顶棚造型的构造图。顶棚（天花）平面图，是指向上仰视的正投影平面图。顶棚平面图需由（最外侧）立面墙体与顶界面的交接线开始绘制，即A点至A点的剖切位置线。如图3–2–1所示。

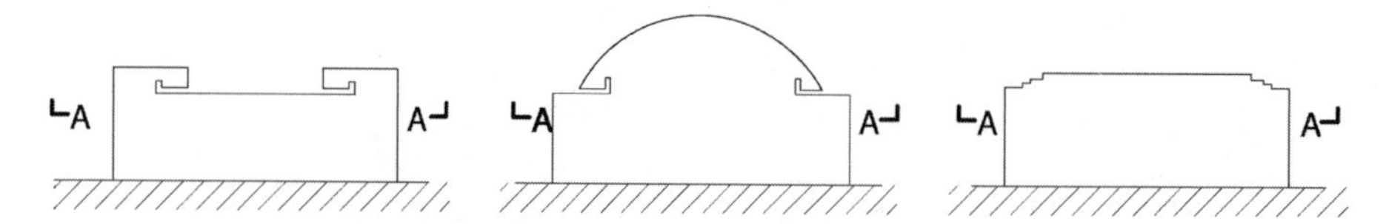

图3–2–1　顶棚图位置

2.2　顶棚装饰材料与构造

2.2.1　顶棚常用材料

顶棚装饰材料的选择首先依据装饰设计方案，一般情况下，吊顶材料可分为骨架（龙骨）材料和覆面材料两大类。

1. 骨架材料

骨架材料在建筑室内装饰中主要用于顶棚、墙体（隔墙）、棚架、造型、家具的骨架，起支撑、固定和承重的作用。室内顶棚装修常用骨架材料有木质和金属两大类。

1）木骨架材料

木骨架材料分为内藏式木骨架和外露式木骨架。内藏式木骨架隐藏在顶棚内部，起支撑、承重的作用，其表面覆盖有基面或饰面材料。外露式木骨架直接悬吊在楼板或装饰面层上，骨架上没有任何覆面材料，如外露式格栅、棚架、支架，属于结构式顶棚，主要起装饰、美化作用。

2）金属骨架材料

金属骨架材料有轻钢龙骨和铝合金龙骨两大类。

(1) 轻钢龙骨是以镀锌钢板或冷轧钢板经冷弯、滚扎、冲压等工艺制成，根据断面形状可分为 U 形龙骨、C 形龙骨、V 形龙骨、T 形龙骨。

U 形龙骨、T 形龙骨主要用来做室内吊顶又称吊顶龙骨。U 形龙骨有 38、50、60 三种系列，其中 50、60 系列为上人龙骨，38 系列为不上人龙骨。

C 形龙骨主要用于室内隔墙，又叫隔墙龙骨，有 50 和 75 系列。V 形龙骨又叫直卡式 V 形龙骨，是近年来较流行的一种新型吊顶材料。

轻钢龙骨应用范围广，具有自重轻，刚性强度高，防火、防腐性好，安装方便等特点，可装配化施工，适应多种覆面（装饰）材料的安装。

(2) 铝合金龙骨：是铝材通过挤(冲)压技术成型，表面施以烤漆、阳极氧化、喷塑等工艺处理而成，根据其断面形状分为 T 形龙骨、LT 形龙骨。

铝合金龙骨质轻，有较强的抗腐蚀、耐酸碱能力，防火性好，具有加工方便，安装简单等特点。

铝合金 T 形、LT 形吊顶龙骨，根据矿棉板的架板形式又分为明龙骨、暗龙骨两种。明龙骨外露部位光亮、不生锈、色调柔和，装饰效果好，它不需要大幅面的吊顶材料，因此多种吊顶材料都适用。铝合金龙骨适用于公共建筑空间的顶棚装饰。铝合金龙骨的主龙骨长度一般为 600mm 和 1200mm 两种，次龙骨长度一般为 600mm。

2. 覆面材料

覆面材料通常是安装在龙骨材料之上，可以是粉刷或胶贴的集成，也可以直接由饰面板作覆面材料。室内装饰装修中用于吊顶的覆面材料很多，常用的有：胶合板、纸面石膏板、装饰石膏板、矿棉装饰吸声板、金属装饰板等。

1）胶合板

胶合板有三层板、五层板、七层板、九层板等，一般做普通基层使用。胶合板的规格较多，常见的有 915mm×915mm、1220mm×1830mm、1220mm×2440mm。厚度有 3、3.5、5、5.5、6、7、8mm。

2）石膏板

用于顶棚装饰石膏板主要有纸面石膏板和装饰石膏板两类。

（1）纸面石膏板

纸面石膏板按性能分有普通纸面石膏板、防火纸面石膏板、防潮纸面石膏板三类。纸面石膏板具有质轻、强度高、阻燃、防潮、隔声、隔热、抗振、收缩率小、不变形等特点。其加工性能良好，可锯、可刨、可粘贴，施工方便，常作为室内装饰装修工程的吊顶、隔墙材料。

纸面石膏板的常用规格长度有1800、2100、2400、2700、3000、3300、3600mm；宽度有900、1200mm；厚度有9.5、12、15、18、21mm。

（2）装饰石膏板

装饰石膏板高强度且经久耐用，防火、防潮、不变形、抗下陷、吸声、隔声，健康安全。施工安装方便，可锯、可刨、可粘贴。

装饰石膏板品种类型较多，有压制浮雕板、穿孔吸声板、涂层装饰板、聚乙烯复合贴膜板等不同系列。可结合铝合金T形龙骨广泛用于公共空间的顶棚装饰。常用规格为600mm×600mm，厚度为7～13mm。

3）矿棉装饰吸声板

矿棉装饰吸声板以岩棉或矿渣纤维为主要原料，加入适量粘接剂、防潮剂、防腐剂经成型、加压烘干、表面处理等工艺支撑。具有质轻、阻燃、保温、隔热、吸声、表面效果美观等优点。长期使用不变形，施工安装方便。

矿棉装饰吸声板花色品种繁多，根据矿棉板吊顶龙骨可分为明架矿棉板、暗架矿棉板、复合插贴矿棉板、复合平贴矿棉板，其中复合插贴矿棉板和复合平贴矿棉板需和轻钢龙骨纸面石膏板配合使用。

矿棉板常用规格有495mm×495mm、595mm×595mm、595mm×1195mm，厚度为9～25mm。

4）金属装饰板

金属装饰板是以不锈钢板、铝合金板、薄钢板等为基材，经冲压加工而成。表面作静电粉末、烤漆、滚涂、覆膜、拉丝等工艺处理。金属装饰板自重轻、刚性大、阻燃、防潮、色泽鲜艳、气派、线型刚劲明快，是其他材料所无法比拟的。多用于顶棚、墙面装饰。

金属装饰板吊顶以铝合金天花最常见，它们是用高品质铝材通过冲压加工而成。按其形状分为铝合金条形板、铝合金方形板、铝合金格栅天花、铝合金挂片天花、铝合金藻井天花等。表面分：有孔和无孔。

5）硅钙板

其原料来源广泛。可采用石英砂磨细粉、硅藻土或粉煤灰，钙质原料为生石灰、消石灰、电石泥和水泥，增强材料为石棉、纸浆等。原料经配料、制浆、成型、压蒸养护、烘干、砂光而制成。具有强度高、隔声、隔热、防水等性能。规格为500mm×500mm、600mm×600mm，厚度为4～20mm。

2.2.2 顶棚装饰构造

1. 直接抹灰、喷（刷）顶棚构造

直接抹灰、喷（刷）顶棚构造工艺简便而快捷，在楼板结构层底面抹水泥砂浆或水泥石灰砂浆，经腻子刮平喷刷涂料。此外，也可在水泥砂浆层上粘贴装饰石膏板或其他饰面材料。

2. 悬吊式顶棚构造

悬吊式顶棚，按材料不同可以分为木骨架胶合板吊顶、轻钢龙骨纸面石膏板吊顶、矿棉装饰吸声板吊顶、铝合金装饰板吊顶。

1）木骨架胶合板吊顶构造

木骨架胶合板吊顶，一般由吊杆、主龙骨、次龙骨及胶合板四部分组成。它构造简单、造价便宜、承载量大。目前这种吊顶不大面积使用，但在某些特殊场所和特殊造型部位，往往采用木龙骨解决设计所需及造型问题。

木龙骨应选用软质木材作吊顶材料，并加工成截面为正方形或长方形的木条，木龙骨常用规格有 40mm × 40mm、40mm × 60mm、50mm × 70mm 等，也可根据设计要求调整木龙骨的尺寸。

木龙骨按照基层板的规格做成网格，再安装基层板。基层板表面可以处理喷涂面漆或裱糊墙纸，也可粘贴其他饰面材料。如图 3–2–2 所示。

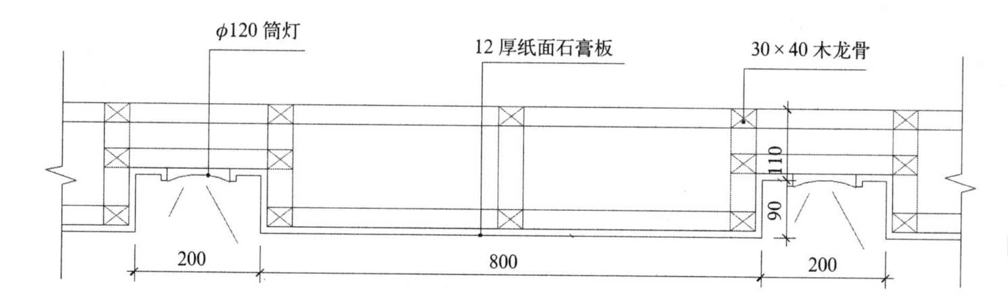

图 3–2–2 木龙骨饰面板安装节点图

2）轻钢龙骨纸面石膏板吊顶构造

轻钢龙骨纸面石膏板顶棚是当今普遍使用的一种吊顶形式，适应多种场所顶棚的装饰装修，具有施工快捷、安装牢固、防火性能优等特点。常见吊顶用轻钢龙骨有 U 形龙骨和 V 形龙骨两类。

（1）U 形轻钢龙骨主要有主龙骨、次龙骨、主龙骨吊挂件、次龙骨吊挂件、连接件、水平支托件、吊杆等组成。按主龙骨断面尺寸分为上人吊顶龙骨和不上人吊顶龙骨。如图 3–2–3、图 3–2–4 所示。

（2）V 形轻钢龙骨纸面石膏板吊顶

V 形轻钢龙骨又叫 V 形卡式龙骨吊顶，是当今建筑内部顶棚装修工程较为普遍采用的一种吊顶形式。它主要由主龙骨、次龙骨、吊杆等组成。V 形龙骨构造工艺简单，安装便捷。主龙骨与主龙骨、次龙骨与次龙骨、主龙骨与次龙骨均采用自接式连接方式、无需任何多余附接件。如图 3–2–5 所示。

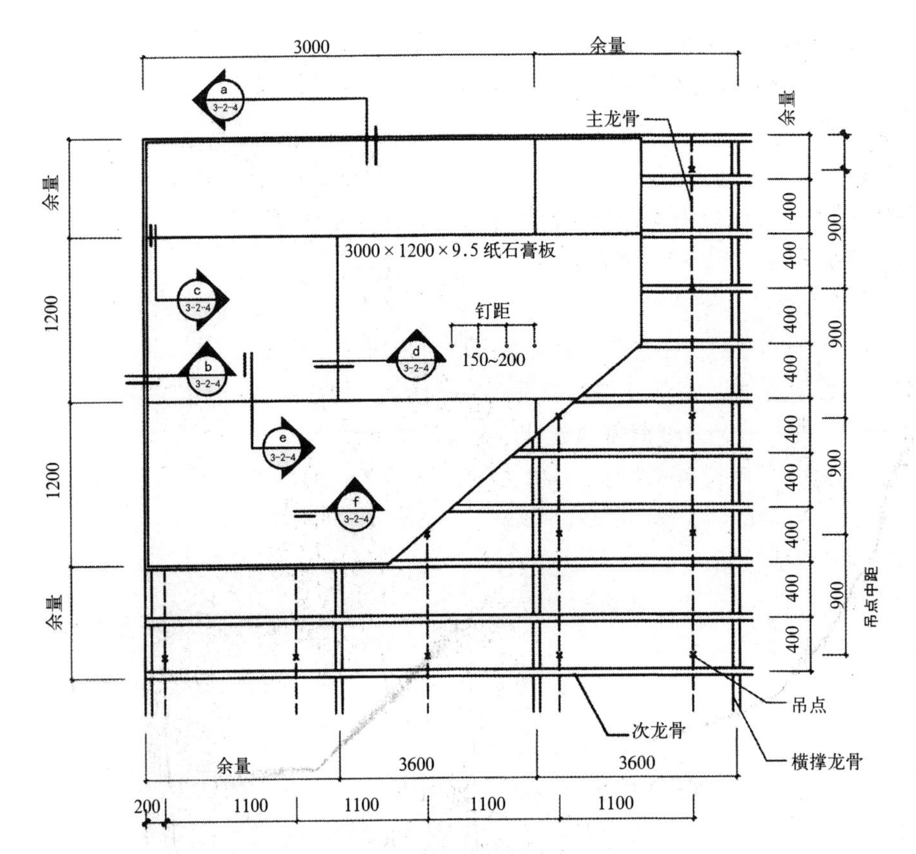

图 3–2–3　U 形轻钢龙骨纸面石膏板安装示意

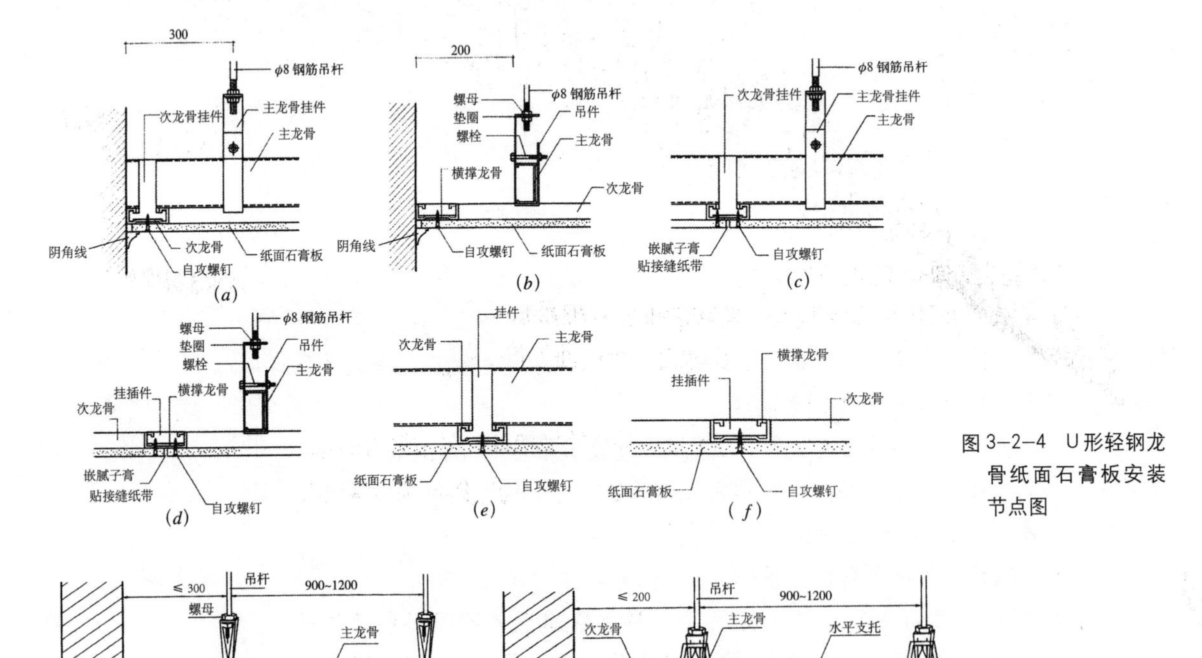

图 3–2–4　U 形轻钢龙骨纸面石膏板安装节点图

图 3–2–5　V 形轻钢龙骨纸面石膏板安装节点图

3）T 形铝合金龙骨矿棉板吊顶构造

铝合金龙骨矿棉装饰吸声板吊顶是公共空间顶棚装饰应用最为广泛、技术较为成熟的一种。其中 T 形、LT 形铝合金龙骨最为常见，它由主龙骨、次龙骨、边龙骨、连接件、吊杆组成。具有重量轻、尺寸精确度高、装饰性能好、构造形式灵活多样、安装简单等优点。矿棉板吊顶龙骨的安置形式多样，但其构造做法基本相同。如图 3–2–6 所示。

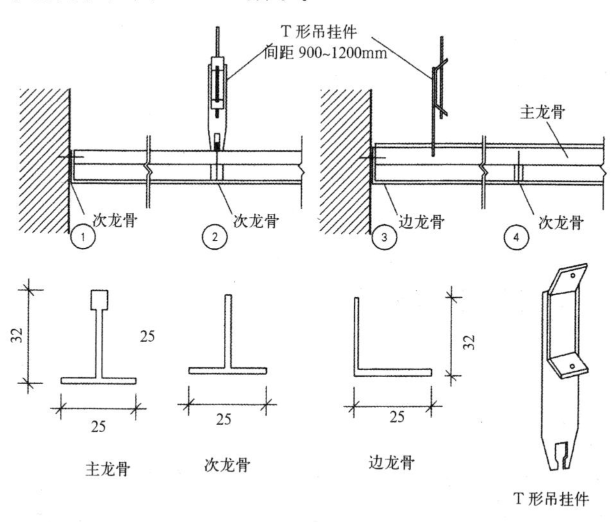

图 3–2–6 T 形铝合金龙骨矿棉板安装节点图

4）铝合金装饰板吊顶构造

铝合金装饰板吊顶结构紧密牢固，构造技术简单，组装灵活方便，整体平面效果好。铝合金装饰板的规格、型号、尺寸多样，但龙骨的形式和安装方法都大同小异。

常见铝合金装饰板及构造做法有以下几种形式：

（1）铝合金条形装饰板吊顶

铝合金条形装饰板又叫铝合金条形扣板。龙骨间距为 1000 ~ 1200mm。大面积吊顶要加轻钢龙骨。如图 3–2–7 所示。

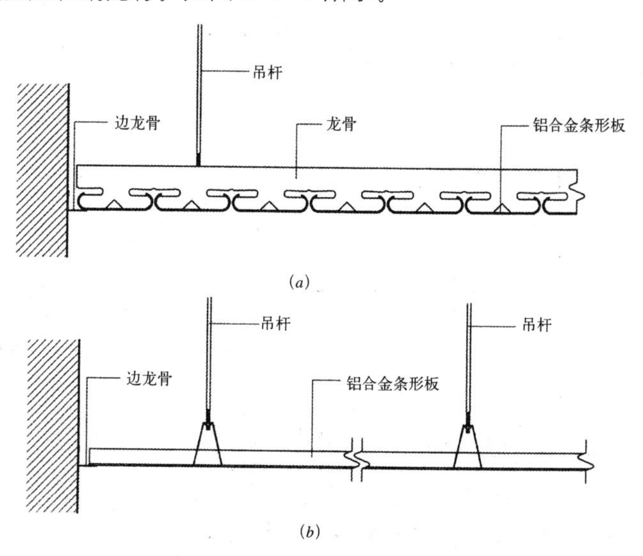

图 3–2–7 铝合金条形装饰板安装节点图
(a) 剖面图 1；
(b) 剖面图 2

(2) 铝合金方形装饰板吊顶

铝合金方形装饰板吊顶，可以是全部顶棚采用同一种造型、花色的方形板装饰而成，也可以是全部顶棚采用两种或多种不同造型、不同花色的板面组合而成。它们可以各自形成不同的艺术效果。同时与顶棚表面的灯具、风口、排风扇等有机组合，协调一致，使整个顶棚在组合结构、使用功能、表面颜色、安装效果等方面均达到完美和谐同一。

根据铝合金方形装饰板的尺寸、规格，确定龙骨及吊杆的分布位置，龙骨间距一般为 1000 ~ 1200mm，大面积吊顶可加轻钢龙骨（图 3–2–8）。

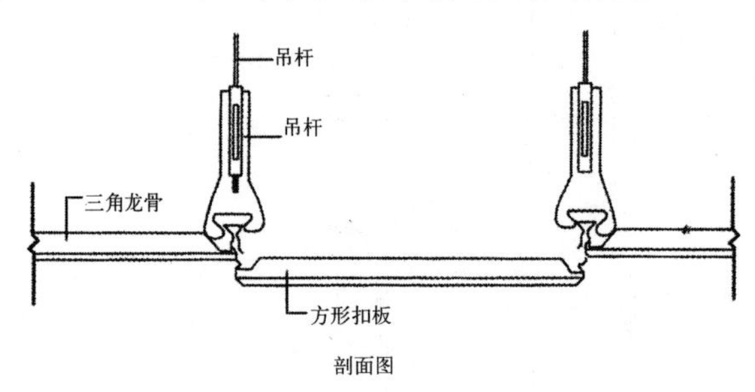

图 3–2–8　铝合金方板吊顶构造

(3) 铝合金格栅顶棚

铝合金格栅天花吊顶是新型建筑顶棚装饰之一。它造型新颖格调独特，层次分明，立体感强，防火、防潮、通风性好。铝合金格栅形状多种多样，有直线形、曲线形、多边形、方块形及其他异形等。它一般不需要吊顶龙骨，是由自身的主骨和副骨构成，因此组成极其简单，安装非常方便。各种格栅可单独组装，也可用不同造型的格栅组合安装；还可和其他吊顶材料混合安装，如纸面石膏板，再配以各种不同的照明穿插其间，可营造出特殊的艺术效果。如图 3–2–9 所示。

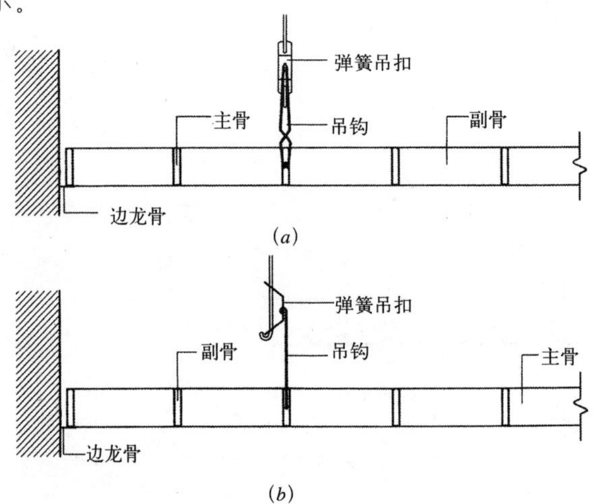

图 3–2–9　铝合金格栅吊顶构造图
(a) 剖面图 1；
(b) 剖面图 2

(4) 铝合金挂片顶棚

铝合金挂片顶棚又叫垂帘吊顶，是一种装饰性较强的天幕式顶棚，可调节室内空间视觉高度。挂片可随风而动，获得特殊的艺术效果。铝合金挂片顶棚吊顶安装简便，可任意组合，并可隐藏楼底的管道及其他设施。

铝合金挂片顶棚安装在专用龙骨上，并悬吊于楼板结构层底面。如图3-2-10所示。

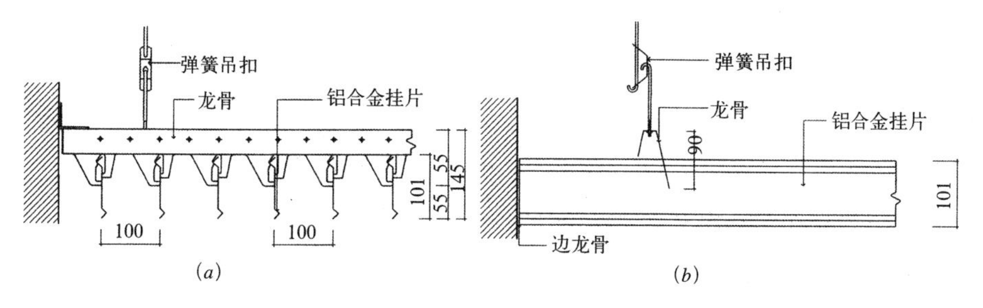

图3-2-10　铝合金挂片吊顶构造图
(a) 剖面图1；
(b) 剖面图2

3. 顶棚特殊部位的装饰构造

顶棚装饰除了要满足设计的需要，还需解决吊顶时的其他特殊构造技术问题。

1）顶棚与灯具的构造

顶棚装饰装修常遇到罩面板与灯具构造关系的问题。灯具安装应遵循美观、安全、耐用的原则，顶棚与灯具的构造方法有吊灯、吸顶灯、反射灯槽等构造做法。如图3-2-11～图3-2-13所示。

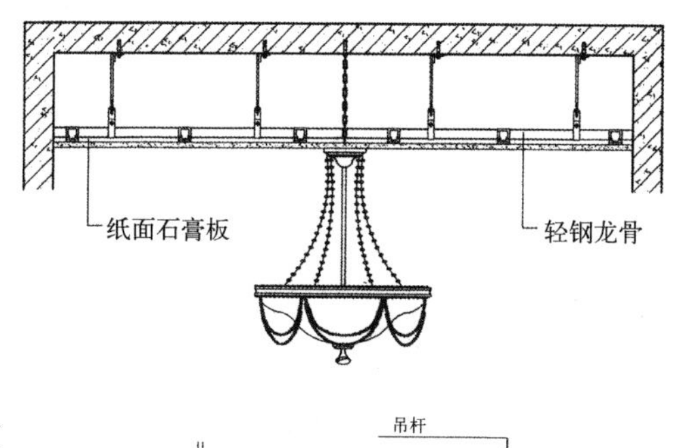

图3-2-11　吊灯安装构造图

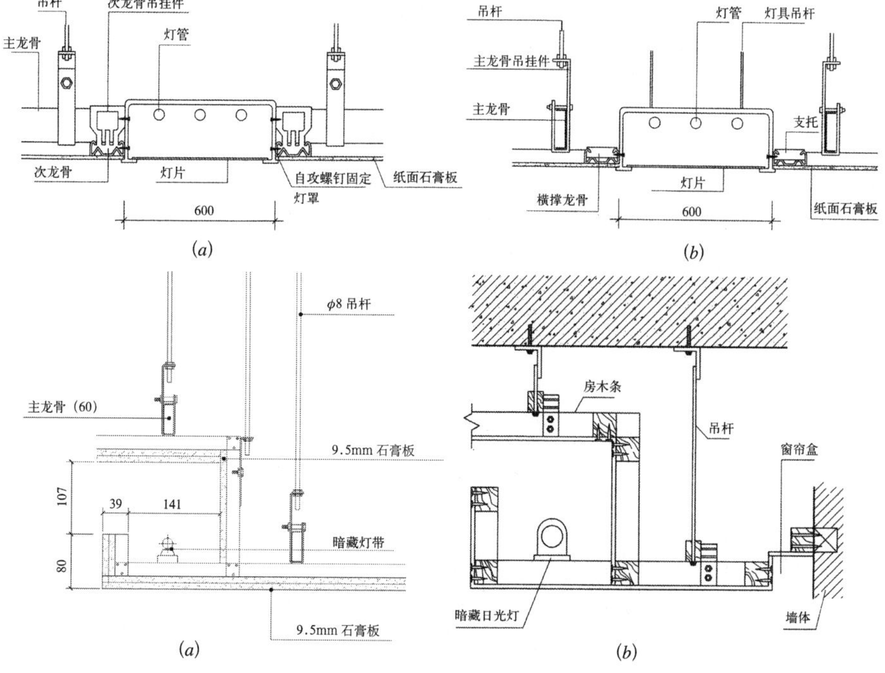

图3-2-12　灯盒安装构造图
(a) 灯具固定在次龙骨上；
(b) 灯具悬挂在楼板上

图3-2-13　反射灯槽构造图
(a) 轻钢龙骨反射灯槽构造图；
(b) 木龙骨基层做法

2）顶棚与通风口、检修口的构造

为了满足室内空气卫生的要求，需在吊顶罩面层上设置通风口、回风口。风口由各种材质的单独定型产品构成，如塑料板、铝合金板，也可用硬质木材按设计要求加工而成。其外形有方形、长方形、圆形、矩形等，多为固定或活动格栅状，构造方法与安装式吸顶灯基本相同。

为了方便对吊顶内部各种设备、设施的检修、维护，需在顶棚表面设置检修口。一般将检修口设置在顶棚不明显部位，尺寸不宜过大，能上人即可。洞口内壁应用龙骨支撑，增加其面板的强度。如图 3–2–14、图 3–2–15 所示。

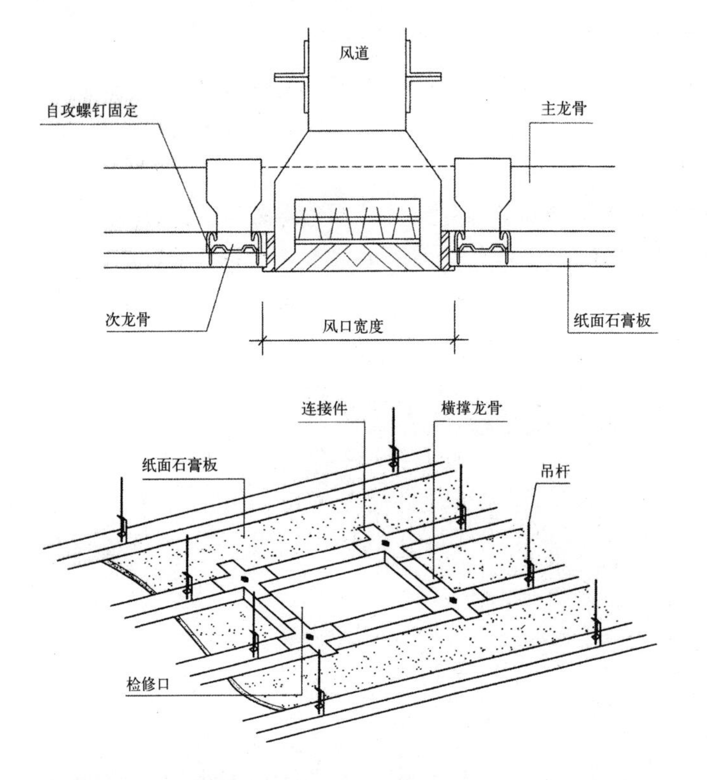

图 3–2–14　风口构造图

图 3–2–15　检修口构造图

3）顶棚与窗帘盒的构造

窗帘盒是为了装饰窗户、遮挡窗帘轨而设置的，窗帘盒的尺寸随窗帘轨及窗帘厚度、层数而定。材料可为木板、金属、石膏板、石材等。窗帘盒的造型多种多样，就其构造方法有明窗帘盒和暗窗帘盒之分。

明窗帘盒挡板的高度可根据室内空间的大小及高差而定，一般为 200 ~ 300mm。挡板与墙面的宽度可根据窗轨及窗帘层数的多少来确定，一般单轨为 100 ~ 150mm、双轨为 200 ~ 300mm。挡板长以窗口的宽度为准，一般比窗口两端各长 200 ~ 400mm，也可将挡板延伸至与墙面相同长度。其构造如图 3–2–16 所示。

暗窗帘盒是利用吊顶时自然形成的暗槽，槽口下端就是顶棚的表面（图 3–2–17）。暗窗帘盒给人以统一协调的视觉感，其尺寸与明窗帘盒基本相同，还可以和暗藏式反射灯槽结合应用。如图 3–2–18 所示。

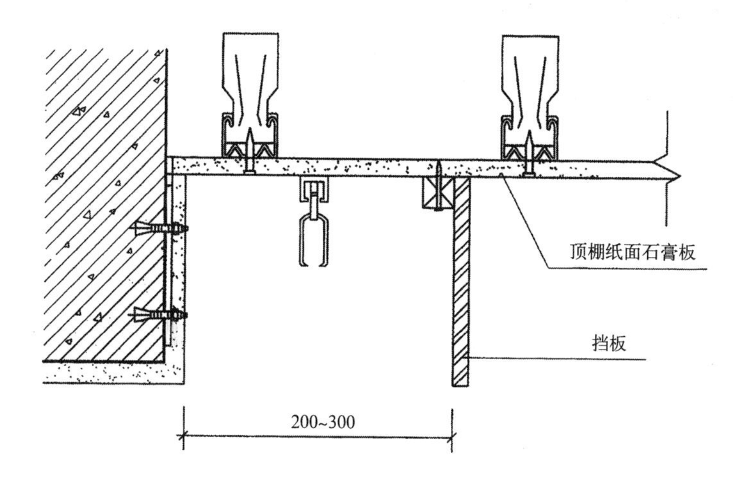

图 3-2-16　明窗帘盒构造图

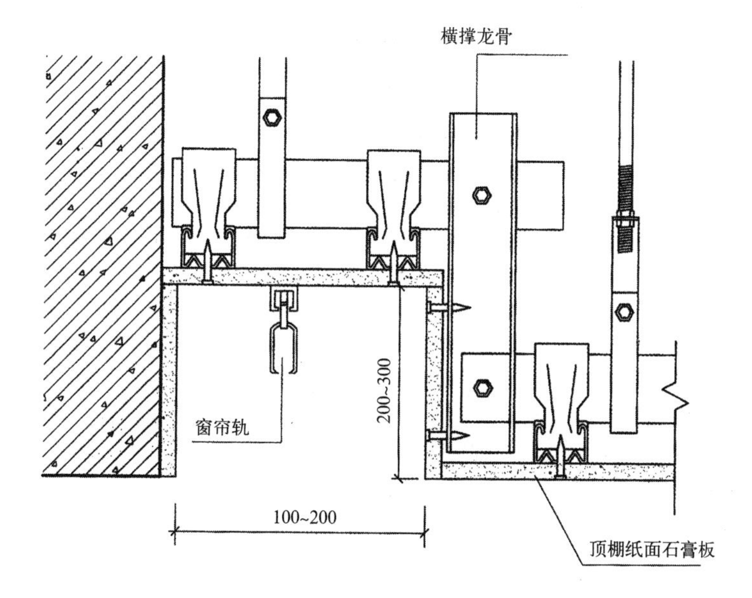

图 3-2-17　暗窗帘盒构造图

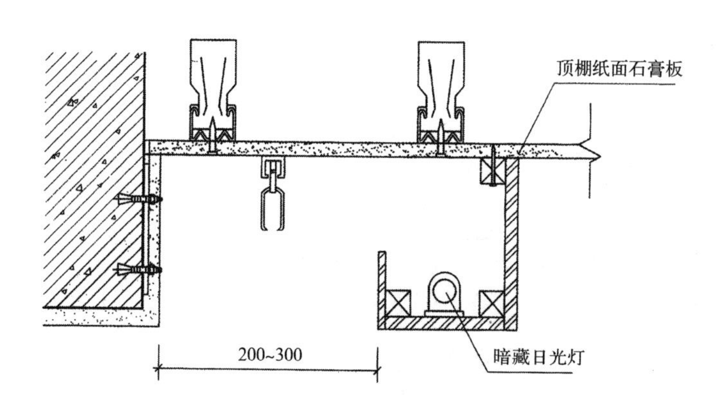

图 3-2-18　窗帘盒与反射灯构造图

2.3 顶棚装饰施工图绘制的内容及要求

顶棚装饰施工图是能完整反映空间顶棚造型及顶棚与灯具、风口、设备构造关系的装饰施工图。

顶棚（天花）装饰施工图应包括：装饰装修楼层的顶棚（天花）总平面图、顶棚（天花）平面布置图、顶棚尺寸定位图、顶棚灯位开关控制图、顶棚索引图、顶棚节点大样图。

上述顶棚装饰施工图的内容仅指所需表示的范围，当设计对象较为简易时，根据具体情况可将上述几项内容合并，减少图纸数量。

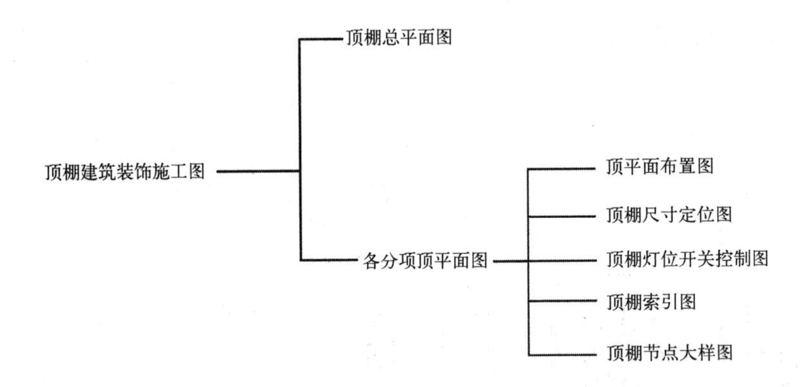

2.3.1 顶棚总平面图

绘制顶棚总平面图要求：

1）表达出剖切线以上的总体建筑与室内空间的造型及其关系；

2）表达顶棚上总的灯位、装饰及其他（不注尺寸）；

3）表达出风口、烟感、温感、喷淋、广播等设备安装内容（视具体情况而定）；

4）表达各顶棚的标高关系；

5）表达出门、窗洞口的位置；

6）表达出轴号和轴线尺寸。

2.3.2 顶平面布置图

1. 顶平面布置图绘制要求

1）详细表达出该部分剖切线以上的建筑与室内空间的造型及其关系；

2）表达出顶棚上该部分的灯位图例及其他装饰物（不注尺寸）；

3）表达出窗帘及窗帘盒；

4）表达出门、窗洞口的位置；

5）表达出风口、烟感、温感、喷淋、广播、检修口等设备安装（不注尺寸）；

6）表达出顶棚的装修材料；

7）表达出顶棚的标高关系；

8）表达出轴号及轴线关系（可不标轴线尺寸）。

如图 3—2—19 所示。

2. 顶平面布置图绘制步骤（以下图 3—2—19 为例）

1）绘制定位轴线网；

2）绘制墙体，添加门窗洞口、楼梯、电梯、阳台等建筑构件；

3）绘制出顶棚设计造型；

4）绘制出灯位图例及窗帘等其他顶部装饰物；

5）绘制出风口、烟感、温感、喷淋、广播、检修口等设备安装位置；

6）标注顶棚的标高关系，以本层地面 0.000m 为测量点；

7）标注轴号和轴线尺寸；

8）绘制引线，文字标注装饰材料名称；

9）标注图名及比例。

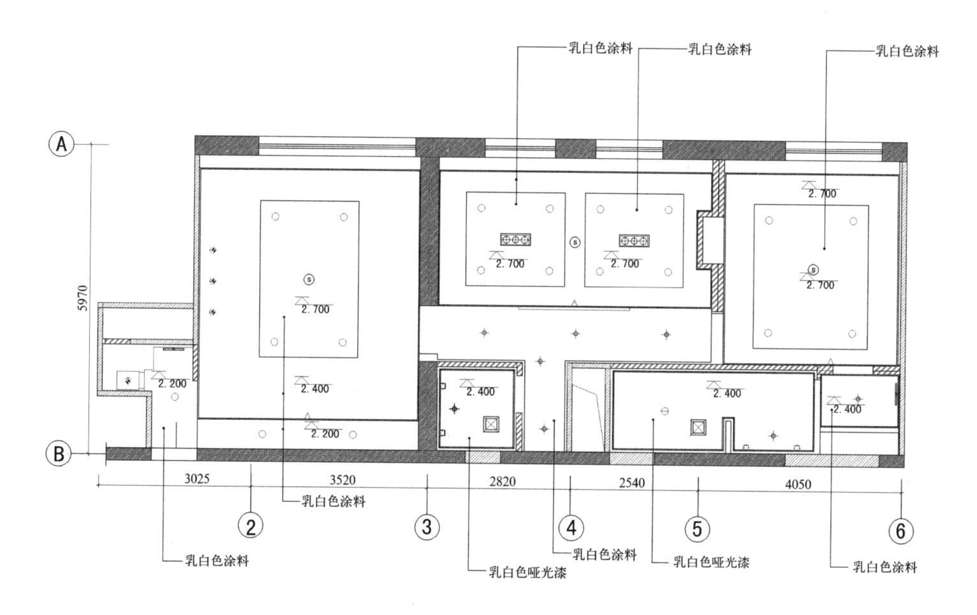

图 3—2—19　顶平面布置图

2.3.3 顶棚尺寸定位图

1. 顶棚尺寸定位图绘制要求

1）表达出该部分剖切线以上的建筑与室内空间的造型及关系；

2）表达出详细的装修、安装尺寸；

3）表达出顶棚的灯位图例及其他装饰物并注明尺寸；

4）表达出窗帘、窗帘盒及窗帘轨道；

5）表达出门、窗洞口的位置；

6）表达出风口、烟感、温感、喷淋、广播、检修口等设备安装（需标注尺寸）；

7）表达出顶棚的装修材料；

8）表达出顶棚的标高关系；

9）表达出轴号及轴线关系。

如图 3–2–20 所示。

2. 顶棚尺寸定位图绘制步骤（以下图 3–2–20 为例）

1）绘制定位轴线网；

2）绘制墙体，添加门窗洞口、楼梯、电梯、阳台等建筑构件；

3）绘制出顶棚设计造型；

4）绘制出灯位图例及窗帘等其他顶部装饰物；

5）绘制出风口、烟感、温感、喷淋、广播、检修口等设备安装位置；

6）标注顶棚的标高关系；

7）标注轴号和轴线尺寸；

8）标注详细的顶棚造型尺寸、灯具设备安装尺寸；

9）绘制引线，文字标注装饰材料名称；

10）标注图名及比例。

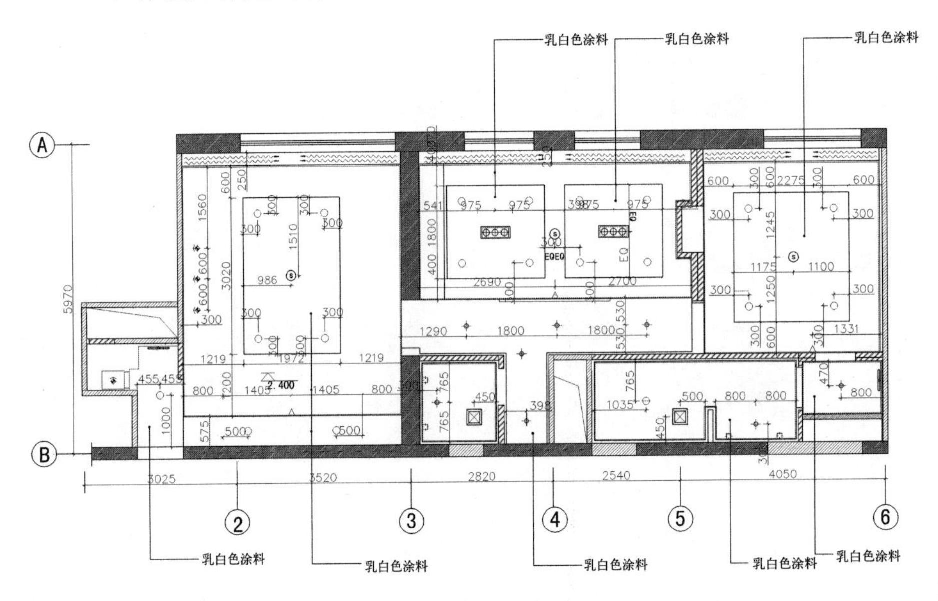

图 3–2–20　顶棚尺寸定位图

2.3.4　顶棚灯位开关控制图

1. 顶棚灯位开关控制图绘制要求

1）表达出该部分剖切线以上的建筑与室内空间的造型及关系；

2）表达出每一光源的位置及图例（不注尺寸）；

3）注明顶棚上每一灯光及灯饰的编号；

4）表达出在本图纸中各类灯光、灯饰的图表；

5）图表中应包括图例、编号、型号、是否调光及光源的各项参数；

6）表达出窗帘、窗帘盒；

7）表达出门、窗洞口的位置；

8）表达出顶棚的标高关系；

9）表达出轴号及轴线尺寸；

10）表达出需连成一体的光源设置，以弧形细虚线绘制。

如图 3–2–21 所示。

2. 顶棚灯位开关控制图绘制步骤（以下图 3–2–21 为例）

1）绘制定位轴线网；

2）绘制墙体，添加门、窗、楼梯、电梯、阳台等建筑构件；

3）绘制出顶棚设计造型；

4）绘制出风口、烟感、温感、喷淋、广播、检修口等设备安装位置；

5）绘制出顶棚上灯具位置及图例，注明每一灯光及灯饰的编号；

6）以弧形细虚线连接开关和控制的光源和设备；

7）绘制在本图纸中各类灯光、灯饰的图表；

8）标注顶棚的标高关系；

9）标注轴号和轴线尺寸；

10）标注图名及比例。

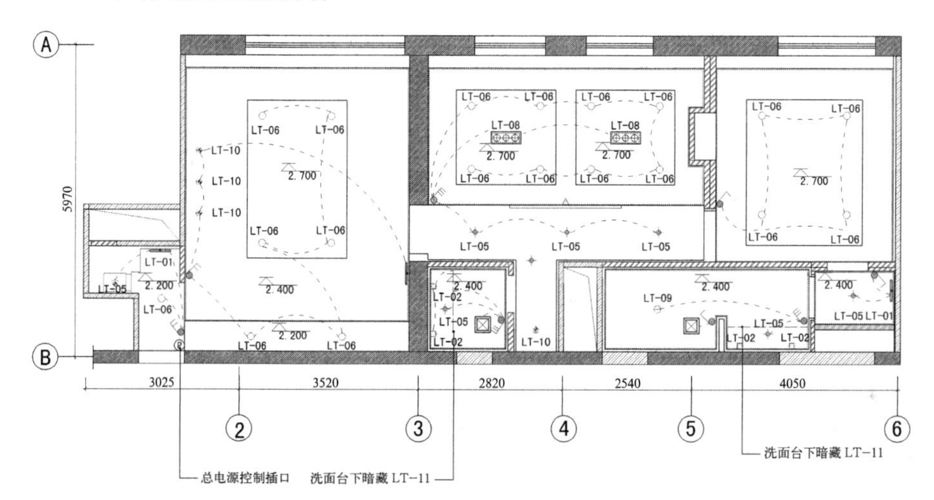

LT-01	—	画灯	调光
LT-02	▫	卫生间镜前灯	调光
	⊠	排风扇	

LT-05	⌖	0T139-D105 MR-16开式筒灯，12V, 50W, 石英卤素灯光源，配光36°	调光
LT-06	○	0T-4630 GLS暗筒灯，内置220V, 40W白炽灯泡（磨砂泡）	调光
LT-08	⊕⊕⊕	0T139-D503SA MR-16格栅射灯，12V, 50W, 配光24°	调光
LT-09	⊖	0T-S4011A GLS防水筒灯，带磨砂玻璃灯罩220V, 60W	调光
LT-10	✦	0T78-T454 吸顶式石英卤素射灯，12V, 50W, 配光12°	调光
LT-11	— —	灯丝管 6276X	调光

顶棚灯位开关控制图 1 ： 50

图 3–2–21　顶棚灯位开关控制图

2.3.5 顶棚索引图

1. 顶棚索引图绘制要求

1）表达出该部分剖切线以上的建筑与室内空间的造型及关系；

2）表达出顶棚装修的节点剖切索引号及大样索引号；

3）表达出顶棚的灯位图例及其他装饰物（不注尺寸）；

4）表达出窗帘及窗帘盒；

5）表达出风口、烟感、温感、喷淋、广播、检修口等设备安装（不注尺寸）；

6）表达出顶棚的装修材料及排版；

7）表达出顶棚的标高关系；

8）表达出轴号及轴线关系。

如图 3–2–22 所示。

2. 顶棚索引图绘制步骤（以下图 3–2–22 为例）

1）绘制定位轴线网；

2）绘制墙体，添加门、窗、楼梯、电梯、阳台等建筑构件；

3）绘制出顶棚设计造型；

4）绘制出灯位图例及窗帘等其他顶部装饰物；

5）绘制出风口、烟感、温感、喷淋、广播、检修口等设备安装位置；

6）标注顶棚的标高关系；

7）标注轴号和轴线尺寸；

8）标注顶棚索引位置和符号；

9）绘制引线，文字标注装饰材料名称；

10）标注图名及比例。

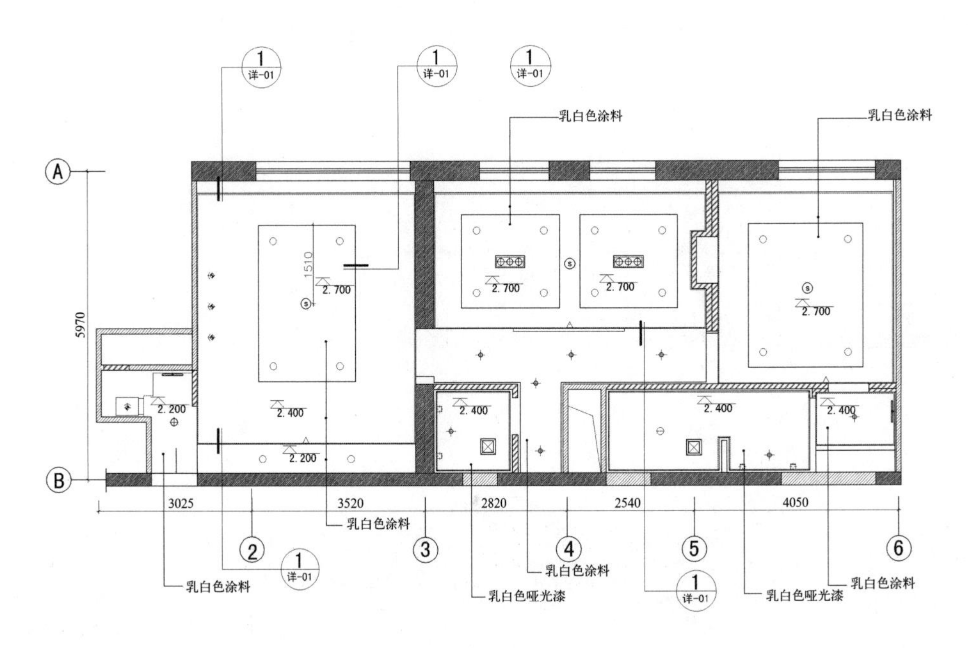

图 3–2–22　顶棚索引图

思考题：

1. 顶棚有几种常用的构造形式？
2. 建筑装饰施工图的顶平面布置图的绘制内容有哪些？
3. 顶棚灯位开关控制图的绘制要求？

实训要求：

1. 根据具体方案进行顶棚构造深化设计，绘制构造图；
2. 绘制顶棚装饰施工图。

3　实训单元

3.1　顶棚装饰施工图绘制实训

3.1.1　实训目的

通过下列实训，充分理解顶棚的装饰构造与画法，理解顶棚装饰施工图的绘制内容和绘制要求。能独自完成顶棚装饰施工图的深化设计工作及顶棚装饰施工图的绘制工作。

3.1.2　实训要求

1. 通过深化设计能力训练掌握顶棚的装饰构造及绘制方法。

2. 通过绘图能力训练掌握顶棚装饰施工图绘制的规范要求。

3. 通过绘图过程理解顶棚装饰施工图的绘制内容和程序，对顶棚装饰施工图的深化设计、绘制要求、绘制流程和绘制方法等进行实践验证，并能举一反三。

3.1.3　实训类型

1. 深化设计能力训练

1）根据某餐厅的吊顶方案，调研相关主材与辅材，完成材料调研表（表3-2-1）。

工作页4-1　顶棚装饰施工图材料调研表　　表3-2-1

项次	项目	材料	规格	品牌、性能描述、构造做法	价格
1	龙骨				
2	基层				
3	面层				

2）根据某餐厅的轻钢龙骨纸面石膏板吊顶方案设计内部构造。并画出吊顶造型构造、顶棚与墙面的交接构造、顶棚灯具安装构造、顶棚风口安装构造。

3）根据某餐厅跌级吊顶暗藏灯带的造型绘制节点构造大样。

2. 绘图实训（表3-2-2）

项目：根据某餐厅顶棚方案设计图完成一套顶棚装饰施工图　　表3-2-2

实训任务	餐厅顶棚装饰施工图绘制训练
学习领域	顶棚装饰施工图绘制
行动描述	教师给出餐厅顶棚设计方案，提出施工图绘制要求。学生做出深化设计方案，按照顶棚装饰施工图绘制内容和要求，绘制出顶棚装饰施工图，并按照制图标准、图面原则设置。输出施工图后，学生自评，教师点评

续表

工作岗位	设计员、施工员
工作过程	详见附件
工作要求	按照建筑装饰制图标准、深化设计规定
工作工具	记录本、工作页、笔、电脑
工作方法	分析任务书，识读设计方案，调研装饰材料和装饰构造； 确定装饰构造方案，制图方法决策； 制定制图计划； 现场测量，尺寸复核； 完成顶棚平面图、剖面图、节点大样图； 编制图表；根据项目编制施工说明； 输出装饰施工图文件； 装饰施工图自审； 评估设计完成度，以及完成效果
阀值	通过实践训练，进一步掌握顶棚装饰施工图的绘制内容和绘制方法

3.2 顶棚装饰施工图绘制流程

3.2.1 进行技术准备

1. 识读设计方案。

识读顶棚设计方案，了解顶棚方案设计立意，明确顶棚装饰材料、顶棚造型设计、顶棚尺寸要求。

2. 现场尺寸复核。

根据顶棚图进行尺寸复核，测量现场尺寸，检查顶棚设计方案的实施是否存在问题。

3. 深化设计。

根据顶棚设计方案，确定吊顶构造形式，进行龙骨、面层、搭接方式等的深化设计，绘制大样草图。

3.2.2 工具、资料准备

1. 工具准备：记录本、工作页、笔、电脑。

2. 资料准备：《房屋建筑室内装饰装修制图标准》、《XX 省建筑装饰装修工程设计文件编制深度规定》、《工程建设标准设计图集——室内装饰吊顶》（省标）、《工程建设标准设计图集——室内照明装饰构造》（省标）、《国家建筑标准设计图集——内装修》系列图集。

3.2.3 编写绘图计划

完成顶棚装饰施工图绘制的计划安排表（表 3-2-3）。

工作页4-2 顶棚装饰施工图绘制计划表　　表3-2-3

序号	工作内容	绘制要求	需要时间	备注
1	顶棚总平面图			
2	顶平面布置图			
3	顶棚尺寸定位图			
4	顶棚灯位开关控制图			
5	顶棚索引图			
6	顶棚节点大样图			

3.2.4 按照计划绘制顶棚装饰施工图

学生按照绘图计划完成顶棚装饰施工图的绘制。

3.2.5 打印输出装饰施工图

首先进行输出设置，打印输出装饰施工图。

3.2.6 图纸自审

学生绘制完成顶棚装饰施工图后，首先自审，完成顶棚装饰施工图自审表（表3–2–4）。

工作页4–3 顶棚装饰施工图自审表　　表3–2–4

序号	分项	指标	存在问题	得分
1	顶棚装饰施工图文件齐全	10		
2	深化设计正确	20		
3	图纸内容完整	10		
4	材料标注清晰	15		
5	尺寸标注准确	15		
6	符合制图标准	10		
7	图面设置规范	10		
	总分	100		

3.2.7 实训考核成绩评定（表3–2–5）

实训考核内容、方法及成绩评定标准　　表3–2–5

系列	考核内容	考核方法	要求达到的水平	指标	教师评分
对基本知识的理解	对顶棚装饰施工图理论知识的掌握	顶棚装饰构造深化设计	能理解构造深化设计	10	
		顶棚装饰施工图绘制内容及要求	能正确理解装饰施工图绘制的内容和要求	10	
实际工作能力	能正确深化设计，完成顶棚装饰施工图	检测各项能力	深化设计能力	15	
			尺寸复核能力	8	
			绘图能力	25	
			图面设置能力	12	
职业关键能力	思维能力	查找问题的能力	能及时发现问题	5	
		解决问题的能力	能协调解决问题	5	
自审能力	根据实训结果评估	工作页	填写完备	5	
		顶棚装饰施工图	能客观评价	5	
任务完成的整体水平				100	

学习情境3　墙、柱面装饰施工图绘制

1　学习目标

（1）熟悉墙柱面装饰的常用材料；
（2）掌握墙柱面造型的装饰构造做法；
（3）能掌握墙柱面装饰施工图绘制要求；
（4）能够按照项目要求独立完成墙柱面构造的深化设计；
（5）能够根据项目要求正确完成墙柱面装饰施工图的绘制。

2　知识单元

2.1　墙、柱面装饰施工图概念

将建筑物装饰的外观墙、柱面或内部墙、柱面向与立面平行的投影面所作的正投影图就是装饰立面图。

图上主要反映墙、柱面的装饰造型、饰面处理，以及剖切到的顶棚的断面形状、投影到的灯具或风管等内容。室内墙、柱面的装饰立面图一般选用较大比例，完成这类施工图的图纸绘制我们称之为墙、柱面装饰施工图。

2.2　墙、柱面装饰材料与构造

2.2.1　墙、柱面常用装饰材料

内墙面是人最容易感觉、触摸到的部位，材料在视觉及质感上均比外墙有更强的敏感性，对空间的视觉影响颇大，所以对内墙材料的各项技术标准有更加严格的要求。因此，在材料的选择上应坚持“绿色”环保、安全、牢固、耐用、阻燃、易清洁的原则，同时应有较高的隔声、吸声、防潮、保暖、隔热等特性。

内墙、柱面最常见的装饰材料有乳胶漆、壁纸、壁布、墙砖（一般厨卫用）、石材、软包、镜面不锈钢饰面板、钙塑装饰板、铝塑板、玻璃系列、木饰面系列等。

从一些发达国家传入的环保生态壁材如呼吸屋壁材，呼吸屋生态壁材有呼吸屋涂料和呼吸屋壁纸之分。还有奥地利的海吉布，其材料纯天然、无污染，并能有效吸收、分解甲醛、苯、二氧化碳等污染物。海吉布也可以叫玻纤壁布、石英壁布，是胶、壁布、涂料三者合一的一种墙面材料，施工时像贴壁布一样，但是贴完后还要在上面刷乳胶漆。

外墙、柱面材料一般是外墙涂料、瓷砖、石材、铝塑板等。

环保生态木，既环保又不浪费资源，而且美观大方，是现在家居装修的新典范。

2.2.2 墙、柱面常用装饰构造

墙面装饰作用是保护墙体，同时美化环境。对于有特殊要求的建筑，还能改善它的热工、声学、光学等物理性能。按饰面部位的不同可分为外墙装饰和内墙装饰两大类；按材料和施工方法不同可分为抹灰类、贴面类、涂刷类、裱糊类、镶板类、幕墙类等。

1. 抹灰饰面构造

抹灰饰面装饰又称水泥灰浆类饰面、砂浆类饰面，通常选用各种加色的或不加色的水泥砂浆、石灰砂浆、混合砂浆、石膏砂浆、石灰膏以及水泥石渣浆等，做成各种装饰抹灰层。抹灰饰面的基本构造，分为底、中、面三层抹灰，如图 3–3–1、图 3–3–2 所示。

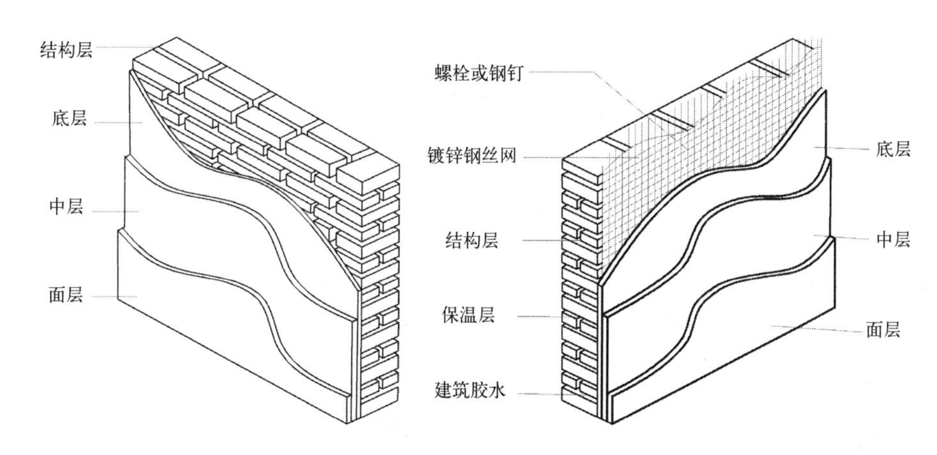

图 3–3–1 抹灰类墙面构造（左）
图 3–3–2 外保温复合墙面构造（右）

1）底层抹灰

抹一层，其作用是保证饰面层与墙体连接牢固及饰面层的平整度。不同的基层，底层的处理方法也不同。

（1）砖墙面

砖墙面粗糙、凹凸不平，一般用水泥砂浆、混合砂浆做底层，厚度 10mm 左右。

（2）轻质砌块墙体

轻质砌块墙体底层表面空隙大、吸水性强，一般先在墙面上涂刷一层 108 胶封闭基层，再做底层抹灰。装饰要求较高的墙面，还应满钉细钢丝网片再做抹灰。

（3）混凝土墙体

混凝土墙体表面光滑、不易粘结，一般先在做底层之前对基层进行处理。处理方法有除油垢、凿毛、甩浆、划纹等。

2）中层抹灰

抹一层或多层，其作用是进一步找平与粘结，弥补底层的干缩裂缝。根据要求可分一层或多层，用料与底层基本相同。

3）面层抹灰

抹一层，根据材料和方法的不同可分为普通抹灰和装饰抹灰两类。

（1）普通抹灰

普通抹灰的质量要求见表 3–3–1。外墙面普通抹灰由于防水和抗冻要求比较高，一般采用 1 ： 2.5 或 1 ： 3 水泥砂浆抹灰，内墙面普通抹灰一般采用混合砂浆抹灰、水泥砂浆抹灰、纸筋麻刀灰抹灰和石灰膏膏灰罩面。

（2）装饰抹灰

装饰抹灰是采用水泥、石灰砂浆等基本材料，在进行墙面抹灰时采取特殊的施工工艺（喷涂、滚涂、弹涂、拉毛、甩毛、喷毛及搓毛等）做成的饰面层。

普通抹灰的质量要求　　　　表 3–3–1

类型	厚度	分层	适用情况
普通抹灰	18mm	一层底灰、一层面灰	适用于简易住宅、临时房屋及辅助性用房
中级抹灰	20mm	一层底灰、一层中灰、一层面灰	适用于一般住宅、公共建筑、工业建筑及高级建筑物种的附属建筑
高级抹灰	25mm	一层底灰、一层中灰、一层面灰	用于大型公共建筑、纪念性建筑及有特殊功能要求的高级建筑

2. 贴面类墙面装饰构造

用各种饰面材料（面砖、瓷砖、陶瓷锦砖、花岗石、大理石，预制水磨石板、人造石材等）镶贴或挂贴在墙面上，其构造如图 3–3–3~ 图 3–3–5 所示。

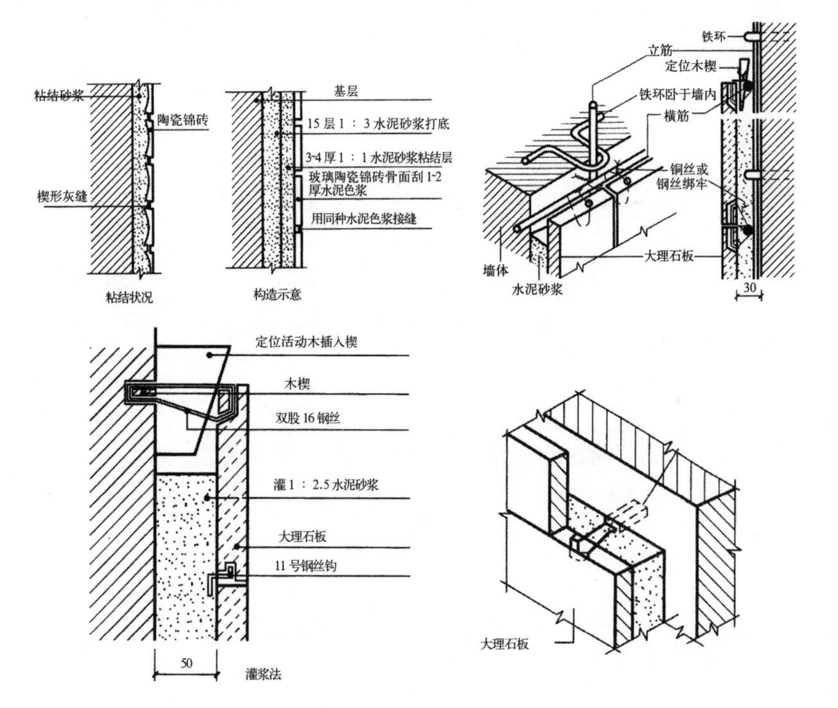

图 3–3–3　陶瓷锦砖饰面构造（左）

图 3–3–4　大理石构造（挂贴法）（右）

图 3–3–5　大理石构造（木楔固定法）

3. 涂刷类墙面装饰构造

将涂料涂刷于墙面而形成牢固的保护、装饰层。涂刷类饰面按墙面位置可分为外墙涂料和内墙涂料。涂刷类饰面的基本构造如下：

1）底层

底层的作用是增加涂层与基层之间的黏附力，还兼有基层封闭剂的作用。

2）中间层

中间层是整个涂层构造中的成形层，具有保护基层和形成装饰效果的作用。

3）面层

面层的作用是体现涂层的色彩和光感。

4. 裱糊类墙面装饰

用墙纸、布、锦缎、微薄木等，通过裱糊方式装饰墙面，具有施工方便、装饰效果好、维护保养方便等特点。一般用于室内墙面、顶棚或其他构配件表面。

裱糊类饰面材料，通常可分为墙纸饰面、墙布饰面、丝绒锦缎饰面和微薄木饰面三大类。

其中，微薄木饰面具有自然的美丽效果，而只有壁纸的价格，是近年来的新宠。此外，还有一种软木壁纸，是用天然软木切成极薄的切片，衬贴于纸上，纸色有多种。施工时再贴于墙上，可得到温暖、柔和的感觉。

5. 金属类墙面装饰构造

金属面板（铝板、不锈钢板等）和金属型材用于内墙装饰具有安装方便、耐久性好、装饰性好、无污染等优点。可分为粘贴式、扣接式和嵌条式三种。

1）粘贴式单层金属板墙面构造

通常将金属面板粘贴在木基上（木龙骨和胶合板组成）上。单层金属面板内墙由墙体，木龙骨，胶合板底层及单层金属板面层组成，构造如图 3–3–6 所示，具体做法如下：

(1) 预埋木砖

因墙体材料不同，预埋木砖（经防腐处理）分三种情况：

①混凝土墙体内预埋木砖。一是在混凝浇筑时预埋；二是在混凝土墙上凿眼安装木砖，如图 3–3–7 所示。

②砖砌体墙内预埋木砖。制作与砖尺寸相同的木砖，砌筑时放在预留处，如图 3–3–8 所示。

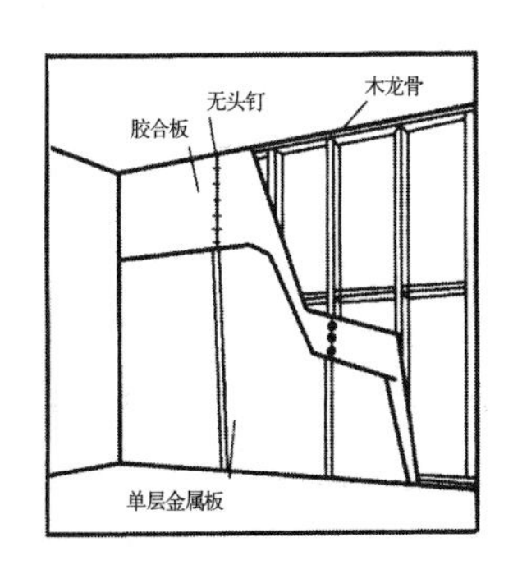

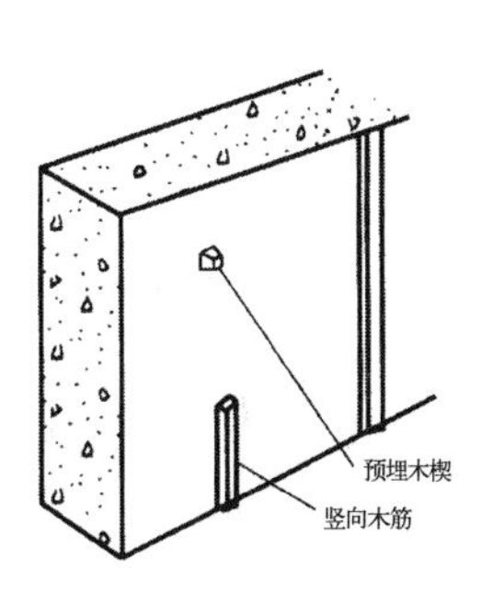

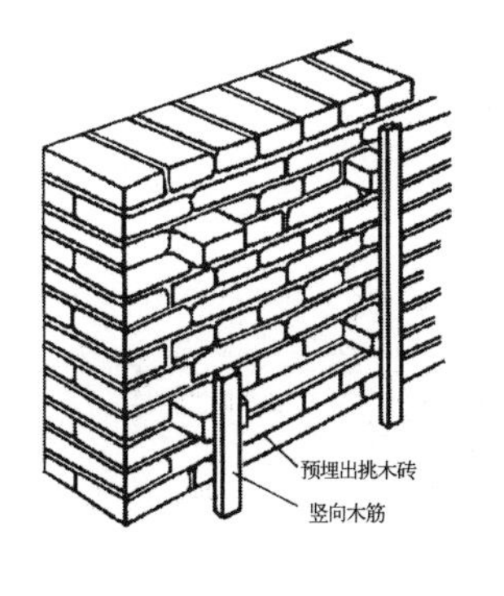

图 3–3–6 单层金属板内墙构造（左）
图 3–3–7 混凝土墙体内预埋木砖（中）
图 3–3–8 砖砌体墙内预埋木砖（右）

③空心砖砌体内预埋木砖。制作于砖尺寸相同的木砖，把木砖放在砖砌层处（不能放在空心砖位置）如图 3–3–9 所示。

（2）安装墙体龙骨

将木龙骨固定在预埋木砖上，木龙骨应双向装钉，如图 3–3–10 所示。

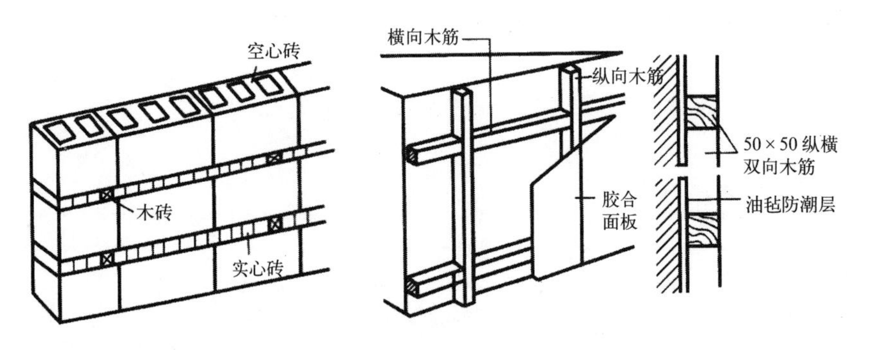

图 3–3–9 空心砖砌体内预埋木砖（左）

图 3–3–10 安装木龙骨和胶合板（右）

（3）安装胶合板

木龙骨安装完后，用扁头钉将胶合板钉在木龙骨上。

（4）粘贴单层铝板

清理粘结面，处理铝板缝边，涂胶，凉放，施力粘贴使其紧密结合。

（5）板缝处理

单层金属板墙面板缝处理有三种方式：

①镶嵌耐候胶板缝。板缝控制宽度（6~10mm），粘贴单层金属板时，板边扣住胶合板，板缝镶嵌耐候胶，如图 3–3–11 所示。

②镶嵌金属槽条板缝。如图 3–3–12 所示。

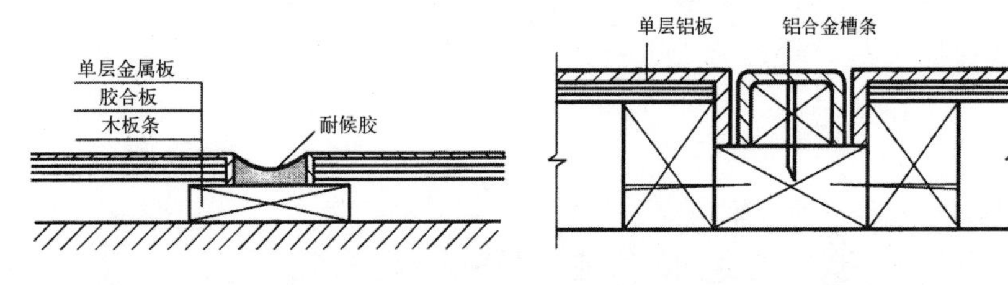

图 3–3–11 板缝嵌镶耐候胶（左）

图 3–3–12 镶嵌金属槽条板缝（右）

③直接卡口式板缝。如图 3–3–13 所示，在安装单层金属面板之前，先在板缝位置上安装金属卡口槽，然后将单层金属板直接插进卡口槽内。

（6）阴角处理

阴角处两胶合板成 90° 相交，单层金属板也成 90° 相交，在接缝处压贴角铝，如图 3–3–14 所示。

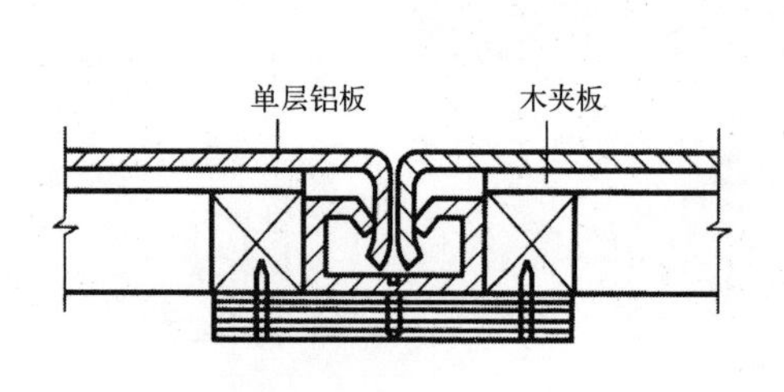

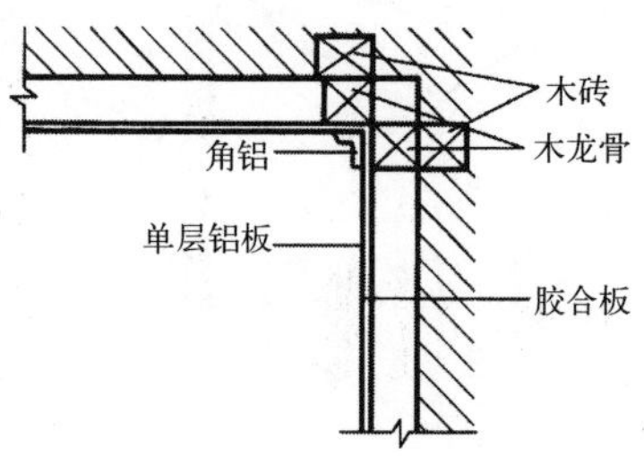

图 3–3–13 直接卡口式安装（左）

图 3–3–14 阴角处理（右）

(7) 阳角处理

①用金属型材扣压在阳角的金属饰面角缝上，如图 3–3–15 所示。

②在阳角处直接镶嵌金属型材，如图 3–3–16 所示。

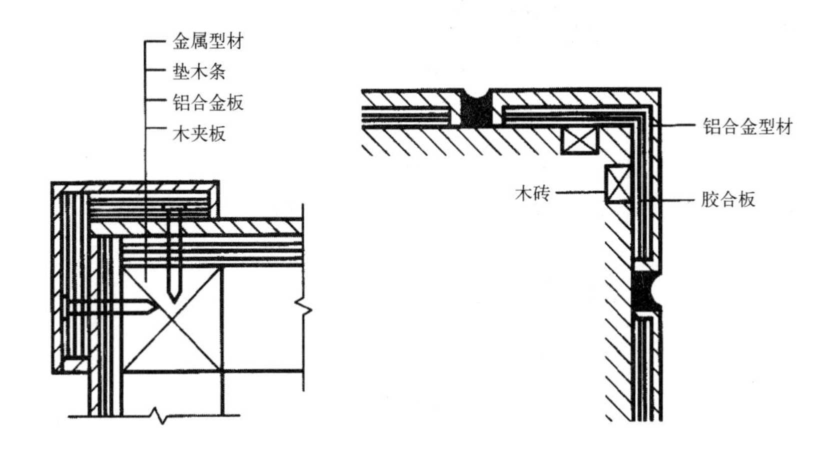

图 3–3–15　阳角处理（一）（左）
图 3–3–16　阳角处理（二）（右）

2）扣接式金属板面墙

将金属条板相互扣接在墙面上，用螺栓将条板固定在墙体的龙骨上。

扣接式金属板墙面构造如图 3–3–17 所示。图 3–3–18 所示为已安装好的铝板金板条内墙立面图。

扣接式金属板墙面构造具体做法如下：

(1) 固定连接件

连接件是将龙骨与墙体连接在一起的构件。连接件与墙体固定方法有预埋锚固件和用膨胀螺栓固定两种。

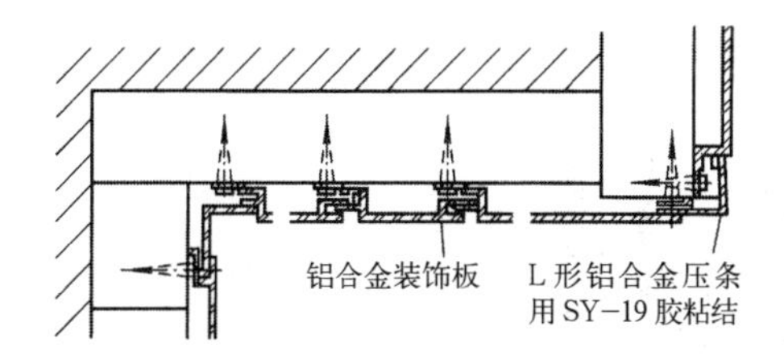

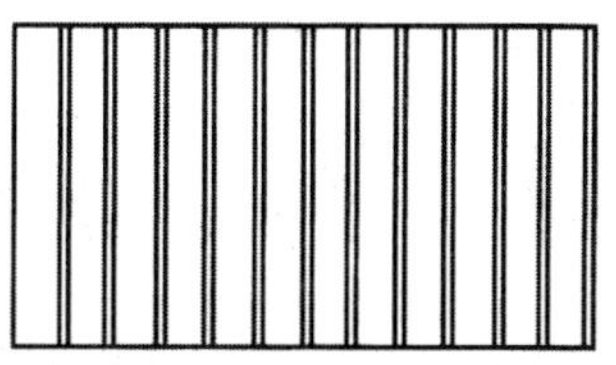

图 3–3–17　扣接式金属板墙面构造（左）
图 3–3–18　铝板金板条内墙立面（右）

①预埋锚固件固定。浇筑混凝土墙体时安放预埋件，将连接件焊接在预埋件上。

②膨胀螺栓固定。用膨胀螺栓将连接件固定在墙体上。

(2) 安装墙体龙骨

把龙骨与连接件固定在一起，安装要牢固、平整，符合施工规范。

(3) 金属罩面板安装

金属罩面板的排列及扣接式金属条板的安装如图 3–3–19 所示。金属面板安装和固定如图 3–3–20 所示。

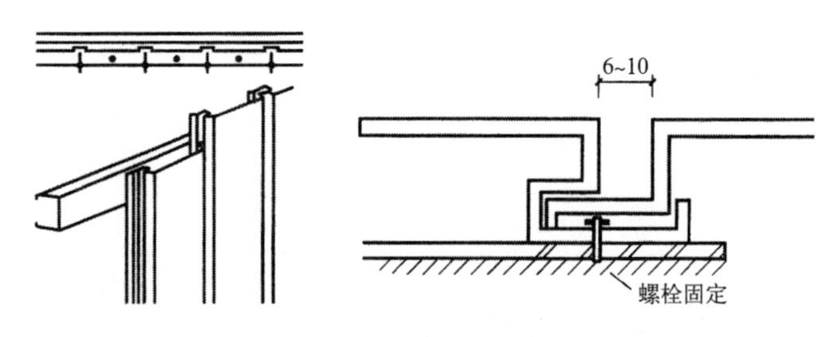

图 3–3–19　扣接式墙板安装顺序（左）
图 3–3–20　金属面板安装和固定示意（右）

（4）扣接式构造转角处理

①阳角处理如图 3–3–21 所示，在阳角处用相同金属材料做一个包角。

②阴角处理如图 3–3–22 所示，直接利用扣板管尾垂直相接并用螺钉固定。

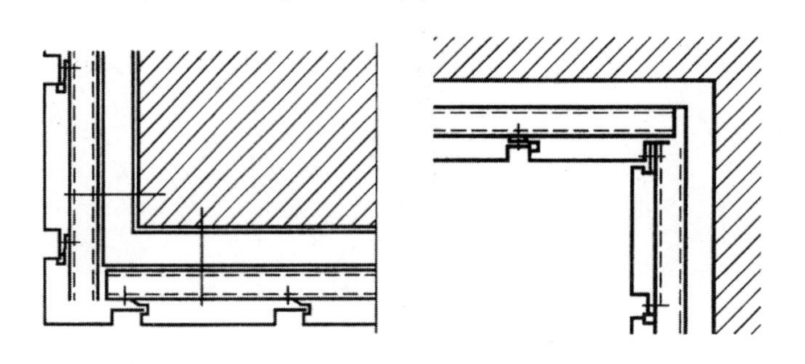

图 3–3–21　扣接式阳角处理（左）
图 3–3–22　扣接式阴角处理（右）

（5）上下端部处理

室内顶面与地面与金属面板交接处，用封边的金属角进行处理，如图 3–3–23 所示。

3）嵌条式金属板墙面

用特制的墙体龙骨，将金属面板（条板）卡在特制的墙体龙骨上，构造如图 3–3–24 所示，具体做法如下：

（1）固定连接件。

（2）安装墙体龙骨。

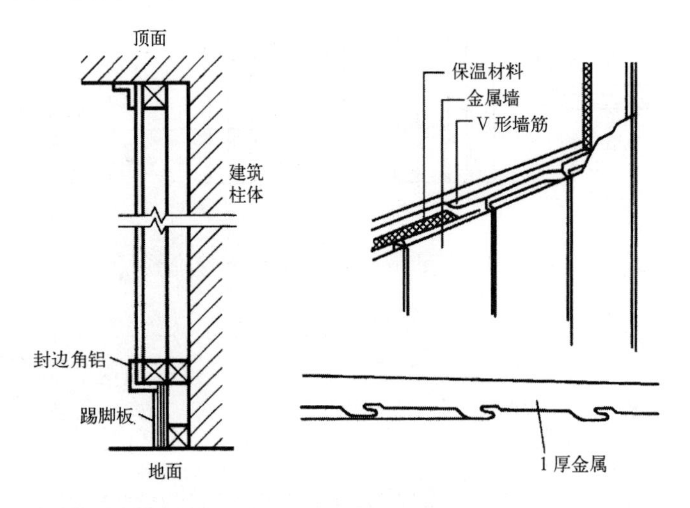

图 3–3–23　上下端部处理（左）
图 3–3–24　嵌条式金属板墙面构造（右）

（3）嵌条式构造转角处理。

阳角处理如图 3–3–25 所示，阴角处理如图 3–3–26 所示。

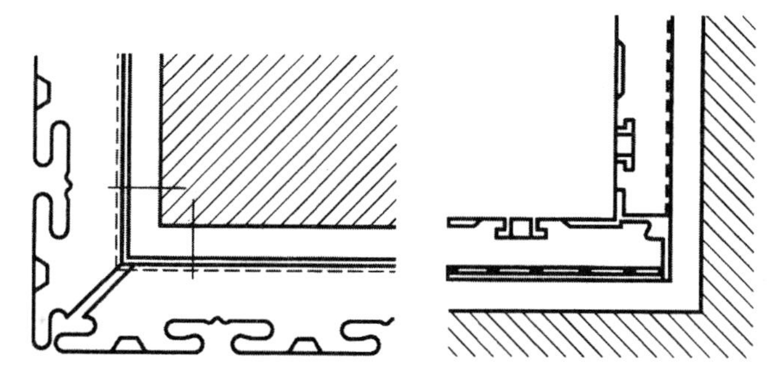

图 3–3–25　嵌条式阳角处理（左）

图 3–3–26　嵌条式阴角处理（右）

6. 柱装饰装修构造

柱的装饰装修，工程量不大，但柱所处的位置显著，与人的视线接触频繁，是室内装饰装修的重点部分。如图 3–3–27、图 3–3–28 所示。

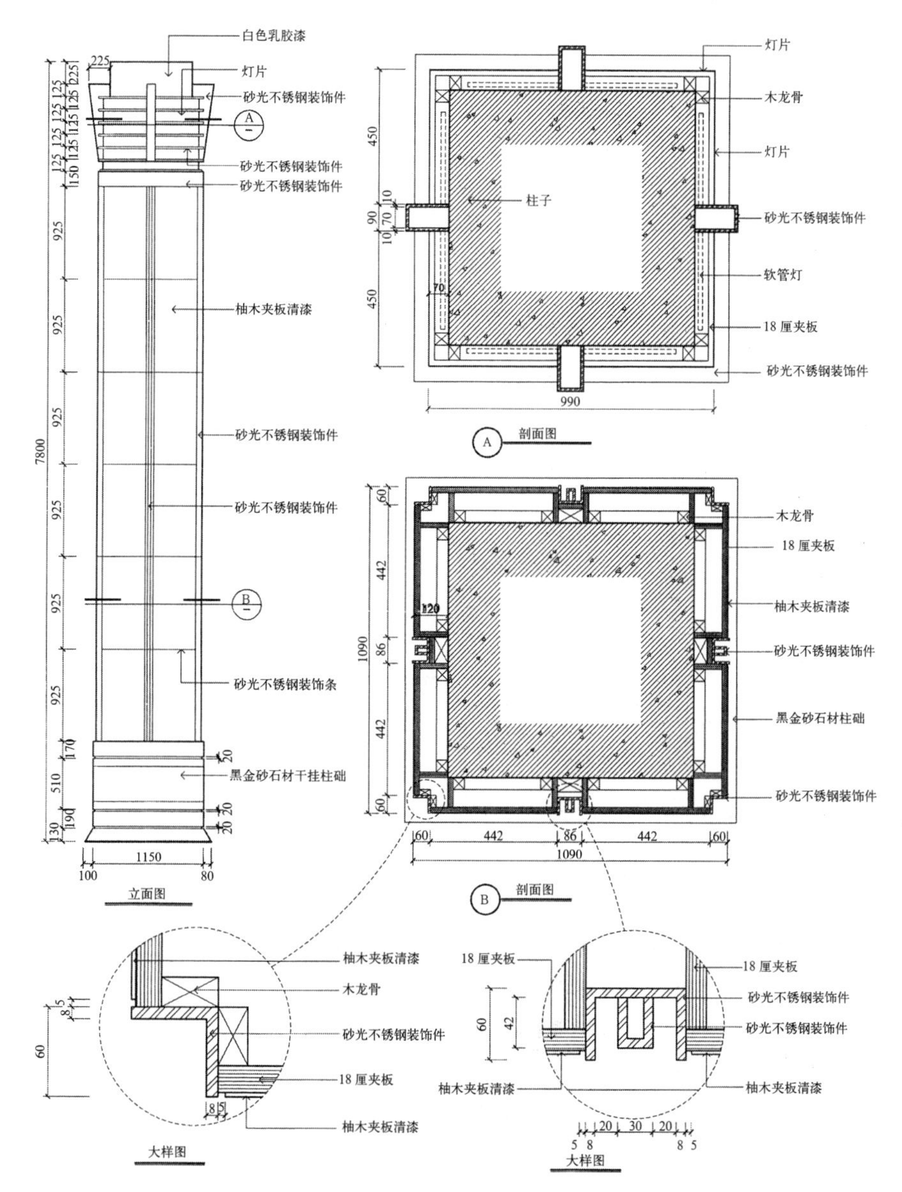

图 3–3–27　木饰面装饰柱构造图

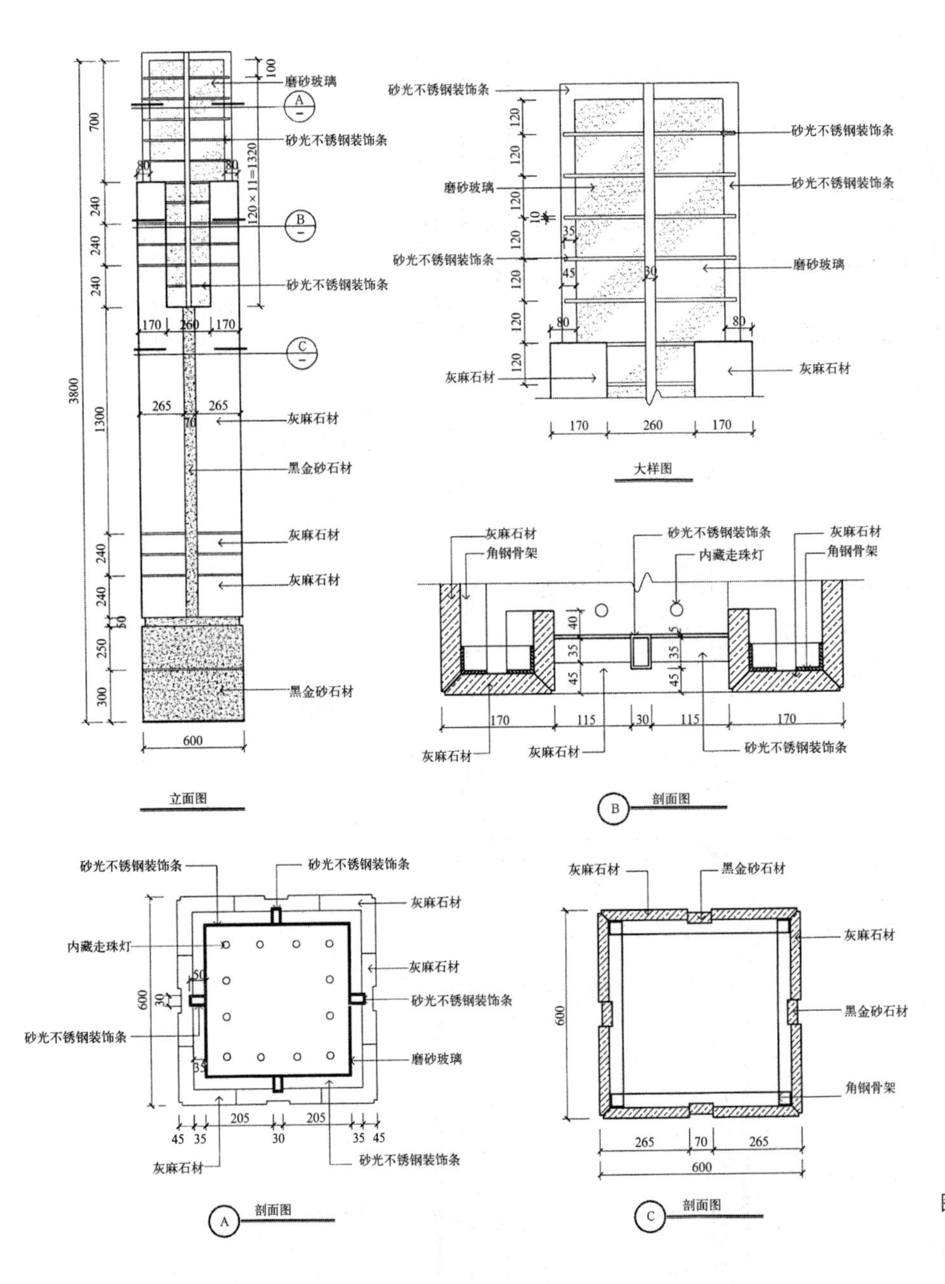

图 3–3–28　石材饰面装饰柱构造图

7. 隔墙与隔断装饰装修构造

隔墙是分隔房间的非承重"实墙"，不灵活。隔墙不是墙，但分隔空间和拆装很灵活。

隔墙要求隔光、隔声、隔热、隔辐射、防火、防水、防盗、耐湿，具有一定强度和稳定性，用料重量轻，厚度薄，便于拆装。金属龙骨隔墙构造如图 3–3–29、图 3–3–30 所示。

8. 幕墙类饰面装饰装修构造

幕墙是能将建筑使用功能与装饰功能融为一体的建筑外围护结构和外墙饰面。

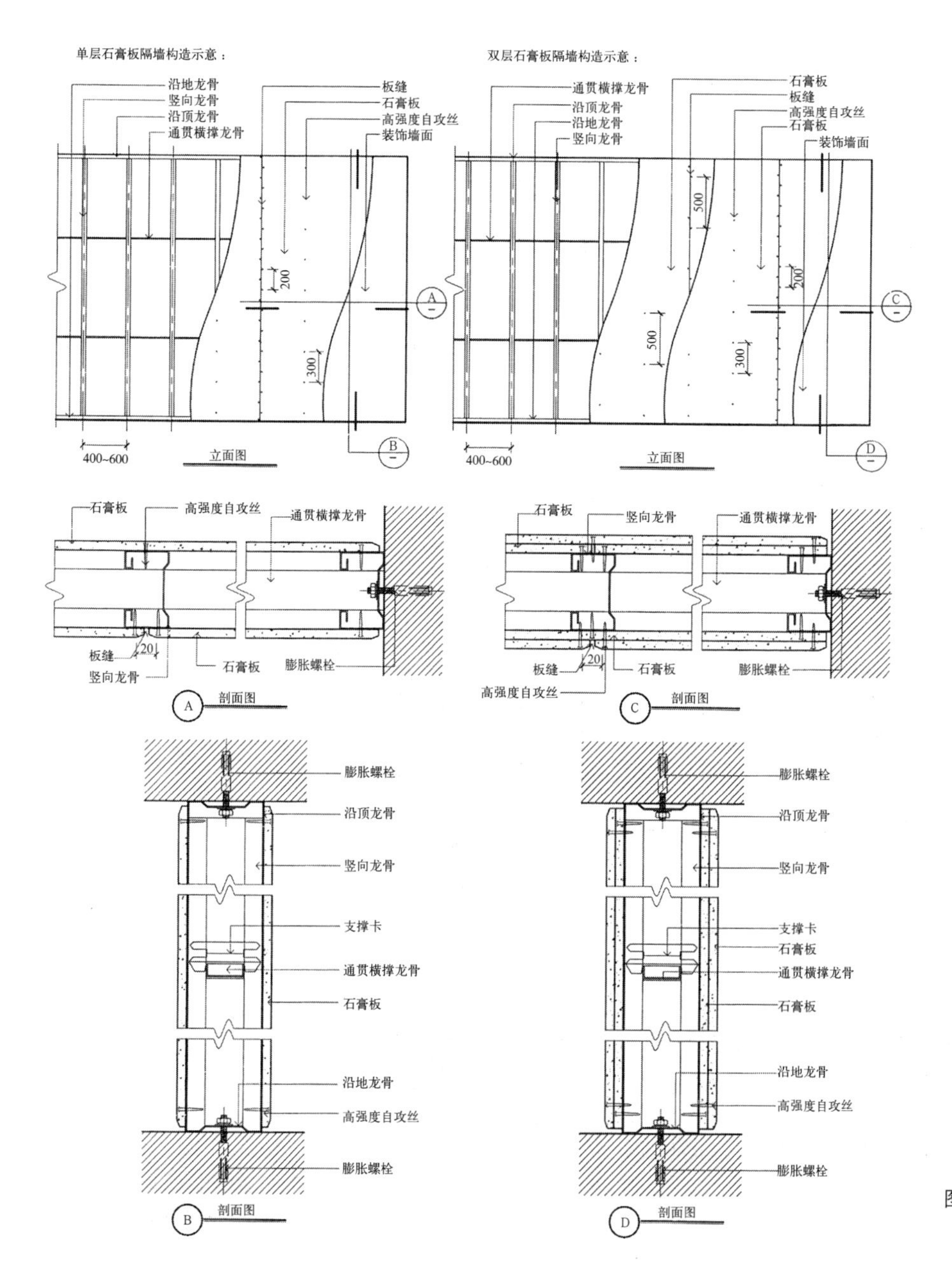

图 3-3-29　金属龙骨隔墙构造一

1）幕墙的类型

幕墙按镶嵌材料可分为玻璃幕墙、金属板幕墙、非金属板幕墙。按幕墙安装形式（或加工程度）可分为元件式、单元式、元件单元式。

2）玻璃幕墙

玻璃幕墙一般由结构框架、填衬材料和幕墙玻璃所组成；据施工方法的不同可分为现场组合的分件式玻璃幕墙和工厂预制后再到现场安装的板块式玻璃幕墙两种。分件式玻璃幕墙如图 3-3-31 所示。

目前，生产厂家的产品系列不太一样，图 3-3-32、图 3-3-33 所示是其中用得最广泛的显框系列玻璃幕墙型材和玻璃组合形式。

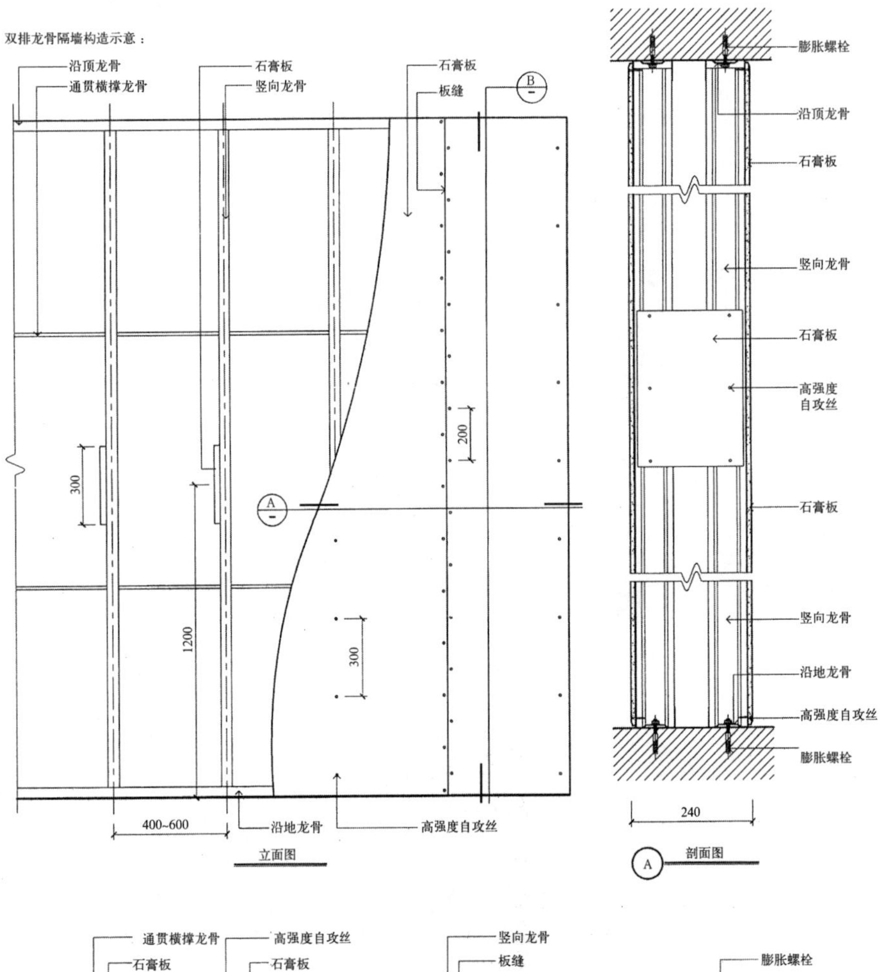

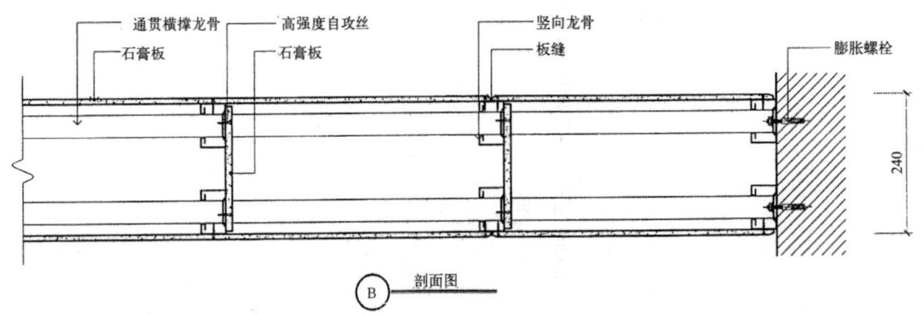

图 3-3-30 金属龙骨隔墙构造二

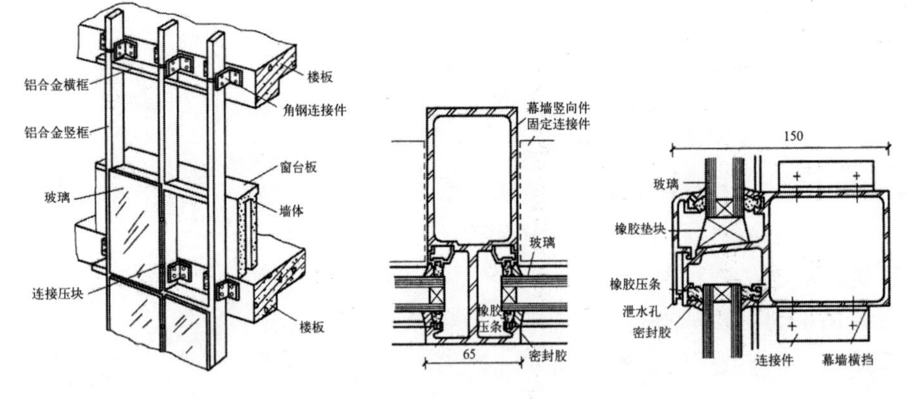

图 3-3-31 分件式玻璃幕墙（左）
图 3-3-32 竖梃与玻璃组合（中）
图 3-3-33 横档与玻璃组合（右）

隐框式玻璃幕墙构造如图 3-3-34 所示。

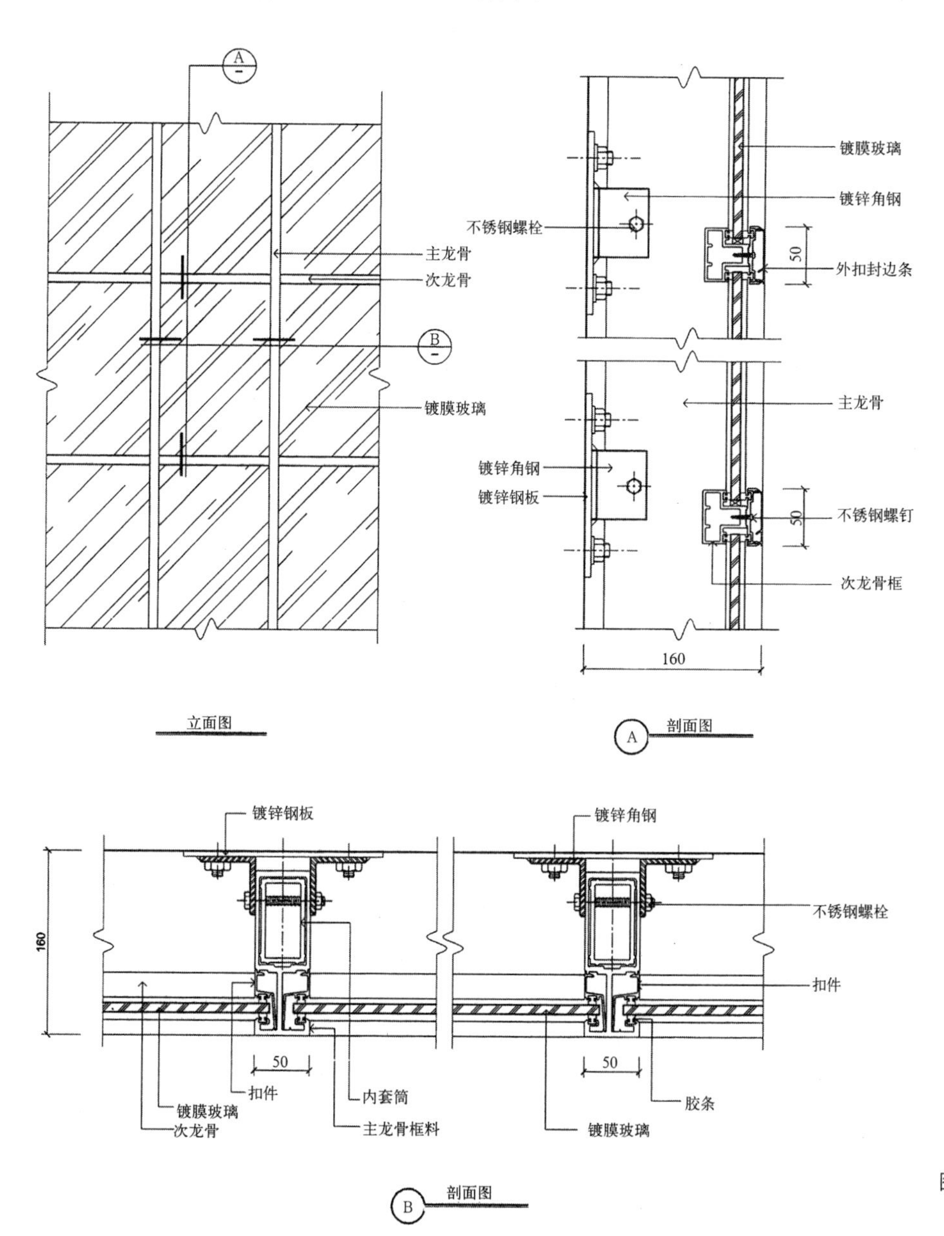

图 3-3-34　隐框式玻璃幕墙构造

3）石板幕墙

石板幕墙具有耐久性好、自重大、造价高的特点，主要用于重要的、有纪念意义或装修要求特别高的建筑物。

（1）石板幕墙需选用装饰性强、耐久性好、强度高的石材加工而成。应根据石板与建筑主体结构的连接方式，对石板进行开孔槽加工。石板的尺寸在 $1m^2$ 以内，厚度为 20~30mm，常用 25mm。

（2）石板与建筑主体结构的装配连接方式有两种。一种是干挂法，如图 3-3-35 所示。另一种是采用与隐框式玻璃幕墙相类似的结构装配组件法。

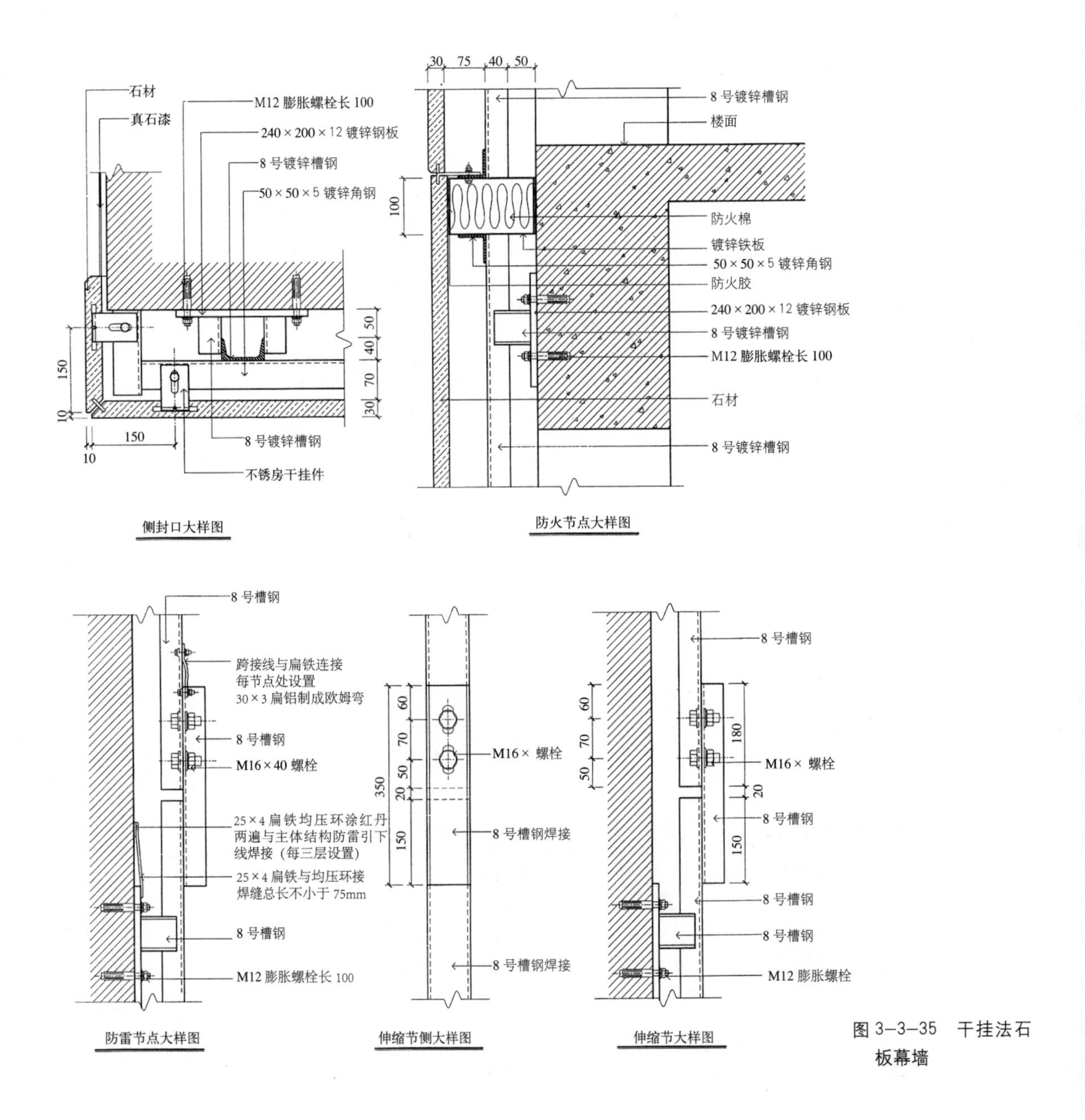

图 3–3–35　干挂法石板幕墙

石板幕墙往往配合隐框式玻璃幕墙、玻璃窗一起使用。如图 3–3–36 所示为一隐框式花岗石板幕墙的构造示意。

2.3　墙、柱面装饰施工图绘制内容及要求

墙、柱面装饰施工图是能完整反映墙、柱面造型及与地面、顶面装修关系的装饰施工图。

墙、柱面装饰施工图应包括：墙立面图、隔墙立面图、柱立面图、剖面图、墙柱面详图。

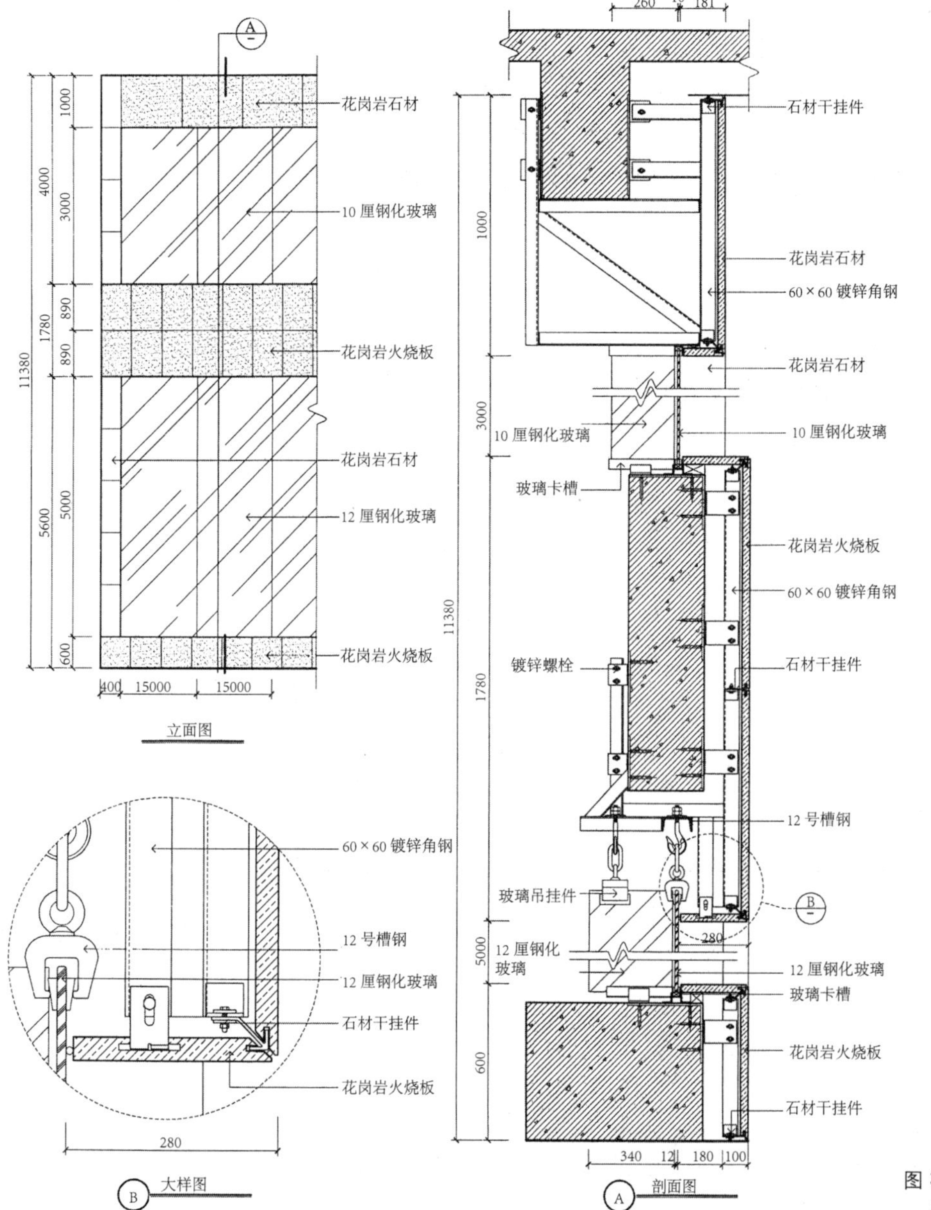

图 3–3–36 隐框式花岗石板幕墙的构造

上述墙、柱面装饰施工图的内容仅指所需表示的范围，当设计对象较为简易时，根据具体情况可将上述几项内容合并，减少图纸数量。

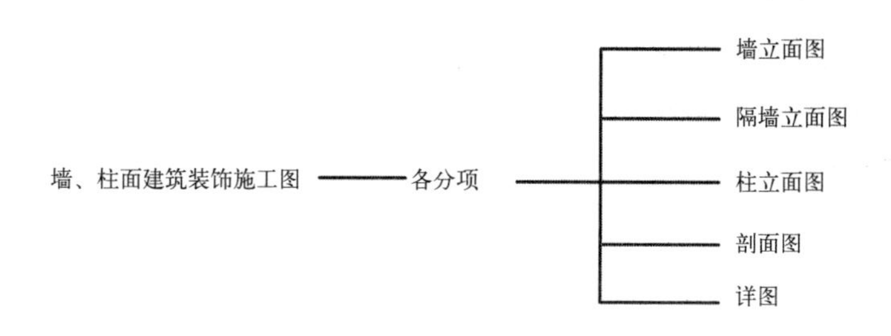

2.3.1 立面图

1. 墙面立面图绘制要求（图 3–3–37）

1）表达出墙面的可见装修造型及与地面和顶棚的关系；

2）表达墙面的材料及说明；

3）表达出墙面的灯具造型、陈设品分布位置等相互之间的关系（视具体情况而定）；

4）表达出门、窗洞口的位置；

5）表达出施工所需的尺寸；

6）表达出该立面的轴号、轴线尺寸；

7）表达出该立面的立面图号及图名。

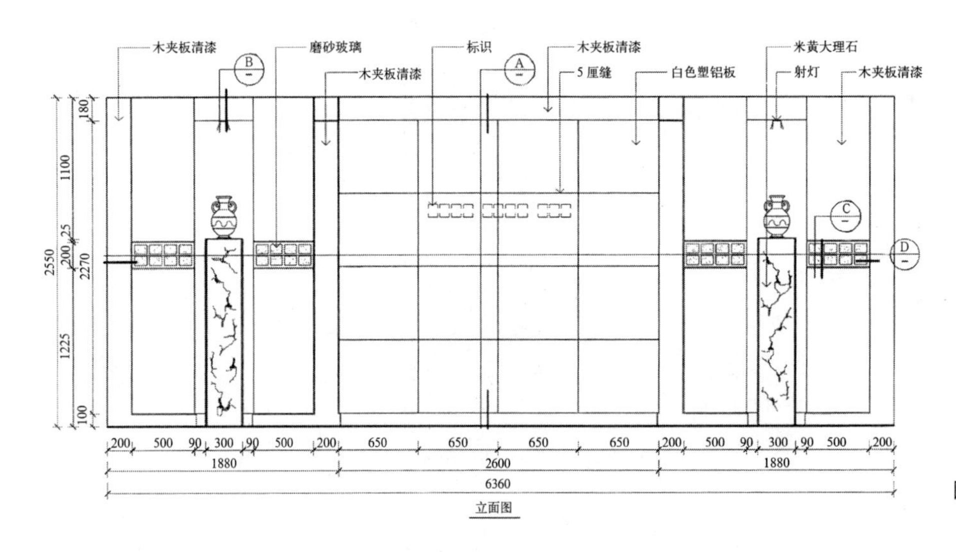

图 3–3–37 墙立面图

2. 墙立面图绘制步骤（以下图 3–3–38 为例）

1）以加粗实线绘制地面线，以粗实线绘制墙立面轮廓线、以中实线绘制顶部剖面轮廓线；

2）绘制出墙面设计造型，有凹凸的可标示凹凸符号，如洞口、壁龛等；

3）绘制墙面装饰材料分割线及明露构件；

4）分别绘制出不同装饰材料的图例；

5）在图内标注墙面较小造型的详细尺寸；

6）在图外标注墙面总尺寸和各造型分部尺寸；

7）墙立面在轴线位置需标注轴号和轴线尺寸；

8）绘制引线，文字标注造型做法和装饰材料名称；

9）标注墙立面索引位置及符号；

10）标注图名及比例。

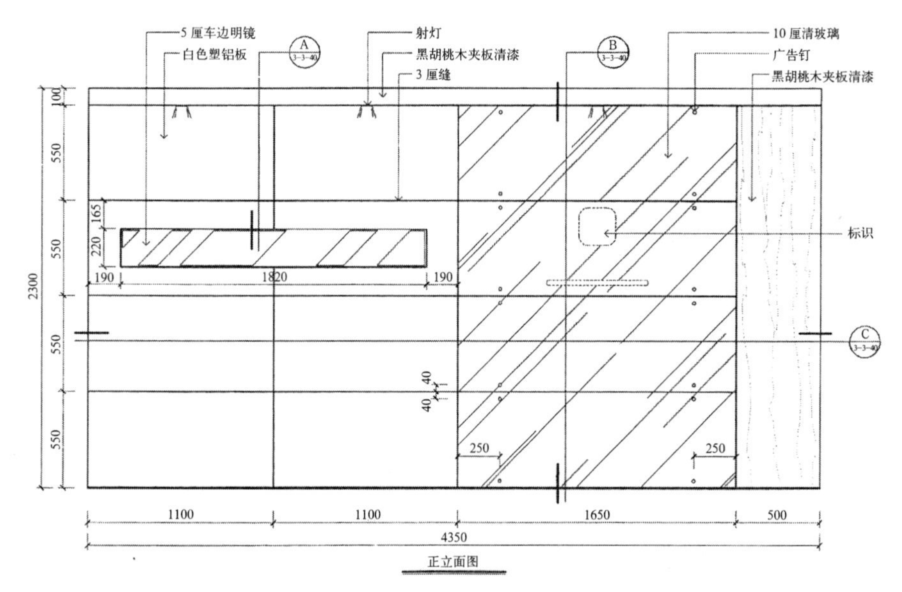

图 3-3-38 墙立面图

2.3.2 柱立面图

1. 柱立面图绘制要求（图 3-3-39）

1）表达出柱的可见装修造型及与地面和顶棚的关系；

2）表达出柱面的材料及说明；

3）表达出柱面的灯具造型、陈设品分布位置等相互之间的关系（视具体情况而定）；

4）表达出施工所需的尺寸；

5）表达出该柱立面的立面图号及图名。

2. 柱立面图绘制步骤（以下图 3-3-39 为例）

1）绘制柱立面轮廓线；

2）绘制出柱面设计造型，有凹凸的可标示凹凸符号，如洞口等；

3）绘制柱面装饰材料分割线及明露构件；

4）分别绘制出不同装饰材料的图例；

5）在图外标注柱面总尺寸和各造型分部尺寸；

6）绘制引线，文字标注造型做法和装饰材料名称；

7）标注柱立面索引位置及符号；

8）局部放大图可用虚线圆及虚线引出，绘制在柱立面旁边；

9）标注图名及比例。

2.3.3 剖面图

1. 墙、柱面剖面图绘制要求（图 3-3-40、图 3-3-41）

1）表达出被剖切后的墙、柱面装修的断面形式；

2）表达出在投视方向未被剖切到的可见装修内容；

3）表达出详细的装修尺寸；

4）表达出节点剖切索引号、大样索引号；

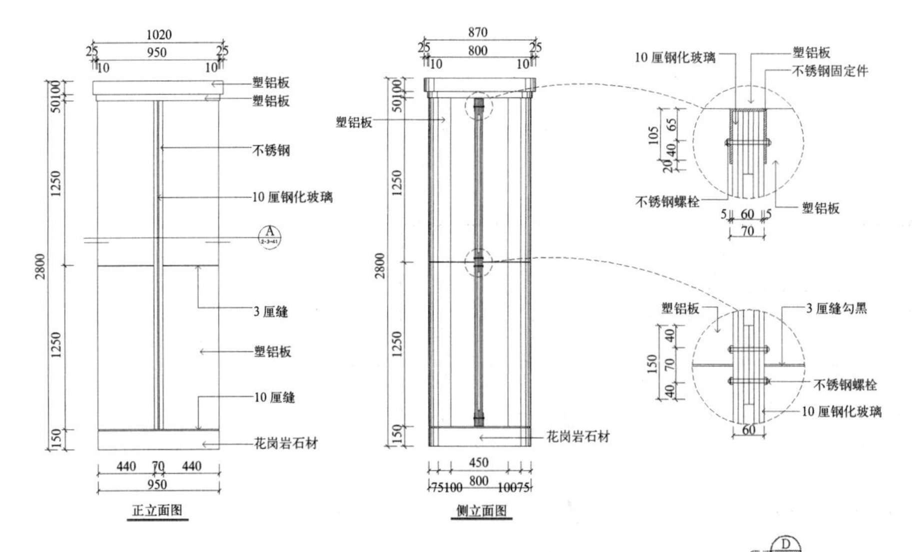

图 3–3–39 柱面立面图

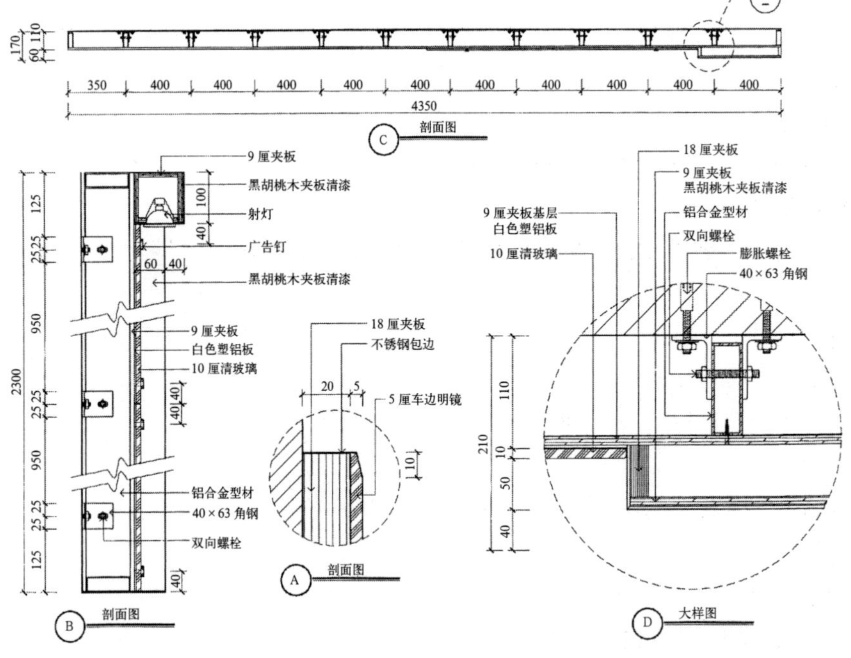

图 3–3–40 墙剖面图

5）表达出剖面的装修材料及说明；

6）表达出该剖面的剖面图号及标题。

2. 剖面图绘制步骤（以下图 3–3–41 为例）

1）以粗实线绘制断面轮廓线，以中实线绘制剖切方向能看到的轮廓线和内部结构；

2）分别绘制出不同装饰材料的图例；

3）在图外标注剖面总尺寸和各分部尺寸；

4）绘制引线，文字标注造型做法和装饰材料名称；

5）标注索引位置及符号；

6）局部放大图可用虚线圆及虚线引出，绘制在柱立面旁边；

7）标注图名及比例。

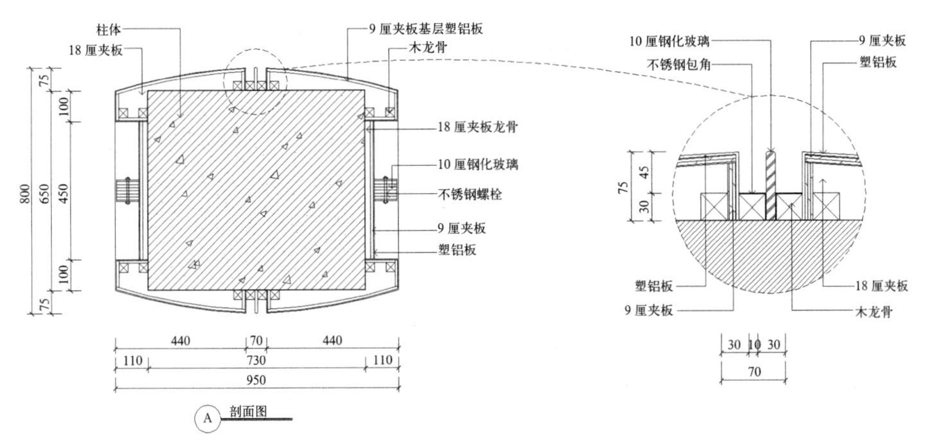

图 3–3–41　柱面剖面图

思考题：

1. 建筑装饰施工图的墙、柱面装饰施工图的绘制内容有哪些？
2. 墙柱的剖面图绘制要求是什么？

实训要求：

1. 根据具体方案进行墙柱构造深化设计，绘制构造图；
2. 绘制墙柱装饰施工图。

3　实训单元

3.1　墙柱面装饰施工图绘制实训

3.1.1　实训目的

通过下列实训，充分理解墙柱面的装饰构造与画法，理解墙柱面装饰施工图的绘制内容和绘制要求。能独自完成墙柱面装饰施工图的深化设计工作及墙柱面装饰施工图的绘制工作。

3.1.2　实训要求

1. 通过深化设计能力训练掌握墙柱面的装饰构造及绘制方法。

2. 通过绘图能力训练掌握墙柱面装饰施工图绘制的规范要求。

3. 通过绘图过程理解墙柱面装饰施工图的绘制内容和程序，对墙柱面装饰施工图的深化设计、绘制要求、绘制流程和绘制方法等进行实践验证，并能举一反三。

3.1.3　实训类型

1. 深化设计能力训练

1）根据某餐厅的墙面设计方案，调研相关主材与辅材，完成材料调研表（表 3–3–2）。

工作页5-1墙面装饰施工图材料调研表　　　　　表3-3-2

项次	项目	材料	规格	品牌、性能描述、构造做法	价格
1	龙骨				
2	基层				
3	面层				

2）根据某餐厅的石材墙面设计方案，设计内部构造。并画出石材墙面造型构造，墙面与顶面、地面的交接构造图。

3）根据某餐厅的木饰面柱方案，设计内部构造。并画出柱造型构造、柱与顶面、地面的交接构造图。

2．绘图实训（表3-3-3）

项目：根据某餐厅墙柱面方案设计图完成一套墙柱面装饰施工图　　表3-3-3

实训任务	餐厅墙柱面装饰施工图绘制训练
学习领域	墙柱面装饰施工图绘制
行动描述	教师给出餐厅墙柱面设计方案，提出施工图绘制要求。学生做出深化设计方案，按照墙柱面装饰施工图绘制的内容和要求，绘制出墙柱面装饰施工图，并按照制图标准、图面原则设置。输出施工图后，学生自评，教师点评
工作岗位	设计员、施工员
工作过程	详见附件
工作要求	按照建筑装饰制图标准、深化设计规定
工作工具	记录本、工作页、笔、电脑
工作方法	分析任务书，识读设计方案，调研装饰材料和装饰构造； 确定装饰构造方案，制图方法决策； 制定制图计划； 现场测量，尺寸复核，确定完成面； 完成墙柱立面图、墙柱构造节点大样图； 编制主要材料表；根据项目编制施工说明； 输出装饰施工图文件； 装饰施工图自审，检测设计完成度，以及设计结果； 现场施工技术交底，装饰施工图会审
阀值	通过实践训练，进一步掌握墙柱面装饰施工图的绘制内容和绘制方法

3.2　墙柱面装饰施工图绘制流程

3.2.1　进行技术准备

1．识读设计方案。

识读墙柱面设计方案，了解墙柱面方案设计立意，明确墙柱面装饰材料、墙柱面造型设计、墙柱面尺寸要求。

2. 现场尺寸复核。

根据墙柱面图进行尺寸复核，测量现场尺寸，检查墙柱面设计方案的实施是否存在问题。

3. 深化设计。

根据墙柱面设计方案，确定墙柱构造形式，进行龙骨、面层、搭接方式等的深化设计，绘制大样草图。

3.2.2 工具、资料准备

1. 工具准备：记录本、工作页、笔、电脑。

2. 资料准备：《房屋建筑室内装饰装修制图标准》、《XX 省建筑装饰装修工程设计文件编制深度规定》、《工程建设标准设计图集——室内装饰墙面》（省标）、《工程建设标准设计图集——室内照明装饰构造》（省标）、《国家建筑标准设计图集——内装修》系列图集。

3.2.3 编写绘图计划

完成墙柱面装饰施工图绘制的计划安排表（表 3-3-4）。

工作页5-2 墙柱面装饰施工图绘制计划表 **表3-3-4**

序号	工作内容	绘制要求	需要时间	备注
1	立面图			
2	柱立图			
3	墙面造型剖面图			
4	柱剖面图			
5	墙面节点大样图			
6	柱面节点大样图			

3.2.4 按照计划绘制墙柱面装饰施工图

学生按照绘图计划完成墙柱面装饰施工图的绘制。

3.2.5 打印输出装饰施工图

首先进行输出设置，打印输出装饰施工图。

3.2.6 图纸自审

学生绘制完成墙柱面装饰施工图后，首先自审，完成墙柱面装饰施工图自审表。

3.2.7 实训考核成绩评定（表 3-3-5、表 3-3-6）

工作页5-3 墙柱面装饰施工图自审表 **表3-3-5**

序号	分项	指标	存在问题	得分
1	墙柱面装饰施工图文件齐全	10		
2	深化设计正确	20		
3	图纸内容完整	10		
4	材料标注清晰	15		
5	尺寸标注准确	15		
6	符合制图标准	10		
7	图面设置规范	10		
	总分	100		

实训考核内容、方法及成绩评定标准 **表3-3-6**

<table>
<tr><th>系列</th><th>考核内容</th><th>考核方法</th><th>要求达到的水平</th><th>指标</th><th>教师评分</th></tr>
<tr><td rowspan="2">对基本知识的理解</td><td rowspan="2">对墙柱面装饰施工图理论知识的掌握</td><td>墙柱面装饰构造深化设计</td><td>能理解构造深化设计</td><td>10</td><td></td></tr>
<tr><td>墙柱面装饰施工图绘制内容及要求</td><td>能正确理解装饰施工图绘制的内容和要求</td><td>10</td><td></td></tr>
<tr><td rowspan="4">实际工作能力</td><td rowspan="4">能正确深化设计完成墙柱面装饰施工图</td><td rowspan="4">检测各项能力</td><td>深化设计能力</td><td>15</td><td rowspan="4"></td></tr>
<tr><td>尺寸复核能力</td><td>8</td></tr>
<tr><td>绘图能力</td><td>25</td></tr>
<tr><td>图面设置能力</td><td>12</td></tr>
<tr><td rowspan="2">职业关键能力</td><td rowspan="2">思维能力</td><td>查找问题的能力</td><td>能及时发现问题</td><td>5</td><td rowspan="2"></td></tr>
<tr><td>解决问题的能力</td><td>能协调解决问题</td><td>5</td></tr>
<tr><td rowspan="2">自审能力</td><td rowspan="2">根据实训结果评估</td><td>工作页</td><td>填写完备</td><td>5</td><td rowspan="2"></td></tr>
<tr><td>墙柱面装饰施工图</td><td>能客观评价</td><td>5</td></tr>
<tr><td colspan="4">任务完成的整体水平</td><td>100</td><td></td></tr>
</table>

学习情境4　固定家具装饰施工图绘制

1　学习目标

(1) 熟悉固定家具装饰的常用材料；

(2) 掌握固定家具的装饰构造做法；

(3) 能掌握固定家具装饰施工图绘制要求；

(4) 能够按照项目要求独立完成固定家具构造的深化设计；

(5) 能够根据项目要求正确完成固定家具装饰施工图的绘制。

2　知识单元

2.1　固定家具及其装饰施工图概念

"固定家具"顾名思义就是固定的、不可移动的家具，亦是针对可移动家具而言的。"固定家具"也称建入式（Built-in）家具或嵌入式家具，与建筑结合为一体。按其固定的位置不同，可分别固定在地面、墙面、顶面或是嵌入墙体内。其最大的好处是可根据空间尺度、使用要求及格调量身定做。由于根据现场条件制作、组装，可使空间得到充分利用，能够有效使用剩余空间，减少了单体式家具容易造成的杂乱、拥挤感，使空间免于凌乱和堵塞，但这些家具也有不能自由移动、摆放以适应新的功能需要的局限。

在装饰装修中，人们往往会做一些"固定家具"，这些固定家具是由工人现场制作安装。或由工厂订制再现场安装，就必须按照相对应的施工图纸来加工制作，就像装修工程中的其他项目如墙、顶、地面一样需要有施工图纸，所以，固定家具装饰施工图纸由此产生。固定家具装饰施工图是能完整反映固定家具造型及其与相关联灯具、设备构造关系的装饰施工图。

2.2　固定家具装饰材料

2.2.1　常用材料

材料是构成家具的物质基础，固定家具的选材应符合具体的功能要求，如吧台、厨房操作台的台面在满足耐水、耐热、耐油的基本条件下，同时又要坚固和美观。固定家具所用的材料与移动家具所用材料几乎没什么区别，甚至好多移动家具不方便使用的材料在固定家具上却很好用，如：玻璃、大理石、马赛克等。不同的材质及不同的加工手段会产生不同的结构形式和不同的造型特征或表现力，如华丽、质朴或是厚重、轻盈等。按用量大小，固定家具的用材可分为主材和辅材。

主材有：木材、竹藤、金属、塑料、玻璃、石材、陶瓷、皮革、织物以及合成纸类等。

辅材有：涂料、胶料、各种五金件（很多五金件既有连接、紧固以及开启、关闭等实用价值，也有装饰功能。常用五金件包括：铰链、拉手、锁、插销、滑轮、滑道、搁板支架、碎珠、牵筋及各种钉等）。

按材料的功能或使用部位，固定家具材料的选择首先依据装饰设计方案的要求而定，一般情况下，材料可分为结构材料和饰面材料两大类（有些时候家具的结构材料也可以作为饰面材料，如裸露骨架的家具）。固定家具的外观效果主要取决于饰面材料，采用单一材质的家具，会显得整体而单纯，若采用多种材质，则会富于对比和变化。

1. 结构材料：

结构材料主要用于棚架、造型，起支撑、固定和承重的作用。结构材料有木质和金属两大类。

1）木质结构材料

又可分为木实材和木板材。

（1）木实材：是指各种原木材料，如松木中的红松、白松、黑松等。针叶树种和软阔叶树种通常材质较软，大部分没有美丽花纹及材色，多数作为家具内部用材。阔叶树种材质较硬，纹理色泽美观，如山毛榉、胡桃木、枫木、樱桃木、柚木等。花梨木、酸枝、紫檀、鸡翅木在我国明清家具中常见。

（2）木板材：由于近年来木材资源紧张，除了少数部件必须使用实材外，大部分采用木夹板、细木工板、刨花板、纤维板、三聚氰胺板等。

木夹板，也称胶合板、业内俗称细芯板。由三层或多层 1mm 厚的单板或薄板胶贴热压而成。是目前手工制作家具最为常用的材料。夹板一般分为 3 厘板、5 厘板、9 厘板、12 厘板、15 厘板和 18 厘板六种规格。

细木工板，业内俗称大芯板。大芯板是由两片单板中间粘压拼接木板而成。大芯板的价格比细芯板要便宜，其竖向（以芯材走向区分）抗弯压强度差，但横向抗弯压强度较高。

刨花板，是用木材碎料为主要原料，再渗加胶水，添加剂经压制而成的薄型板材。按压制方法可分为挤压刨花板、平压刨花板两类。此类板材主要优点是价格极其便宜，其缺点也很明显，即强度极差。一般不适宜制作较大型或者有力学要求的家具。

纤维板，也称密度板。是以木质纤维或其他植物纤维为原料，施加脲醛树脂或其他适用的胶粘剂制成的人造板材，按其密度的不同，分为高密度板、中密度板、低密度板。密度板由于质软耐冲击，也容易再加工。在国外，密度板是制作家具的一种良好材料，但由于国家关于高密度板的标准比国际的标准低数倍，所以，密度板在我国的使用质量还有待提高。

三聚氰胺板，全称是三聚氰胺浸渍胶膜纸饰面人造板。是将带有不同颜色或纹理的纸放入三聚氰胺树脂胶粘剂中浸泡，然后干燥到一定固化程度，将其铺装在刨花板、中密度纤维板或硬质纤维板表面，经热压而成的装饰板。

2）金属结构材料

金属结构材料有角铁、方管、圆管、铝合金等型材。主要是用在墙上的置物搁板、吊柜等处。

2. 饰面材料

饰面材料也叫装饰面板，俗称面板。有木饰面板、防火板、金属饰面板等。

1）木饰面板

木饰面板是将实木板精密刨切成厚度为 0.2mm 左右的微薄木皮，以夹板为基材，经过胶粘工艺制作而成的具有单面装饰作用的装饰板材。它是夹板存在的特殊方式，厚度为 3mm。装饰面板是目前有别于混油做法的一种高级装修材料。

2）防火板

防火板又名耐火板，或高压装饰板。防火板是采用硅质材料或钙质材料为主要原料，与一定比例的纤维材料、轻质骨料、粘合剂和化学添加剂混合，经蒸压技术制成的装饰板材。是目前越来越多使用的一种新型材料，其使用不仅仅是因为防火的因素，还具有耐磨、耐热、耐撞击、耐酸碱、耐烟灼、防火、防菌、防霉及抗静电的特性。防火板的施工对于粘贴胶水的要求比较高，质量较好的防火板价格比装饰面板也要贵。防火板一般用于台面、桌面、墙面、橱柜、办公家具、吊柜等的表面。常用规格有 2135mm × 915mm、2440mm × 915mm、2440mm × 1220mm，厚 0.6~1.2mm。

防火板种类有：

(1) 平面彩色雅面和光面系列：朴素光洁，耐污耐磨，适宜于餐厅、吧台的饰面、贴面。

(2) 木纹雅面和光面系列：华贵大方，经久耐用，适用于家具、家电饰面及活动式吊顶。

(3) 皮革颜色雅面和光面系列：易于清洗，适用于装饰厨具、壁板、栏杆扶手等。

(4) 石材颜色雅面和光面系列：不易磨损，适用于室内墙面、厅堂的柜台、墙裙等。

(5) 细格几何图案雅面和光面系列：该系列适用于镶贴窗台板、踢脚板的表面，以及防火门扇、壁板、计算机工作台等。

3）金属饰面板

金属饰面板在室内固定家具设计中的使用不是很多，也有运用在公共空间固定家具的装饰上，可以装饰整个立面，也可以作为镶嵌来装饰家具的界面，起到画龙点睛的作用。

种类：金属饰面板一般有彩色铝合金饰面板、彩色涂层镀锌钢饰面板和不锈钢饰面板三种。

特点：它具有自重轻、安装简便、耐候性好的特点，更突出的是可以使装饰物的外观色彩鲜艳、线条清晰、庄重典雅，这种独特的装饰效果受到设计师的青睐。

2.2.2 固定家具的构造

固定家具是建筑装饰装修现场施工中工程量很大的一项工程内容，常见的表现形式有入墙柜、各类柜台等家具。

1. 入墙柜

入墙柜的构造主要有两类：一是与建筑相依，二是与建筑相嵌。

它与活动的框式家具相比，结构形式基本相同。不同的地方有两点：一是家具的部分外表面被建筑物遮挡，因此不需要采用高档饰面板，只要采用基层板即可。二是在家具与建筑的连接部位需要用一根贴缝的装饰木线条收口，从而达到"天衣无缝"的目测效果。如图 3–4–1、图 3–4–2 所示。

2. 固定柜台

银行柜台、报关柜台等出于安全的要求都要与地面紧密连接，因此是不可搬动的固定家具。这类家具构造的关键在于它与地面的连接。

1）钢骨架连接构造

在较长的台、架中，较多采用钢骨架。它一般是采用角钢焊制，先焊成框架，再定位安装固定。它与地面、墙面的连接，一般是用膨胀螺栓直接固定，也可用预埋铁件与角钢架焊接固定。

（1）钢骨架与木饰面结合。需要在钢骨架上用螺栓固定数条木方骨架，也可固定厚胶合板，以保证钢骨架与木饰面结合稳妥。

（2）钢骨架与石板饰面结合。需要在钢骨架上有关对应部位焊覆钢丝网抹灰并预埋钢丝或不锈钢丝，以便于粘接和绑扎石板饰面。如图 3–4–3 所示。

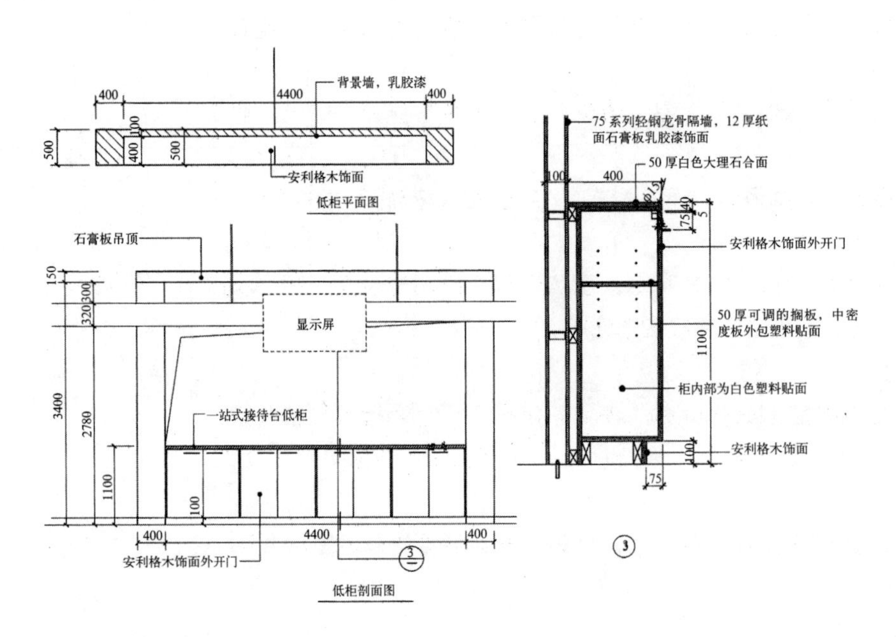

图 3–4–1　入墙柜的构造

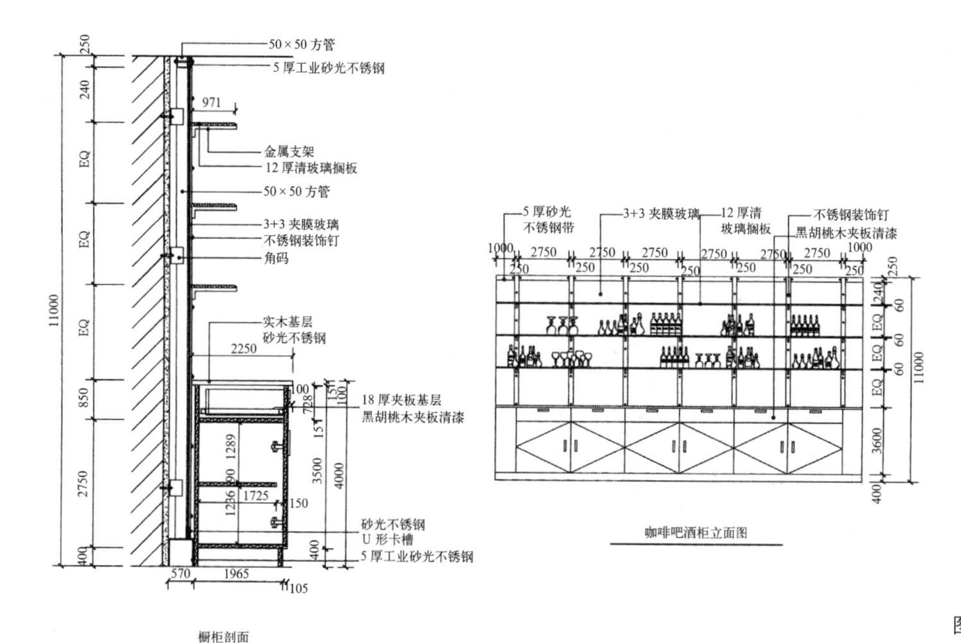

图 3-4-2 贴墙酒柜的构造

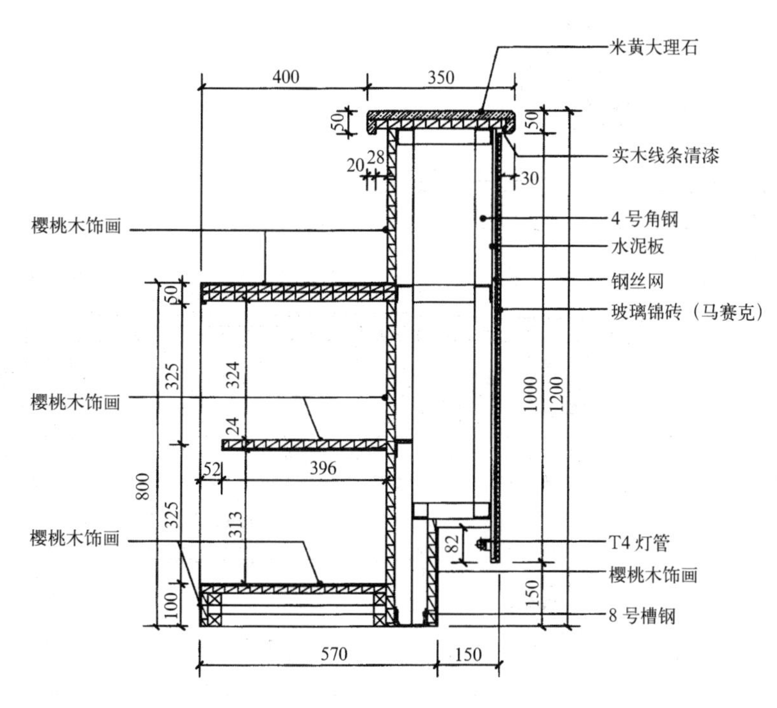

图 3-4-3 钢骨架混合结构服务台

2）混凝土或砖砌骨架连接构造

当采用混凝土或砌砖方式设置基础骨架时，可在其面层直接镶贴大理石或花岗岩面板。如图 3-4-4 所示。

(1) 与木结构结合。应在相关结合部位预埋防腐木块，并用素水泥浆将该面抹平修整，木块平面与水泥面一样平。

(2) 与金属管件结合。在其侧面与之连接时也应预埋连接件，或将金属管事先直接埋入骨架中。

3）活动家具的构造

小体量的活动家具一般都是在成品家具厂选购的。建筑装饰装修工程中的活动橱柜一般指体量比较大的、搬动不方便的家具。这类家具除了不需要与建筑固定连接，其他构造和制作工艺与固定家具无异。如图 3–4–5 所示。

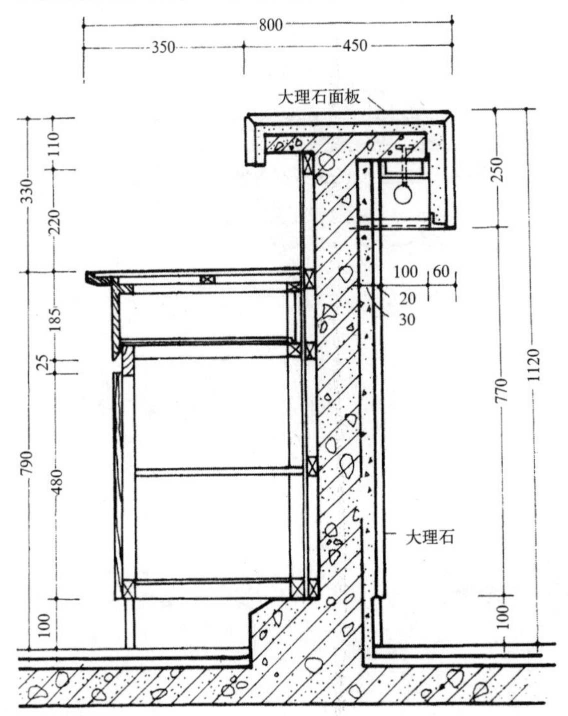

图 3–4–4　混凝土骨架结构服务台

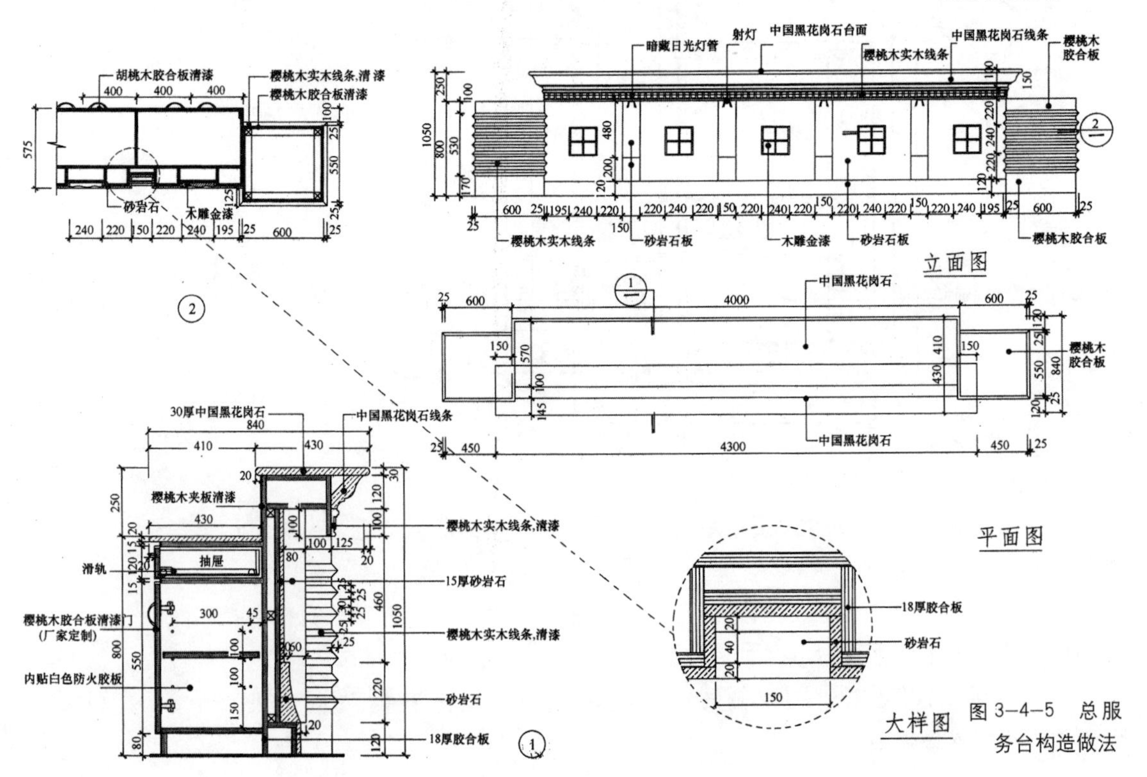

图 3–4–5　总服务台构造做法

2.3 固定家具装饰施工图绘制内容及要求

固定家具装饰施工图绘制内容应包括：平面家具布置图（是指室内平面布置图中家具的具体平面位置图）、家具平面图、家具立面图、剖面图、局部大样图和节点详图。

制图应符合装饰装修制图标准，图纸应能全面、完整地反映固定家具装饰装修工程的全部内容，作为施工的依据。对于在装饰施工图中未画出的常规做法或者是重复做法的部位，应在施工图中给予说明。

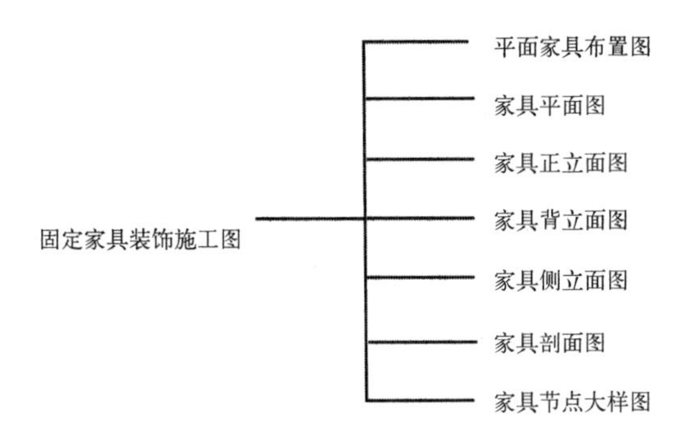

2.3.1 固定家具装饰施工图的绘制流程

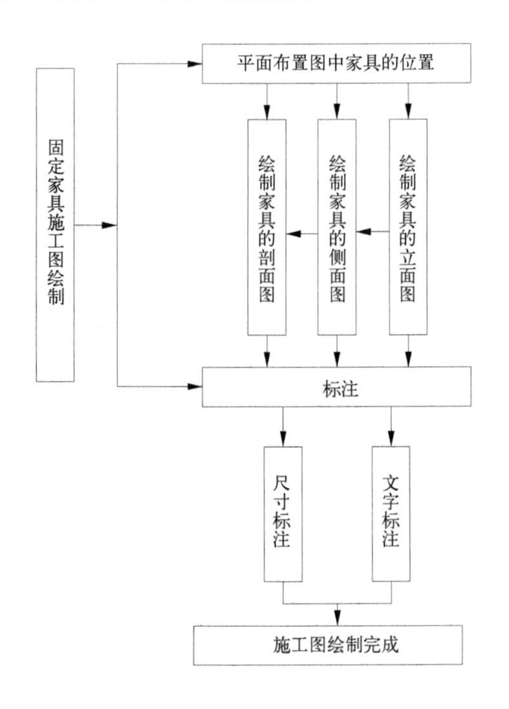

图 3-4-6 固定家具装饰施工图绘制流程

2.3.2 固定家具平面图

1. 固定家具平面图绘制要求

1）表达出家具在平面图上的位置；

2）表达出家具平面造型；

3）表达出家具的功能内容和主要材料；

4）表达出家具的总尺寸和详细尺寸。

如图 3–3–7 所示。

2. 固定家具平面图绘制步骤（以图 3–4–7 为例）

该图为服务台平面图。

1）绘制固定家具所在平面位置及家具平面轮廓线；

2）绘制出固定家具平面设计造型；

3）绘制固定家具平面装饰材料分割线及明露构件；

4）分别绘制出不同装饰材料的图例；

5）在图外标注固定家具总尺寸和各造型分部尺寸，标注不下的详细尺寸可在图内标注；

6）绘制引线，文字标注造型做法和装饰材料名称；

7）家具平面图中如有需放大大样和剖面需标注索引位置及符号；

8）标注图名及比例。

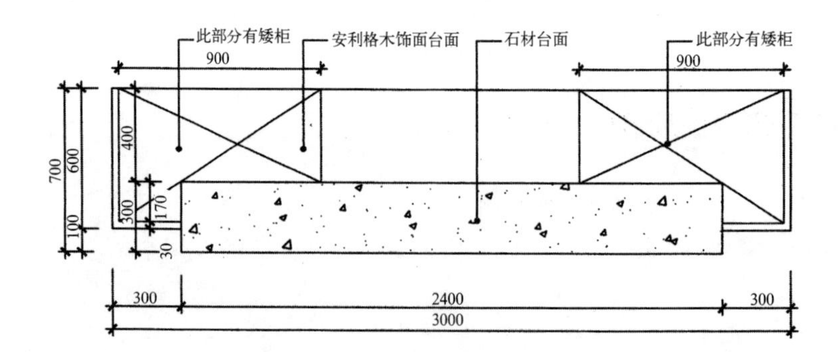

图 3–4–7　家具平面图

2.3.3　固定家具立面图

固定家具立面图包括：正立面图、背立面图、侧立面图。

1. 固定家具立面图绘制要求

1）表达出家具与相关联建筑结构的关系；

2）表达出家具的立面造型；

3）表达出家具立面装饰材料；

4）表达出家具立面的总尺寸和详细尺寸。

如图 3–4–8、图 3–4–9 所示。

2. 固定家具立面图绘制步骤（以图 3–4–8 为例）

该图为服务台正立面图。

1）绘制固定家具立面轮廓线；

2）绘制出固定家具立面设计造型；

3）绘制固定家具平面装饰材料分割线及明露构件；

4）分别绘制出不同装饰材料的图例；

5）在图外标注固定家具总尺寸和各造型分部尺寸，标注不下的详细尺寸可在图内标注；

6）绘制引线，文字标注造型做法和装饰材料名称；

7）标注索引位置及符号；

8）标注图名及比例。

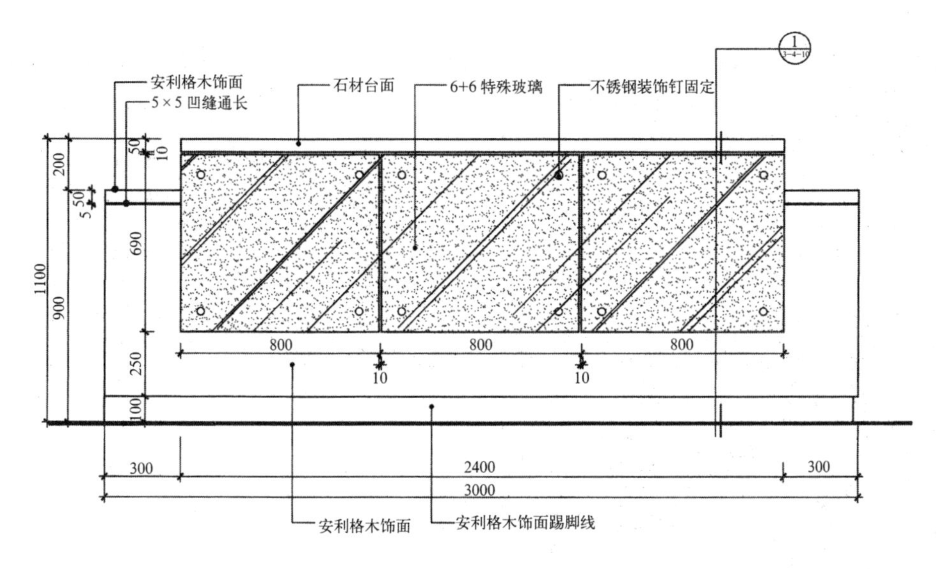

图 3-4-8 家具正立面图

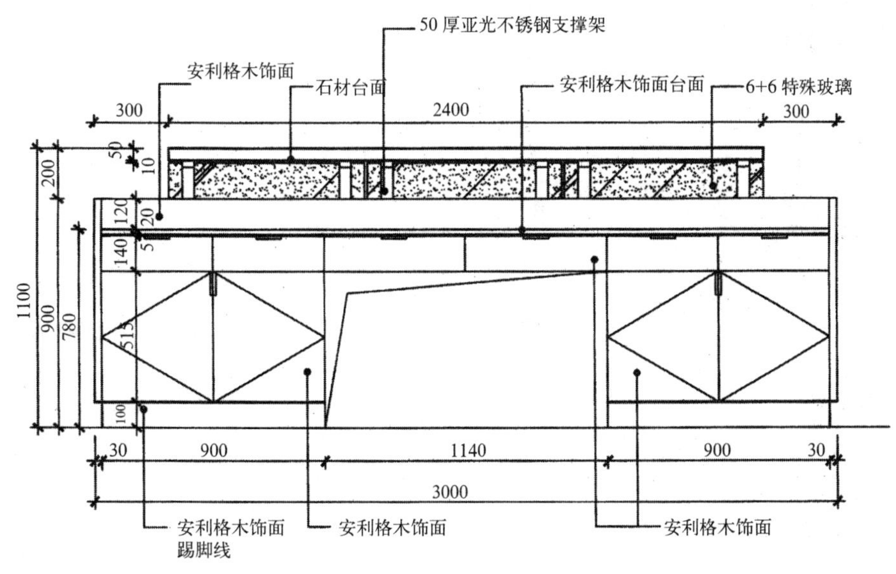

图 3-4-9 家具背立面图

2.3.4 剖面图

1. 固定家具剖面图绘制要求

1）表达出固定家具与相关联建筑结构的关系；

2）表达出剖面造型关系和基本构造；

3）表达出剖面装饰材料；

4）表达出固定家具剖面的总尺寸和详细尺寸。

如图 3-4-10 所示。

2. 固定家具剖面图绘制步骤（以图 3–4–10 为例）

该图为服务台的剖面图。

1）以粗实线绘制固定家具断面轮廓线，以中实线绘制剖切方向能看到的轮廓线和内部结构；

2）分别绘制出不同装饰材料的图例；

3）在图外标注剖面总尺寸和各分部尺寸，详细尺寸在图内标注；

4）绘制引线，文字标注造型做法和装饰材料名称；

5）标注索引位置及符号；

6）标注图名及比例。

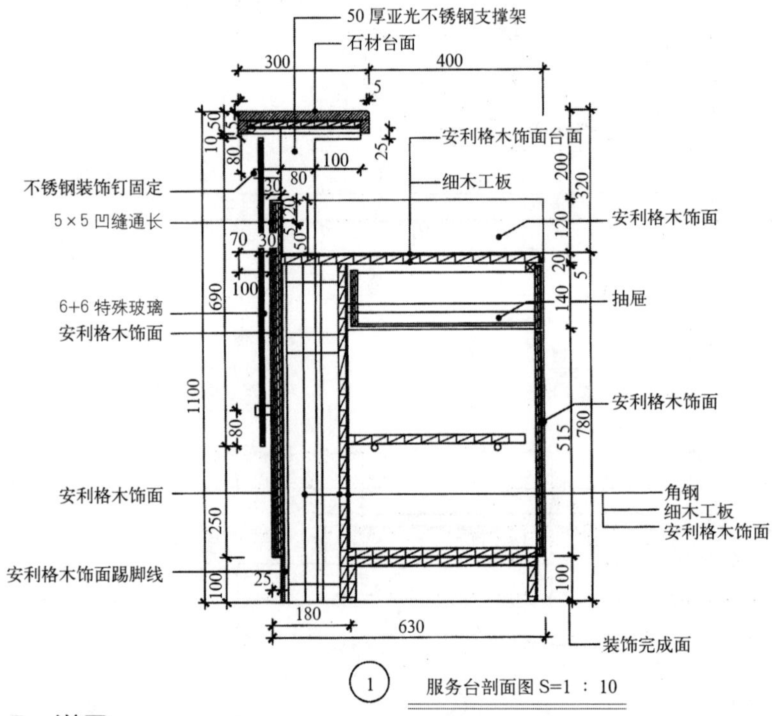

图 3–4–10　家具剖面图

2.3.5　详图

1. 固定家具详图绘制要求

1）表达出固定家具与相关联建筑结构的关系；

2）表达出详细节点构造；

3）表达出详细构造装饰材料；

4）表达出固定家具节点大样的详细尺寸。

如图 3–4–11 所示。

2. 固定家具详图绘制步骤（以图 3–4–11 ④为例）

该图为衣柜移门滑轨与顶部连接点剖面大样图。

1）以粗实线绘制断面轮廓线，以中实线绘制剖切方向能看到的轮廓线和内部结构；

2）分别绘制出不同装饰材料的图例；

3）在图外标注剖面总尺寸和各分部尺寸，详细尺寸在图内标注；

4）绘制引线，文字标注造型做法和装饰材料名称；

5）表达不全的图形用折断线断开；

6）标注图名及比例。

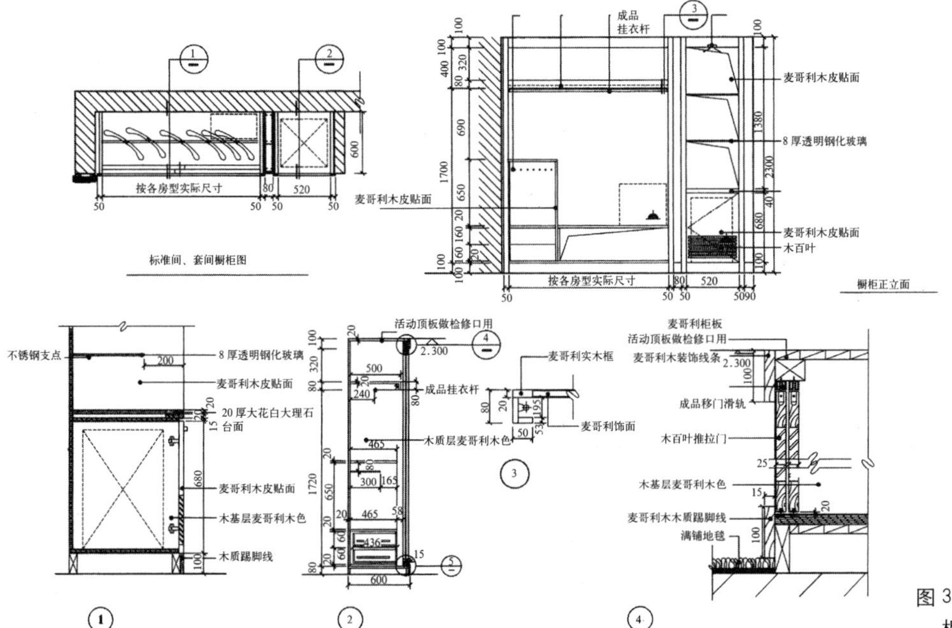

图3-4-11 标准间衣柜装饰施工图

固定家具施工图的绘制首先应根据其功能定位进行合理的平面布置，然后再选择相应的装饰材料，依据家具平面图，进行正立面、侧立面、剖面、节点的绘制。尺寸标注要准确，材料文字的标注要清晰明了，根据所绘施工图能够顺利进行加工和制作。

思考题：

1. 固定家具装饰施工图的绘制内容有哪些？
2. 如何做到快速准确地绘制家具施工图？

实训要求：

1. 固定家具构造深化设计，绘制出构造图；
2. 完成固定家具的装饰施工图绘制。

3 实训单元

3.1 固定家具装饰施工图绘制实训

3.1.1 实训目的

通过下列实训，充分理解固定家具的装饰构造与画法，理解固定家具装饰施工图的绘制内容和绘制要求。能独自完成固定家具装饰施工图的深化设计工作及固定家具装饰施工图的绘制工作。

3.1.2 实训要求

1. 通过深化设计能力训练掌握固定家具的装饰构造及绘制方法。

2. 通过绘图能力训练掌握固定家具装饰施工图绘制的规范要求。

3. 通过绘图过程理解固定家具装饰施工图的绘制内容和程序，对固定家具装饰施工图的深化设计、绘制要求、绘制流程和绘制方法等进行实践验证，并能举一反三。

3.1.3 实训类型

1. 深化设计能力训练

1）根据某餐厅备餐间的橱柜设计方案，调研相关主材与辅材，完成材料调研表（表3-4-1）。

工作页6-1 固定家具装饰施工图材料调研表 表3-4-1

项次	项目	材料	规格	品牌、性能描述、构造做法	价格
1	龙骨				
2	基层				
3	面层				

2）根据某餐厅备餐间的橱柜设计方案，画出橱柜造型构造大样图。

2. 绘图实训（表3-4-2）

项目：根据某餐厅衣柜设计方案完成一套衣柜装饰施工图 表3-4-2

实训任务	餐厅衣柜装饰施工图绘制训练
学习领域	固定家具装饰施工图绘制
行动描述	教师给出餐厅衣柜设计方案，提出施工图绘制要求。学生做出深化设计方案，按照固定家具装饰施工图绘制的内容和要求，绘制出衣柜装饰施工图，并按照制图标准、图面原则设置。输出施工图后，学生自评，教师点评
工作岗位	设计员、施工员
工作过程	详见附件
工作要求	按照建筑装饰制图标准、深化设计规定
工作工具	记录本、工作页、笔、电脑
工作方法	分析任务书，识读设计方案，调研装饰材料和装饰构造； 确定装饰构造方案，制图方法决策； 制定制图计划； 现场测量，尺寸复核，确定完成面； 完成衣柜平面图、立面图、构造节点大样图； 编制主要材料表；根据项目编制施工说明； 输出装饰施工图文件； 装饰施工图自审，检测设计完成度，以及设计结果； 现场施工技术交底，装饰施工图会审
阈值	通过实践训练，进一步掌握固定家具装饰施工图的绘制内容和绘制方法

3.2 固定家具装饰施工图绘制流程

3.2.1 进行技术准备

1. 识读设计方案。

识读固定家具设计方案，了解固定家具方案设计立意，明确固定家具装饰材料、固定家具造型设计、固定家具尺寸要求。

2. 现场尺寸复核。

根据固定家具图进行尺寸复核，测量现场尺寸，检查固定家具设计方案的实施是否存在问题。

3. 深化设计。

根据固定家具设计方案，确定构造形式，进行龙骨、面层、搭接方式等的深化设计，绘制大样草图。

3.2.2 工具、资料准备

1. 工具准备：记录本、工作页、笔、电脑。

2. 资料准备：《房屋建筑室内装饰装修制图标准》、《XX省建筑装饰装修工程设计文件编制深度规定》、《室内设计应用详图集》、《工程建设标准设计图集——室内照明装饰构造》（省标）、《国家建筑标准设计图集——内装修》系列图集。

3.2.3 编写绘图计划

完成固定家具装饰施工图绘制的计划安排表（表3-4-3）。

工作页6-2 固定家具装饰施工图绘制计划表 表3-4-3

序号	工作内容	绘制要求	需要时间	备注
1	平面图			
2	外立面图			
3	内立面图			
4	侧立面图			
5	剖面图			
6	节点大样图			

3.2.4 按照计划绘制固定家具装饰施工图

学生按照绘图计划完成固定家具装饰施工图的绘制。

3.2.5 打印输出装饰施工图

首先进行输出设置，打印输出装饰施工图。

3.2.6 图纸自审

学生绘制完成固定家具装饰施工图后，首先自审，完成固定家具装饰施工图自审表（表3-4-4）。

工作页6-3 固定家具装饰施工图自审表 **表3-4-4**

序号	分项	指标	存在问题	得分
1	固定家具装饰施工图文件齐全	10		
2	深化设计正确	20		
3	图纸内容完整	10		
4	材料标注清晰	15		
5	尺寸标注准确	15		
6	符合制图标准	10		
7	图面设置规范	10		
	总分	100		

3.2.7 实训考核成绩评定（表3-4-5）

实训考核内容、方法及成绩评定标准 **表3-4-5**

系列	考核内容	考核方法	要求达到的水平	指标	教师评分
对基本知识的理解	对固定家具装饰施工图理论知识的掌握	固定家具装饰构造深化设计	能理解构造深化设计	10	
		固定家具装饰施工图绘制内容及要求	能正确理解装饰施工图绘制的内容和要求	10	
实际工作能力	能正确深化设计完成固定家具装饰施工图	检测各项能力	深化设计能力	15	
			尺寸复核能力	8	
			绘图能力	25	
			图面设置能力	12	
职业关键能力	思维能力	查找问题的能力	能及时发现问题	5	
		解决问题的能力	能协调解决问题	5	
自审能力	根据实训结果评估	工作页	填写完备	5	
		固定家具装饰施工图	能客观评价	5	
任务完成的整体水平				100	

学习情境5　装饰施工图详图绘制

1　学习目标

（1）正确理解装饰施工图详图的概念；

（2）掌握装饰施工图详图的内容和绘制要求；

（3）能掌握装饰施工图详图的深度设置；

（4）能够根据项目要求合理制定施工图详图的绘制计划；

（5）能够根据项目要求正确完成装饰施工图详图的绘制。

2　知识单元

2.1　装饰详图概述

详图是指局部详细图样，它由大样图、节点图和断面图三部分组成。

2.2　装饰详图的内容及要求

详图的内容范围：

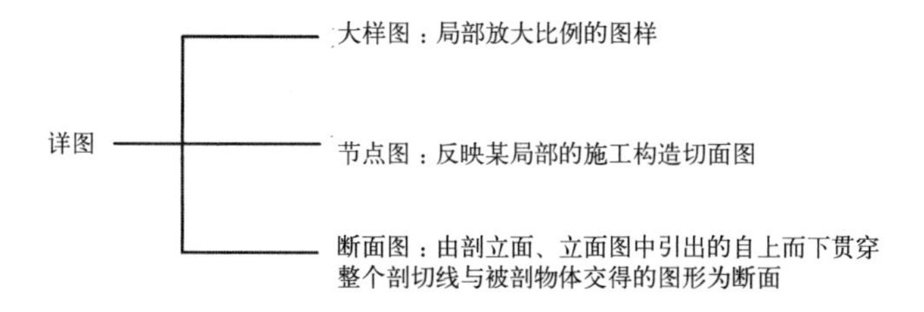

2.2.1　大样图

1. 大样图绘制要求（图 3–5–1）

1）局部详细的大比例放样图；

2）标注详细尺寸；

3）注明所需的节点剖切索引号；

4）注明具体的材料及说明；

5）注明详图号及比例。

比例：1：1、1：2、1：4、1：5、1：10。

2. 大样图绘制步骤（以图 3–5–1 为例）

该图为餐厅玻璃墙面大样图。

1）采用大比例绘制餐厅玻璃墙面的部分造型；

2）分别绘制出不同装饰材料的图例；

3）在图外标注剖面总尺寸和各分部尺寸，详细尺寸在图内标注；

4）绘制引线，文字标注造型做法和装饰材料名称；

5）表达不全的图形用折断线断开；

6）标注索引部位和索引符号；

7）标注图名及比例。

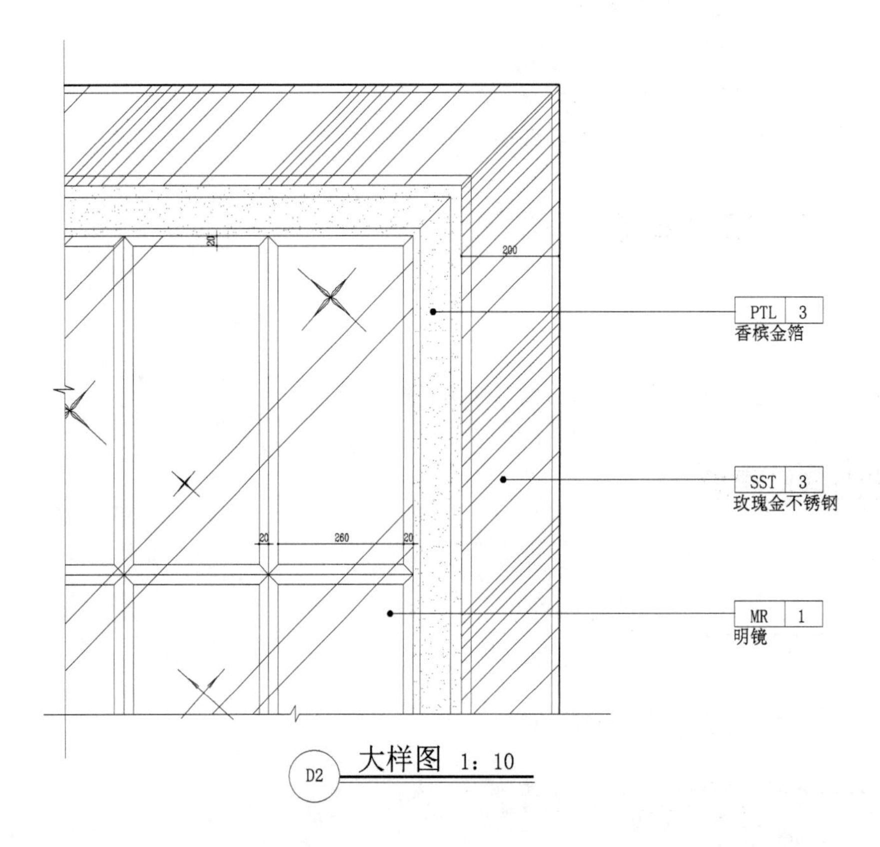

图 3-5-1 大样图

2.2.2 节点图

1. 节点图绘制要求（图 3-5-2）

1）详细表达出被切截面从结构体至面饰层的施工构造连接方法及相互关系；

2）表达出紧固件、连接件的具体图形与实际比例尺度（如膨胀螺栓等）；

3）表达出详细的面饰层造型与材料及说明；

4）表示出各断面构造内的材料图例、编号、说明及工艺要求；

5）表达出详细的施工尺寸；

6）注明有关施工所需的要求；

7）表达出墙体粉刷线及墙体材质图例；

8）注明节点详图号及比例。

比例：1：1、1：2、1：4、1：5。

2. 节点图绘制步骤（以图 3-5-2 的 A 节点图为例）

该图为会议室写字板断面图中与顶部连接的 A 节点。

1）绘制顶棚断面；

2）绘制写字板与顶棚连接部分剖面轮廓和内部结构；

3）表达不全的图形用折断线断开；

4）分别绘制出不同装饰材料的图例；

5）标注各分部尺寸和详细尺寸；

6）绘制引线，文字标注造型做法和装饰材料名称；

7）标注图名及比例。

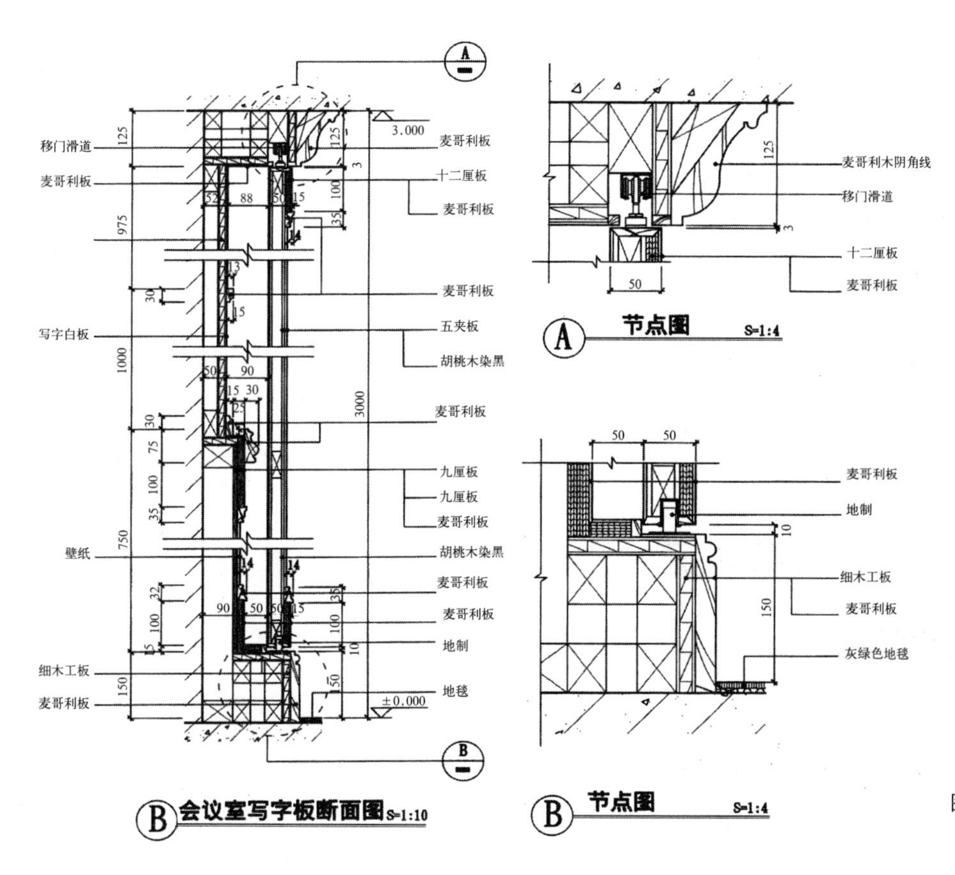

图 3-5-2 断面图、节点图

2.2.3 断面图

1. 断面图绘制要求（图 3-5-2）

1）表达出由顶至地连贯的被剖截面造型；

2）表达出由结构体至表饰层的施工构造做法及连接关系（如断面龙骨等）；

3）从断面图中引出需进一步放大表达的节点详图，并有索引编号；

4）表达出结构体、断面构造层及饰面层的材料图例、编号及说明；

5）表达出断面图所需的尺寸深度；

6）注明有关施工所需的要求；

7）注明断面图号及比例。

比例 1 ： 10。如图 3–5–2 所示。

2. 断面图绘制步骤（以图 3–5–2B 为例）

该图为会议室写字板断面图。

1）绘制顶棚与地面的断面及建筑材料图例；

2）绘制写字板与顶棚和地面连接部分剖面轮廓和内部结构；

3）相同造型部分可断开不表达，用折断线断开；

4）分别绘制出不同装饰材料的图例；

5）在图外标注剖面总尺寸和各分部尺寸，详细尺寸在图内标注；

6）绘制引线，文字标注造型做法和装饰材料名称；

7）标注图名及比例。

思考题：

1. 装饰施工图详图的绘制内容及要求是什么？
2. 大样图、节点图与断面图的概念如何区别？
3. 大样图的绘制要求？
4. 节点图的绘制要求？
5. 断面图的绘制要求？

实训要求：

绘制大样图、节点图等详图。

3 实训单元

3.1 装饰详图绘制实训

3.1.1 实训目的

通过下列实训，充分理解装饰详图的绘制内容和绘制要求。能独自完成装饰详图的深化设计工作及装饰详图的绘制工作。

3.1.2 实训要求

1. 通过深化设计能力训练掌握装饰详图深化设计方法。

2. 通过绘图能力训练掌握装饰详图绘制的规范要求。

3. 通过绘图过程理解装饰详图的绘制内容和程序，对装饰详图的深化设计、绘制要求、绘制流程和绘制方法等进行实践验证，并能举一反三。

3.1.3 实训类型

1. 深化设计能力训练

图 3–5–3 过厅隔断

1）根据某过厅的隔断设计方案，调研相关主材与辅材，完成材料调研表（表 3–5–1）。

工作页7–1 隔断装饰材料调研表 **表3–5–1**

项次	项目	材料	规格	品牌、性能描述、构造做法	价格
1	龙骨				
2	基层				
3	面层				

2）根据某过厅的隔断设计方案绘制大样图。

2. 绘图实训

根据给出平开门设计方案（图 3–5–4）完成平开门的装饰施工图（表 3–5–2）。

图 3–5–4 平开门

项目：根据某平开门设计方案绘制平开门的装饰施工图详图　　表3-5-2

实训任务	平开门装饰详图绘制训练
学习领域	装饰详图绘制
行动描述	教师给出平开门设计方案，提出施工图绘制要求。学生做出深化设计方案，按照装饰详图的绘制内容和要求，绘制出平开门装饰详图，并按照制图标准，图面要求设置。完成后，学生自评，教师点评
工作岗位	设计员、施工员
工作过程	详见附件
工作要求	建筑装饰制图标准、深化设计规定
工作工具	记录本、工作页、笔、电脑
工作方法	分析任务书，识读设计方案，调研装饰材料和装饰构造； 确定装饰构造方案，制图方法决策； 制定制图计划； 现场测量，尺寸复核，确定完成面； 完成大样图、断面图、节点图； 编制主要材料表；根据项目编制施工说明； 输出装饰施工图文件； 装饰施工图自审。检测设计完成度，以及设计结果； 现场施工技术交底，装饰施工图会审
阀值	通过实践训练，进一步掌握装饰详图的绘制内容和绘制方法

3.2　平开门装饰详图绘制流程

3.2.1　进行技术准备

1）识读设计方案。

识读平开门装饰设计方案，了解方案设计立意，明确装饰材料、造型设计、尺寸要求。

2）现场尺寸复核。

根据平开门方案图进行尺寸复核，测量现场尺寸，检查平开门设计方案的实施是否存在问题。

3）深化设计。

根据平开门设计方案，确定构造形式，进行龙骨、面层及搭接方式等的深化设计，绘制详图草图。

3.2.2　工具、资料准备

1）工具准备：记录本、工作页、笔、电脑。

2）资料准备：《房屋建筑室内装饰装修制图标准》、《XX 省建筑装饰装修工程设计文件编制深度规定》、《工程建设标准设计图集——室内装饰木门》（省标）、《国家建筑标准设计图集——内装修》系列图集。

3.2.3　编写绘图计划

完成平开门装饰详图绘制的计划安排表（表 3-5-3）。

工作页7-2 平开门装饰详图绘制计划表　　　　表3-5-3

序号	工作内容	绘制要求	需要时间	备注
1	平开门平面图			
2	平开门立面图			
3	平开门大样图			
4	平开门断面图			
5	平开门节点图			

3.2.4 按照计划绘制装饰详图

3.2.5 图纸自审

学生绘制完成平开门装饰详图后，首先自审，完成装饰详图自审表（表3–5–4）。

工作页7-3 装饰详图自审表　　　　表3-5-4

序号	分项	指标	存在问题	得分
1	装饰详图文件齐全	10		
2	深化设计正确	20		
3	图纸内容完整	10		
4	材料标注清晰	15		
5	尺寸标注准确	15		
6	符合制图标准	10		
7	图面设置规范	10		
	总分	100		

3.2.6 实训考核成绩评定（表3–5–5）

实训考核内容、方法及成绩评定标准表　　　　表3-5-5

系列	考核内容	考核方法	要求达到的水平	指标	教师评分
对基本知识的理解	对装饰详图理论知识的掌握	平开门构造深化设计	能理解构造深化设计	10	
		平开门装饰详图绘制内容及要求	能正确理解装饰详图绘制的内容和要求	10	
实际工作能力	能正确深化设计完成平开门装饰详图	检测各项能力	深化设计能力	15	
			尺寸复核能力	8	
			绘图能力	25	
			图面设置能力	12	
职业关键能力	思维能力	查找问题的能力	能及时发现问题	5	
		解决问题的能力	能协调解决问题	5	
自审能力	根据实训结果评估	工作页	填写完备	5	
		装饰详图	能客观评价	5	
任务完成的整体水平				100	

模块四　建筑装饰施工图文件编制

教学引导：建筑装饰施工图纸部分绘制完成后，要成为能有效地指导施工的图纸还需要编制成文本，有条理地整理、归纳必要的信息，编制出图表，使得读图、找图方便快捷。建筑装饰施工图文本的编制必要且重要，同时施工图文本也有美观的要求，因此排版打印的方法，这也是我们需要学习的。

重点：图表的内容取舍与编制；建筑装饰施工图文本的排版与打印。

【知识点】装饰施工图图表的内容及编制要求；装饰施工图文件的编制顺序；装饰施工图图面原则；装饰施工图的设置；装饰施工图文件的打印输出。

【学习目标】通过项目活动，学生能够熟知装饰施工图文件编制的常识、图表编制的方法与图面设计的原则，能独立完成装饰施工图文件的编制与输出。

学习情境1　装饰施工图图表编制

1　学习目标

（1）熟悉装饰施工图图表的分类与作用；
（2）掌握装饰施工图图表的编制原则与编制方法；
（3）能够根据装饰施工图类型制定图表编制计划；
（4）能够按照要求编制各类图表。

2　知识单元

2.1　图表范围

建筑装饰工程中项目分类较细，为方便阅图，需要编制相关图表。建筑装饰施工图图表包括：图纸目录表、装饰材料表、灯光图表、门窗图表、五金图表等。见表4-1-1。

图表范围　　**表4-1-1**

序号	图表名称	图表内容
1	图纸目录	图纸的排列顺序及各详细图名的目录表
2	装饰材料表	装饰施工图中出现的主要材料
3	灯光图表	装饰施工图中所运用的光源内容
4	家具图表	装饰施工图中所有的家具内容
5	陈设品表	装饰施工图中的陈设品
6	门窗图表	门窗设计内容
7	五金图表	装饰施工图中所用的五金构件
8	卫浴图表	施工图中所选用的卫浴内容
9	设备图表	根据各专业需要编制

2.2　图表内容及编制要求

2.2.1　图纸目录

图纸目录是用来反映全套图纸的排列顺序及各详细图名的目录表，其组成内容及要求如下：

1）注明图纸序号；

2）注明图纸名称；

3）注明图别图号；

4）注明图纸幅面；

5）注明图纸比例。

见表 4–1–2。

图纸目录 **表4–1–2**

序号	图纸名称	图别图号	图幅	比例
1	图纸目录表	图表1–01	A1	
2	设计材料表	图表2–01	A1	
3	灯光图表	图表3–01	A1	
4	灯饰图表	图表4–01	A1	
5	家具图表	图表5–01	A1	
6	陈设品表	图表6–01	A1	
7	门窗图表	图表7–01	A1	
8	建筑原况平面图	室施总–01	A1	1：100
9	总平面布置图	室施总–02	A1	1：100
10	总隔壁布置图	室施总–03	A1	1：100
11	总平顶布置图	室施总–04	A1	1：100
12	(PART–A）大堂平面布置图	室施A–01	A1	1：50
13	(PART–A）大堂平面隔墙图	室施A–02	A1	1：50
14	(PART–A）大堂平面装修尺寸图	室施A–03	A1	1：50
15	(PART–A）大堂平面装修立面索引图	室施A–04	A1	1：50
16	(PART–A）大堂地坪装修施工图	室施A–05	A1	1：50
17	(PART–A）大堂平面家具布置图	室施A–06	A1	1：50
18	(PART–A）大堂平面陈设品布置图	室施A–07	A1	1：50
19	(PART–A）大堂开关，插座布置图	室施A–08	A1	1：50
20	(PART–A）大堂平顶装修布置图	室施A–09	A1	1：50
21	(PART–A）大堂平顶装修尺寸图	室施A–10	A1	1：50
22	(PART–A）大堂平顶装修索引图	室施A–11	A1	1：50
23	(PART–A）大堂平顶灯位编号图	室施A–12	A1	1：50
24	(PART–A）大堂平顶消防布置图	室施A–13	A1	1：50
25	(PART–A）大堂A，B剖立面图	室施A–14	A1	1：30
26	(PART–A）大堂C，D剖立面图	室施A–15	A1	1：30
27	(PART–A）大堂E，F剖立面图	室施A–16	A1	1：30
28	(PART–A）大堂G，H剖立面图	室施A–17	A1	1：30
29	(PART–A）大堂1~7立面图	室施A–18	A1	1：30
30	(PART–A）大堂8~12立面图	室施A–19	A1	1：30
30	L剖立面图	室施A–19	A1	1：30
31	(PART–A）大堂13，14立面图	室施A–19	A1	1：30
32	(PART–A）大堂15~19立面图	室施A–20	A1	1：30
33	(PART–A）中餐厅平面布置图	室施B–01	A1	1：50

2.2.2 装饰材料表

装饰材料表是反映全套装饰施工图中装饰用材的详细表格，其组成内容及要求如下：

1）注明材料类型；

2）注明各材料类别的字母代号；

3）注明每种类别中的具体材料编号；

4）注明每款材料详细的中文名称，并可恰当以文字描述其视觉和物理特征；

5）有些产品需特注厂家型号、货号及品牌。

见表 4–1–3 材料代号表和表 4–1–4 装饰材料表。

材料代号表 **表4–1–3**

材料	代号	材料	代号	材料	代号
大理石	MAR	瓷砖	CEM	五合板	PLY–05
花岗岩	GR	马赛克	MOS	九厘板	PLY–09
石灰岩	LIM	玻璃	GL	十二厘板	PLY–12
木材	WD	不锈钢	SST	细木工板	PLY–18
木地板	FL	钢	ST	轻钢龙骨	QL
防火板	FW	铜	BR	设备	EQP
涂料、油漆	PT	熟铁	WI	灯光	LT
皮革	PG	铝合金	LU	艺术品	ART
布艺	V	金属	H	人造石	MS
家私布艺	FV	压克力	AKL	卫浴	SW
窗帘	WC	可丽耐	COR	陈设品	DEC
壁纸	WP	铝塑板	SL		
壁布	WV	石膏板	GB		
地毯	CPT	三合板	PLY–03		

装饰材料表 **表4–1–4**

材料类型	代号	编号	材料名称
木材	WD		
		WD–01	沙比利
		WD–02	有影麦哥利（Gmim极品贴面）
		WD–03	胡桃木染黑（开放漆）
		WD–04	白桦
石材	MAR		
		MAR–01	白色微晶石（800×800）
		MAR–02	雅士白（极品）
		MAR–03	爵士白
		MAR–04	西班牙透光云石
		MAR–05	黑金砂

续表

材料类型	代号	编号	材料名称
涂料	PT		
		PT—01	乳白色涂料
		PT—02	乳白色哑光漆
		PT—03	深灰色涂料
		PT—04	白色斯柯达喷漆
		PT—05	灰色涂料（中餐厅墙面）
		PT—06	仿旧银漆（做完色板后由设计师确认）
		PT—07	金属条表面亚光烤漆
玻璃	GL		
		GL—01	清玻璃
		GL—02	磨砂玻璃
		GL—03	镜面
		GL—04	t=25.5mm浅绿色夹层玻璃（南方亮铝业BGC—G01）
		GL—05	清漆玻璃（巨钢玻璃M—14）
不锈钢	SST		
		SST—01	拉丝不锈钢
		SST—02	镜面不锈钢
壁纸	WP		
		WP—01	迪诺瓦涂料高级石英纤维壁布
窗帘	WC		
		WC—01	米白色电动遮光卷帘（奈博C—04）
		WC—02	电动木质百叶窗（奈博C—06）
		WC—03	银灰色金属百叶窗（奈博C—10）
布艺	V		
		V—01	白冰鳞，所有白冰鳞下均加铅垂线（奈博2—03）
		V—02	大堂咖啡厅灰色软包布（诚信VEN—03）
		V—03	大堂电梯厅休息座黑色皮布（诚信VEN—06）
		V—04	包房米白色软包布（奈博2—04）
地毯	CPT		
		CPT—01	六人包房米灰色地毯（东帝士MB—01）
		CPT—02	贵宾室灰绿色地毯（东帝士MB—05）
瓷砖	CEM		
		CEM—01	300×300灰色麻点地砖（亚细亚世纪石A3010）
		CEM—02	200×300白色玻璃墙砖（亚细亚米兰BA2807）
		CEM—03	水蓝色98.5×98.5墙砖（长谷GL9806）
		CEM—04	300×300猫眼石（亚细亚世纪石P3080）
		CEM—05	300×600金属墙砖（名家CT1101）
防火板	FW		

续表

材料类型	代号	编号	材料名称
		FW—01	dekodur防火板3883
		FW—02	白色防火板（威盛亚D354—60）
		FW—03	非洲胡桃木纹防火板（威盛亚W1LSONART—60）
		FW—04	银灰色金属防火板（富美家—4749）
卫浴	SW		
		SW—01	不锈钢厕纸架（金四维GL1651）
		SW—02	白色坐便器（金四维G0225AB）
		SW—03	白色碗盆（金四维G0113）
		SW—04	高杆单把孔龙头（金四维GM8406）
		SW—05	白色亚克力浴缸（金四维G0115D）
		SW—06	白色小便器（金四维G501P）
石膏板	GB		
		GB—01	9mm厚纸面石膏板
		GB—02	9mm厚防火石膏板
板材	PLY		
		PLY—03	三夹板
		PLY—05	五夹板
		PLY—08	九夹板
		PLY—12	十二夹板
		PLY—18	细木工板

2.2.3 灯光图表

灯光图表是反映全套装饰施工图中所运用的光源内容，其组成内容及要求如下：

1）注明各光源的平面图例；

2）以“LT”为光源字母代号后缀数字编号；

3）有专业的照明描述，具体包括：光源类别、功率、色温、显色性、有效射程、配光角度、安装形式及尺寸；

4）光源型号、货号及品牌；

5）光源所配灯具的剖面造型或图例。

见表4—1—5灯光图表。

灯光图表　　表4—1—5

图例	编号	照明描述	品牌型号	造型图例
---	LT—01	灯燃管L—1000mm 120W 220V，可调光	OT—62771	
	LT—02	口光灯L—2700 L—1227mm 35W 220V，可调光	OT—3136A	
	LT—03	走廊灯带13个/W 65V/W 24V，可调光	OT—DSL—7.5	

续表

图例	编号	照明描述	品牌型号	造型图例
	LT—04	关复灯 黄色39V/W220V，可调光	OT—DFL—3W	
	LT—05	冷极管 蓝色 STAND BLER，可调光	OT—SD—28	
	LT—06	LED数码变色管17W，可调光	OT—DTT—501	
	LT—07	PL—C带防雾罩暗筒灯（内置节能灯管13W）	OT—4841W	
	LT—08	GLS暗筒灯220V 40W 白炽灯磨砂泡，可调光	OT—4830	
	LT—09	QT—12暗筒灯（光灯）100W 12V，可调光	OT—1917SW	
	LT—10	MP—16/54V 可调角暗筒灯（撵孔）10°12V，可调光	OT—0915V	
	LT—11	MP—16/54V 暗筒灯（拽孔）36°12V，可调光	OT—1802N	
	LT—12	MP—16/54V 暗筒灯（撵孔）36°12V，可调光	OT—1915V	
	LT—13	PAR—58暗筒灯300V 配光40°，可调光	OT—1904R	
	LT—14	加长型吸顶式射灯12V 50W 配光33°石英卤素光照，可调光	OT—8582N	
	LT—15	吸顶式高光射灯12V 50W 配光24°石英卤素光照，可调光	OT—8583N	
	LT—16	MP—16吸顶式射灯12V 50W 配光24°石英卤素光照，可调光	OT—8590	
	LT—17	吸顶式射灯R80 220V 80W 磨砂泡 射程，可调光	OT—8591	
	LT—18	QR—111导轨式射灯30°75W吊杆式，可调光	OT—8459	
	LT—19	MP—16格栅射灯50W（双联）配光36°石英卤素光照，可调光	OT—5011N	
	LT—20	MP—16格栅射灯50W（双联）配光36°石英卤素光照，可调光	OT—5012N	
	LT—21	PAR38直线型洗墙灯80W 配光30°，可调光	OT—3038	
	LT—22	QR—111格栅射灯75W（单联）配光30°，可调光	OT—5010N	
	LT—23	QR—111格栅射灯75W（双联）配光30°，可调光	OT—5020N	
	LT—24	QR—111格栅射灯75W（三联）配光30°，可调光	OT—5030N	
	LT—25	QR—111格栅射灯75W（四联）配光30°，可调光	OT—5040N	
	LT—26	MP—16/50V把琵灯12V 配光24°石英卤素灯光罩，可调光	OT—2301	
	LT—27	GLS踏步灯 IGLS/40W（磨砂泡）白炽灯光源，可调光	OT—2200	
	LT—28	MP—16/50V，石英卤素灯光罩，配光24°，可调光	OT—2100	

续表

图例	编号	照明描述	品牌型号	造型图例
	LT-29	MP-16/50V埋地灯36° 12V，可调光	OT-2300	
	LT-30	MP-16/50V 埋地灯24°，可调光	OT-2100	
	LT-31	597×597无数光高效格栅灯，内置口光灯管，220V	OT-3318P	
	LT-32	A型石英卤素灯泡L-2900 Ra-100 75W 220V，可调光。	飞利浦	
	LT-33	EA-A暗筒灯（A型石英卤素灯光）75W 220V 磨砂，可调光。	OT-488SA	
	LT-34	PL 11W L-2700	飞利浦PL/C	

2.2.4 家具图表

家具图表用来反映全套家具设计内容的一览表，其组成内容及要求如下：

1）注明家具类别；

2）注明家具类别的字母代号；

3）注明家具的索引编号；

4）注明每款家具的摆放位置；

5）注明家具造型图例；

6）注明每款家具的使用数量。

见表 4-1-6 家具图表。

家具图表 **表4-1-6**

类型	代号	编号	家具名称	位置	造型图例	数量
沙发	SF					
		1/SF	单人沙发	25层客厅	详见家施-01	2
		2/SF	三人沙发	25层客厅	详见家施-02	1
		3/SF	高背单扶沙发	25层客厅	详见家施-03	2
		4/SF	休闲沙发	30层客厅	详见家施-04	1
椅子	C					
		1/C	椅子	25层客厅	详见家施-05	12

续表

类型	代号	编号	家具名称	位置	造型图例	数量
		4/C	座椅	30层书房	 详见家施-06	1
		5/C	休息椅	30层书房	 详见家施-07	2
电视柜	TV					
		1/TV	电视柜	25层客厅	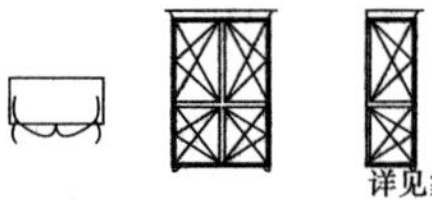 详见家施-08	1
		3/SBT	背几	25，29层客厅	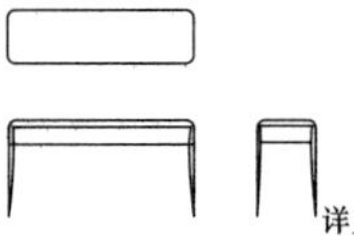 详见家施-18	2
床	B					
		1/B	双人床	25层卧室	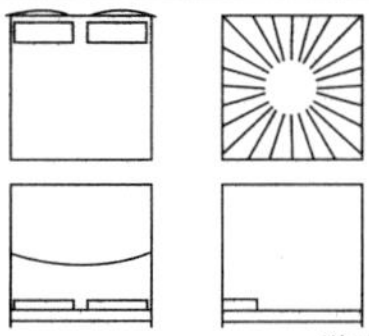 详见家施-19	1
		2/B	双人床	30层卧室	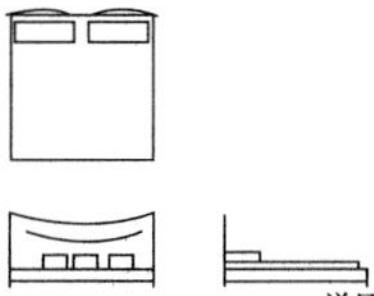 详见家施-20	1
床尾凳	BB					
		1/BB	双人床	25层卧室	 详见家施-21	1
		2/BB	床尾凳	30层卧室	 详见家施-22	1

2.2.5 陈设品表

陈设品表用来反映陈设品设计内容的一览表，其组成内容及要求如下：

1）注明陈设类别；

2）注明陈设类别的字母代号；

3）注明索引编号；

4）注明陈设品名称、大致尺寸和放置部位；

5）注明每款陈设品的造型图例；

6）注明每款陈设品的使用数量。

见表 4—1—7 陈设品表。

陈设品表 **表4—1—7**

陈设品表(mm)						
代号	编号	陈设品名称	位置	造型图例	尺寸	数量
DEC						
	DEC—01	曲线型雕塑	三层公共酒吧区展示台上		900×1400	1
	DEC—02	太湖石	三层KTV包房墙面壁室内		320×630	20
	DEC—03	陶艺盆栽	四层KTV包房内		320×15	10
	DEC—04	装饰画镜	五层KTV包房入口墙面		900×800	1
	DEC—05	装饰挂钟	五层KTV包房内		500×600	15
	DEC—06	郁金香盆栽	公共卫生间洗手盆旁		480×500	3
	DEC—07	方形画框	四层、五层包房入口		800×800	1
	DEC—08	方形画框	公共卫生间内		300×400	5

2.2.6 门窗图表

反映门、窗设计内容的一览表，其组成内容及要求如下：

1）注明门、窗的类别；

2）注明设计编号；

3）注明洞口尺寸；

4）注明门扇（窗扇）尺寸；

5）注明该编号所在的设计位置；

6）注明该编号的总数量。

见表 4—1—8 门窗图表。

门窗图表　表4-1-8

门窗图表（mm）						
类别	编号	洞口尺寸	门窗尺寸	位置	数量	备注
门	FM-01	1000×2300	900×2250	楼梯间	182	
	M-01	1000×2300	900×2250	主楼走道门	19	
	M-02	900×2100	800×2050	裙房办公层	40	
	M-03	750×2200	650×2100	客房卫生间	195	
	M-04	1600×2400	750×2300	大宴会厅入口	6	
窗	SC-01	900×1200		5-18层走道	14	

2.2.7　五金图表

五金图表用来反映五金构件设计内容的一览表，五金构件可分为建筑五金和家具五金两大类，其组成内容及要求如下：

1）注明各大类的五金类别；

2）注明各类别中的产品代号；

3）注明各产品代号的中文名称；

4）注明各代号的产品品牌和编号；

5）注明各代号所用的位置；

6）注明各产品的使用数量。

2.2.8　卫浴图表

卫浴图表用来反映全套装饰施工图中所选用卫浴内容的一览表，卫浴的代号为SW，卫浴图表的组成内容及要求如下：

1）注明各大类的卫浴类别；

2）注明各类别中的产品代号；

3）注明各产品代号的中文名称；

4）注明各代号的产品品牌和编号；

5）注明各产品所用的位置；

6）注明各产品的使用数量。

建筑装饰施工图的图表内容及数量可根据工程的类型及规模适当增减。

2.2.9　设备图表：设备内容用表按各专业规范要求。

思考题：

1. 建筑装饰施工图中图表的作用？
2. 图表编制的范围？
3. 各类图表的编制内容和要求？

实训要求：

1. 根据施工图方案确定图表内容。
2. 完成图表的编制。

3 实训单元

3.1 装饰施工图图表编制实训

3.1.1 实训目的

通过下列实训，充分理解图表在建筑装饰施工图中的作用，掌握图表的编制内容和编制方法。能独自完成装饰施工图的图表编制工作。

3.1.2 实训要求

1. 通过图表编制能力训练，掌握图表的编制内容及编制方法。

2. 通过图表编制能力训练，掌握图表编制的规范要求。

3. 通过图表编制过程，理解图表的范围、内容和程序，对图表的编制内容和编制方法等进行实践验证，并能举一反三。

3.1.3 实训类型

1. 单项图表编制训练

1）根据某餐厅装饰施工方案，编制图纸目录（表4–1–9）。

图纸目录 **表4–1–9**

序号	图纸名称	图别图号	图幅	比例

2）根据某餐厅装饰施工方案，编制装饰材料表（表4–1–10）。

装饰材料表 **表4–1–10**

材料类型	代号	编号	材料名称	备注（型号、品牌……）

3）根据某餐厅装饰施工方案，编制灯光图表（表4–1–11）。

灯光图表 **表4–1–11**

图例	编号	照明描述	品牌型号	造型图例

4）根据某餐厅装饰施工方案，编制家具图表（表4–1–12）。

家具图表 **表4–1–12**

类型	代号	编号	家具名称	位置	造型图例	数量

5）根据某餐厅装饰施工方案，编制陈设品表（表4–1–13）。

陈设品表 **表4–1–13**

代号	编号	陈设品名称	位置	造型图例	尺寸	数量

6）根据某餐厅装饰施工方案，编制门窗图表（表4–1–14）。

门窗图表 **表4–1–14**

类别	编号	洞口尺寸	门窗尺寸	位置	数量	备注
门						
窗						

2. 图表编制实训（表 4—1—15）

项目：根据某餐厅的装饰施工图完成施工图图表的编制　　表4—1—15

实训任务	餐厅装饰施工图图表编制训练
学习领域	装饰施工图图表编制
行动描述	根据一套餐厅装饰施工图，进行分类，设计图表；编制装饰施工图图表。完成后，学生自评，教师点评
工作岗位	设计员、施工员
工作过程	详见附件
工作要求	按照建筑装饰装修工程设计文件编制深度规定
工作工具	记录本、工作页、笔、电脑
工作方法	建筑装饰施工图阅图； 确定图表类别； 完成图表编制计划表； 完成装饰施工图图表的编制； 图表自审； 评估完成效果
阀值	通过实践训练，进一步掌握装饰施工图图表的编制内容和编制方法

3.2 装饰施工图图表编制流程

3.2.1 进行技术准备

1. 识读全套装饰施工图。识读装饰施工图，了解图纸内容。

2. 确定图表类别。根据图表编制内容对施工图内容进行分类。

3.2.2 工具、资料准备

1. 工具准备：记录本、工作页、笔、电脑。

2. 资料准备：《房屋建筑室内装饰装修制图标准》、《XX 省建筑装饰装修工程设计文件编制深度规定》。

完成装饰施工图图表编制的计划安排表。

3.2.3 编写图表编制计划（表 4—1—16）

工作页8—1 图表编制计划表　　表4—1—16

序号	工作内容	绘制要求	需要时间	备注
1	图纸目录			
2	装饰材料表			
3	灯光图表			
4	家具图表			
5	陈设品表			

续表

序号	工作内容	绘制要求	需要时间	备注
6	门窗图表			
7	五金图表			
8	卫浴图表			
9	设备图表			

表4–1–16根据图纸内容可删减。

3.2.4 按照计划编制装饰施工图图表

3.2.5 图表自审

学生编制完成装饰施工图图表后，首先自审，完成装饰施工图图表自审表（表 4–1–17）。

工作页8–2 装饰施工图图表编制自审表　　表4–1–17

序号	分项	指标	存在问题	得分
1	图表分类合理	20		
2	图表内容完整	30		
3	图表表达正确	30		
4	图表编制规范	20		
	总分	100		

3.2.6 实训考核成绩评定（表 4–1–18）

实训考核内容、方法及成绩评定标准　　表4–1–18

系列	考核内容	考核方法	要求达到的水平	指标	教师评分
对基本知识的理解	对装饰施工图图表编制理论知识的掌握	图表设计	能理解图表设计	10	
		装饰施工图图表编制内容及要求	能正确理解装饰施工图图表编制的内容和要求	10	
实际工作能力	能正确编制装饰施工图图表	检测各项能力	图表设计能力	20	
			图表分析能力	20	
			图表编制能力	20	
职业关键能力	思维能力	查找问题的能力	能及时发现问题	5	
		解决问题的能力	能协调解决问题	5	
自审能力	根据实训结果评估	工作页	填写完备	5	
		装饰施工图图表	能客观评价	5	
任务完成的整体水平				100	

1　学习目标

1）熟悉装饰施工图文件的内容和编制顺序；

2）掌握装饰施工图文件的编制要求；

3）掌握装饰施工图的图面原则；

4）能够根据装饰施工图进行图面设计和排版；

5）能够按照项目要求编制出编排合理、符合规范要求、图面效果良好的装饰施工图文件。

2　知识单元

2.1　建筑装饰施工图文件编制内容及要求

建筑装饰施工图以文本形式编制、装订、打印，文本的编制内容和编排方式都非常重要，合理的文本编排使施工图易于查找和读图。

建筑装饰施工图编制内容包括：封面、图表（图纸目录、材料表等相关图表）、总图、分图施工图、分图详图、设备图、其他说明图纸。

2.2　编制顺序

根据建筑装饰装修工程设计文件编制深度规定，建筑装饰施工图的编制顺序，见表4–2–1。

装饰施工图文件编制顺序表　　表4–2–1

编排顺序	内容	包含内容
1	封面	项目名称、编制单位名称、设计阶段、设计证书号、编制日期等
2	图表	图纸目录、设计说明、装饰材料表、灯光图表等
3	总图	总平面图、总顶平面图
4	图施	分图平顶、立面图
5	图详	装饰详图 家具施工图
6	设备	通风施工、电器施工、给水排水施工
7	其他	视不同设计内容而定

2.2.1 封面

建筑装饰施工图封面应写明建筑装饰装修工程项目名称、编制单位名称、设计阶段（施工图设计）、设计证书号、编制日期等，封面上应盖设计单位设计专用章。

2.2.2 图表

建筑装饰施工图的图表主要包括：图纸目录表、施工设计说明、装饰材料表、灯光图表、家具图表、门窗图表、设备图表、五金图表等。根据装饰工程的类型、规模和设计要求，图表可以进行增减。

2.2.3 总图

建筑装饰施工图的总图主要包括建筑原况平面图、总隔墙布置图、总平面布置图、总顶平面布置图。总图内容和比例设置见表 4–2–2。

总图内容和比例设置　　表4–2–2

总图内容	比例设置
建筑原况平面图	1：100、1：150、1：200
总隔墙布置图	1：100、1：150、1：200
总平面布置图	1：100、1：150、1：200
总平顶布置图	1：100、1：150、1：200

2.2.4 图施

建筑装饰施工图的图施包括饰施和光施（表 4–2–3）。饰施包括：平面布置图、平面尺寸定位图、地面铺装图、立面索引图、顶平面布置图、顶平面尺寸定位图、顶棚索引图、装修立面图。光施包括：平面插座布置图、顶棚灯位开关控制图。

图施内容和比例设置　　表4–2–3

图施	图施内容	比例设置
饰施	平面布置图	1：60、1：50
	平面尺寸定位图	1：60、1：50
	地面铺装图	1：60、1：50
	立面索引图	1：60、1：50
	顶平面布置图	1：60、1：50
	顶平面尺寸定位图	1：60、1：50
	顶棚索引图	1：60、1：50
	装修立面图	1：50、1：40、1：30
光施	平面插座布置图	1：60、1：50
	顶棚灯位开关控制图	1：60、1：50

2.2.5 图详

建筑装饰施工图的图详包括饰详、家详和灯详（表 4–2–4）。饰详包括：装修剖面图、大样图、节点图。家详包括：家具造型平、立、剖施工图，家具造型大样图。灯详包括：灯具造型平、立、剖施工图，灯具造型大样图。

图详内容和比例设置 **表4–2–4**

图详	图详内容	比例设置
饰详	装修剖面图	1：10、1：5、1：4、1：2、1：1
	大样图	1：10、1：5、1：4、1：2、1：1
	节点图	1：10、1：5、1：4、1：2、1：1
家详	家具造型平、立、剖施工图	1：10、1：5
	家具造型大样图	1：4、1：2、1：1
灯详	灯具造型平、立、剖施工图	1：10、1：5、1：4
	灯具造型大样图	1：4、1：2、1：1

2.2.6 设备

设备工种另见各专业规范，大类内容包括风施、电施、水施。

2.2.7 编制流程

整套装饰施工图编制网络结构及排图序列如图 4–2–1 所示，它表示图与图之间的逻辑关系与排列顺序。

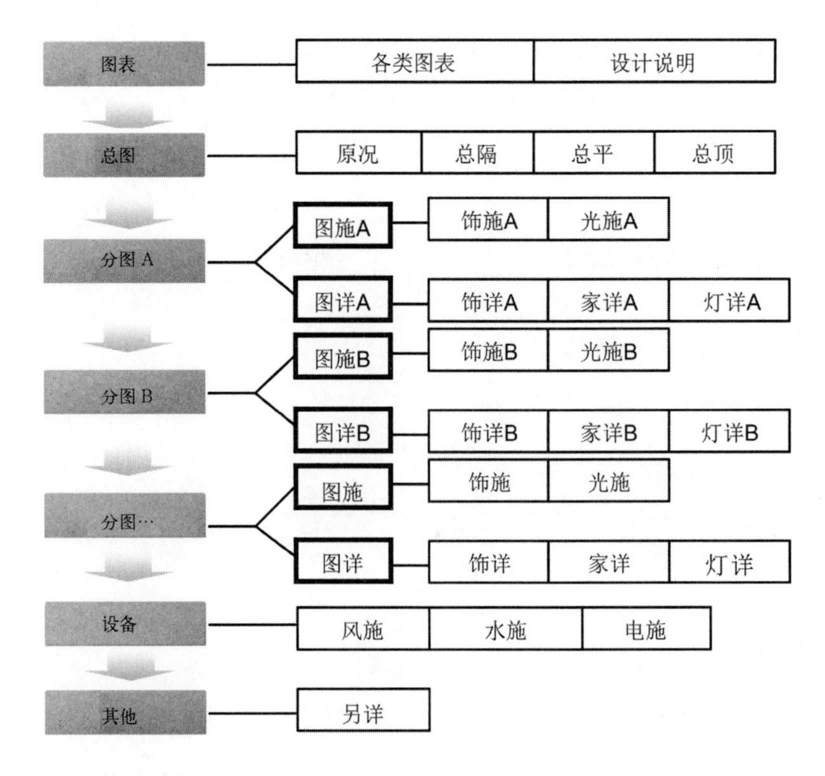

图 4–2–1 装饰施工图编制网络结构及排图序列

2.3 图面原则

2.3.1 概念

装饰施工图的所有图纸，均要求图面构图呈齐一性原则。所谓图面的齐一性原则就是指为方便阅读者而使图面的组织排列在构图上呈统一整齐的视觉编排效果，并且使得图面内的排列在上下、左右都能形成相互对应的齐律性。

2.3.2 应用

1. 立面应用

1）图与图之间的上下、左右相互对位，虚线为图面构图对位线。

2）图名位于图的中间位置，靠近所表示的图形。

3）图面各立面的组织呈四角方形编排构图，如图 4—2—2 所示。

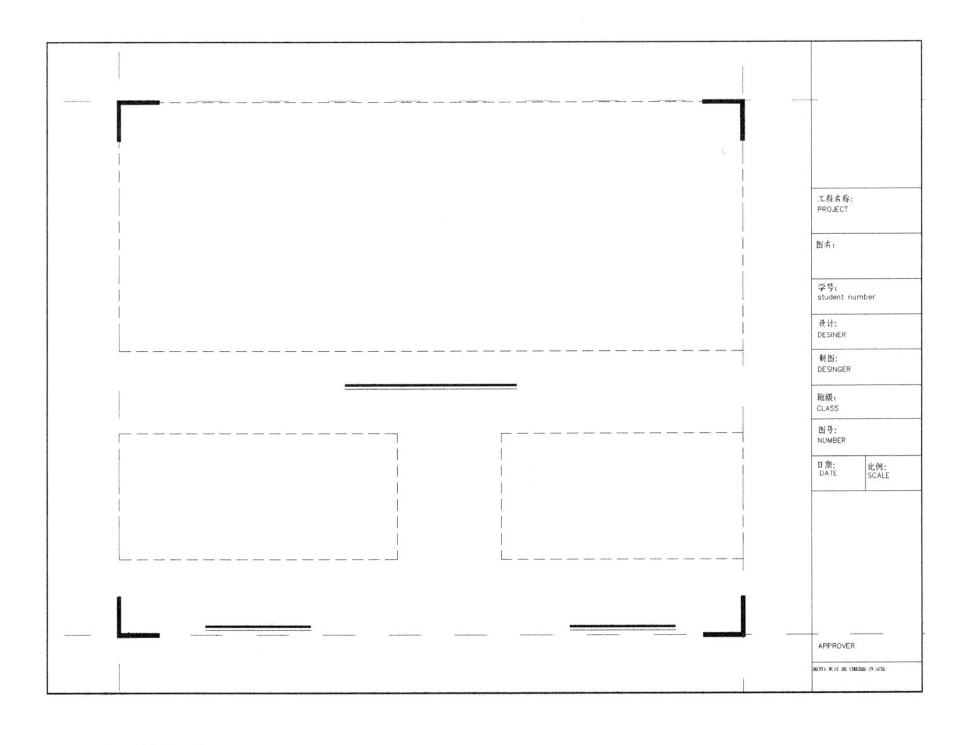

图 4—2—2　立面应用

2. 详图应用

1）六幅面构图，又称方阵构图原则，如图 4—2—3、图 4—2—4 所示。

2）六幅面构图（方阵构图），原则是在详图编排中的一项基本组合架构，在各类不同的具体制图中可有无数变化形式，因此，六幅面构图并非指六个详图的排列。如图 4—2—5 所示。

3. 引出线的编排

在图纸上会有各类引出线：如尺寸线、索引线、材料标注线等。

各类引出线及符号需统一组织，形成排列的齐一性原则。如图 4—2—6 所示。

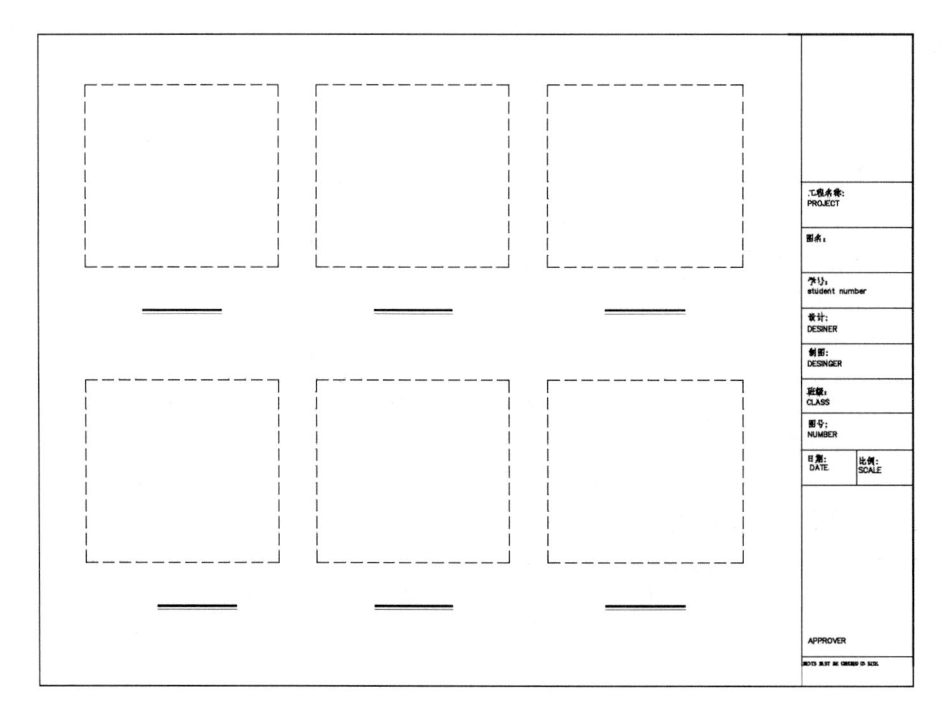

图 4-2-3　六幅面构图

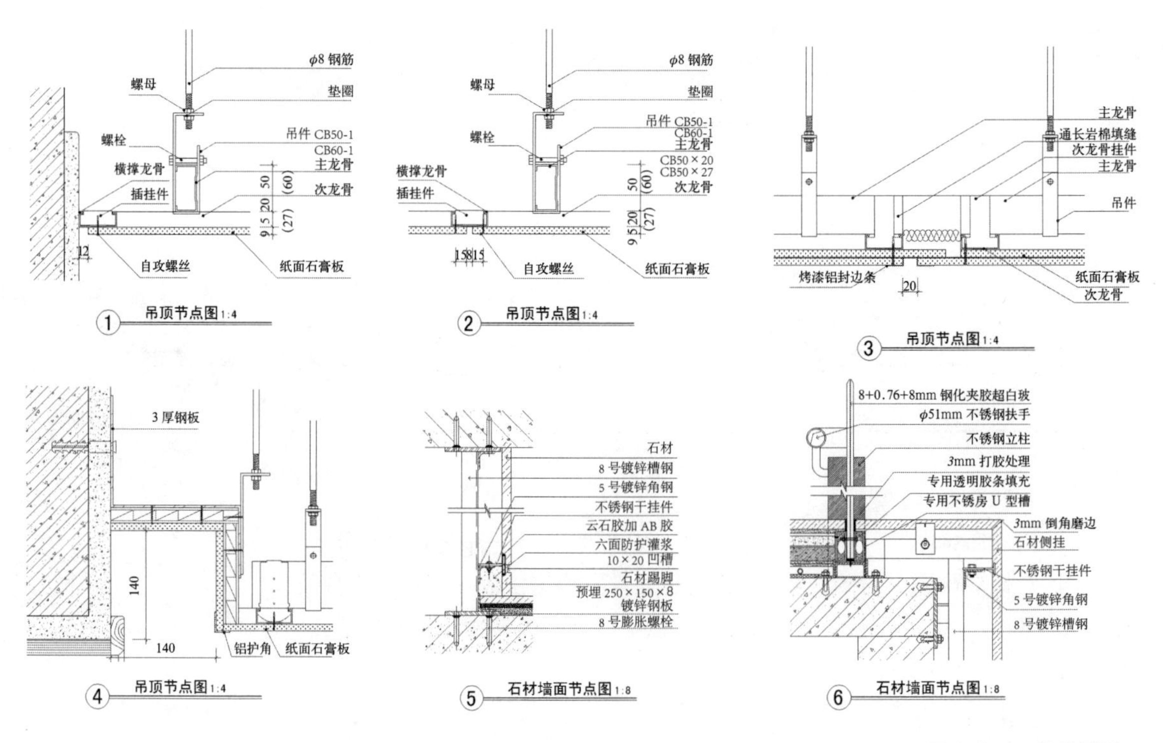

图 4-2-4　编排例图

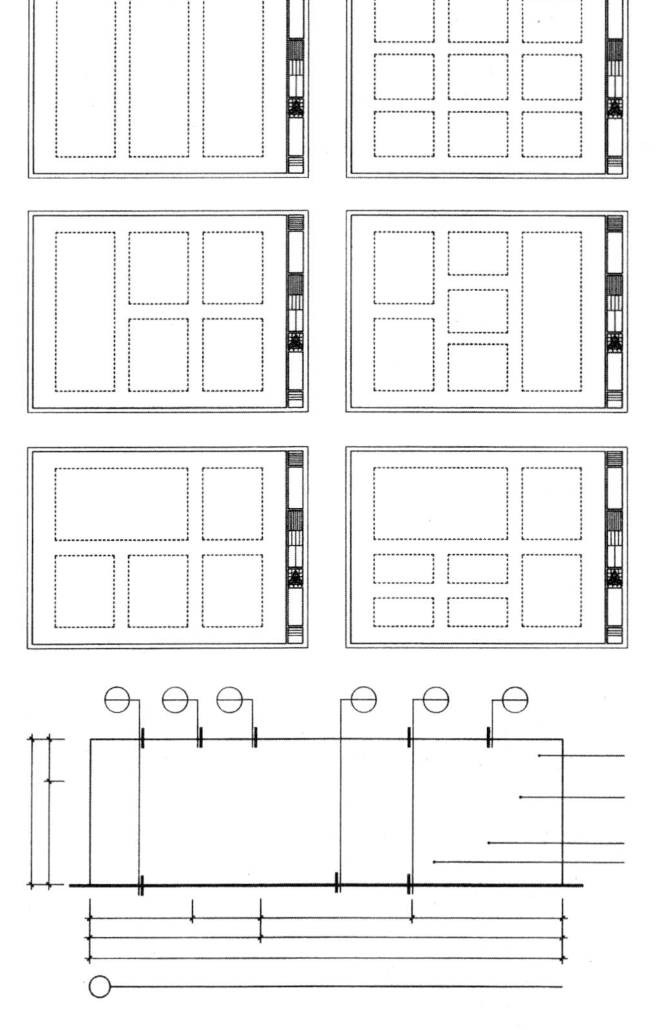

图 4-2-5 六幅面构图变化

图 4-2-6 索引符号编排

1）索引号统一排列，纵向横向呈齐一性构图。

2）索引号同尺寸标注及材料引出线有机组合，尽量避免各类线交错穿插。如图 4-2-7、图 4-2-8 所示。

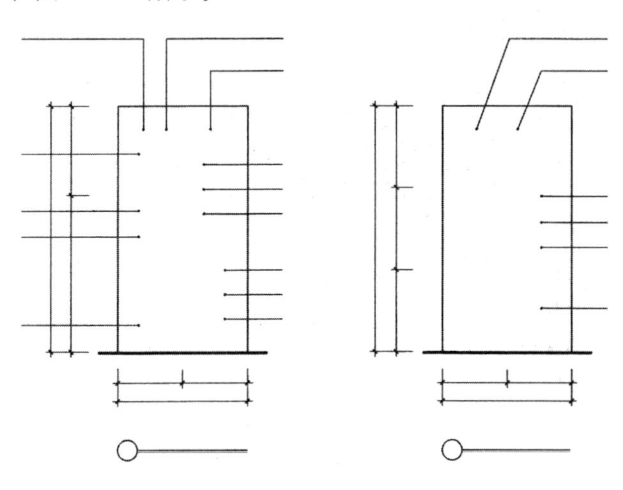

图 4-2-7 尺寸标注和材料引出线编排

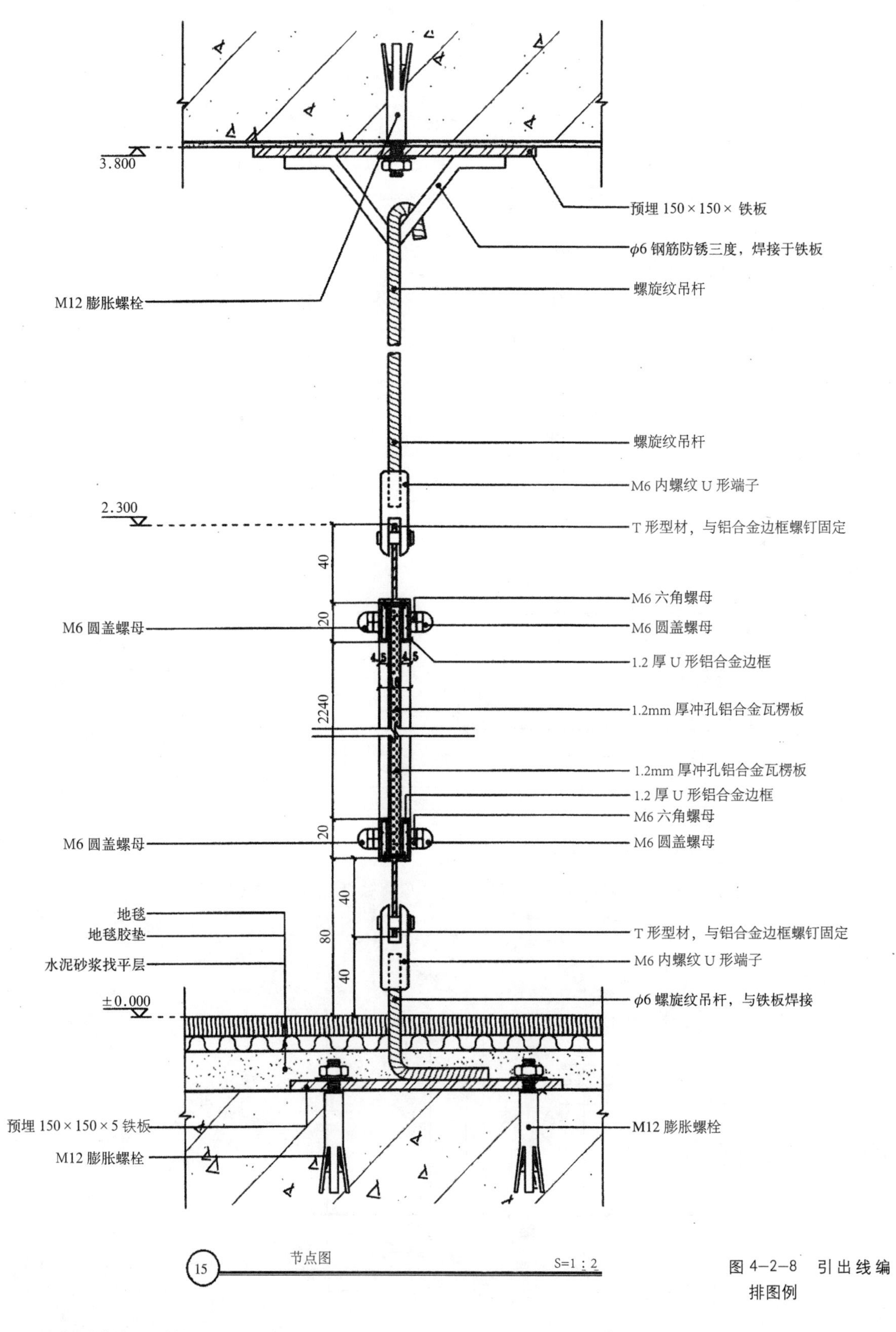

图 4-2-8　引出线编排图例

思考题：

1. 建筑装饰施工图文件编制内容及要求是什么？
2. 建筑装饰施工图文件的编制顺序是怎样的？
3. 图面原则的概念？
4. 详图图面布局原则是什么？

实训要求：

1. 施工图图面设计训练；
2. 对已完成的装饰施工图进行排版，进行统一的图面、编号、文字等设计。

3 实训单元

3.1 装饰施工图文件编制实训

3.1.1 实训目的

通过下列实训，充分理解装饰施工图文件编制的内容和要求，理解装饰施工图文件编制的顺序和编排方法。能独立完成建筑装饰施工图的图面设计工作及施工图文件的编制工作。

3.1.2 实训要求

1. 通过图面设计能力训练掌握装饰施工图的图面设计方法。

2. 通过施工图文件编制训练掌握建筑装饰施工图编制的规范要求。

3. 通过施工图文件编制过程理解建筑装饰施工图文件的编制内容和程序，对建筑装饰施工图的图面设计、编制要求、编制流程和编制方法等进行实践验证，并能举一反三。

3.1.3 实训类型

1. 图面设计能力训练

1）根据某绘制完成的立面图，完成图面设计。

2）根据某餐厅的几个不同比例的详图，完成图面排版。

3）根据某餐厅的装饰施工图，完成图面设计与排版。

2. 文件编制能力实训（表 4—2—5）

项目：根据某餐厅的装饰施工图完成施工图文件的编制 **表4—2—5**

实训任务	餐厅装饰施工图文件编制训练
学习领域	装饰施工图文件编制
行动描述	根据一套餐厅装饰施工图，进行图面设计、排版；并编制成一套完整的装饰施工图文件。完成后，学生自评，教师点评

续表

工作岗位	设计员
工作过程	详见附件
工作要求	按照建筑装饰装修工程设计文件编制深度规定
工作工具	记录本、工作页、笔、电脑
工作方法	建筑装饰施工图阅图； 确定编制方案； 完成编制计划表； 进行图面设计和排版； 完成装饰施工图文件编制； 输出装饰施工图文件； 文件编制自审； 评估完成效果
阀值	通过实践训练，进一步掌握装饰施工图的编制内容和编制方法

3.2 装饰施工图文件编制流程

3.2.1 进行技术准备

1. 阅读建筑装饰施工图。检查图纸、图表及相关施工图文件，并进行分类。

2. 图面设计和排版。根据图纸情况对每张图纸进行图面设计和排版。

3. 按类别编排图纸。

3.2.2 工具、资料准备

1）工具准备：记录本、工作页、笔、电脑。

2）资料准备：《房屋建筑室内装饰装修制图标准》、《XX 省建筑装饰装修工程设计文件编制深度规定》。

3.2.3 编写文件编制计划

完成装饰施工图文件编制的计划安排表（表 4-2-6）。

工作页9-1 装饰施工图文件编制计划表 **表4-2-6**

序号	工作内容	编制要求	需要时间	备注
1	封面			
2	图表			
3	总图			
4	图施			
5	图详			
6	设备			
7	其他			

3.2.4 图纸编制自审

学生编制完成装饰施工图文件后，首先自审，完成装饰施工图文件编制自审表（表4–2–7）。

工作页9–2 装饰施工图文件编制自审表 **表4–2–7**

序号	分项	指标	存在问题	得分
1	封面	5		
2	图表	10		
3	总图	10		
4	图施	10		
5	图详	10		
6	编制顺序	15		
7	图面设计	20		
8	图面排版	20		
	总分	100		

3.2.5 实训考核成绩评定（表4–2–8）

实训考核内容、方法及成绩评定标准 **表4–2–8**

系列	考核内容	考核方法	要求达到的水平	指标	教师评分
对基本知识的理解	对装饰施工图文件编制理论知识的掌握	图面设计与排版	能理解图面设计要求	10	
		装饰施工图文件编制内容及要求	能正确理解装饰施工图文件编制的内容及要求	10	
实际工作能力	能正确进行图面设计和排版，完成装饰施工图文件编制	检测各项能力	图面设计能力	25	
			排版能力	20	
			文件编制能力	15	
职业关键能力	思维能力	查找问题的能力	能及时发现问题	5	
		解决问题的能力	能协调解决问题	5	
自审能力	根据实训结果评估	工作页	填写完备	5	
		装饰施工图文件	能客观评价	5	
任务完成的整体水平				100	

学习情境3　建筑装饰施工图文件输出

1　学习目标

1）熟悉装饰施工图文件输出的基本知识；

2）掌握装饰施工图的设置内容和要求；

3）能够按照项目要求完成施工图文件的设置；

4）能够按照项目要求完成装饰施工图文件的输出。

2　知识单元

2.1　建筑装饰施工图模型空间出图的设置

本书所讲的施工图输出是在 AUTOCAD 软件中以模型空间输出的方法。首先，我们对所绘制的图纸进行整体调整，查看主要线型的颜色设置，检查尺寸标注的准确性及文字大小、尺寸位置等。

2.1.1　线宽设置

图线是施工图中用以表示工程设计内容的规范线条，打印前需要对线宽进行规范设置。按照制图规范的要求，设置线宽组，即粗线（b）、中线（$1/2b$）、细线（$1/4b$）。一般墙线设置粗线，图内造型、家具、设备设置中线，尺寸线、索引线和图例线等设置细线。

2.1.2　颜色设置

在设置时可以用颜色区分不同的线宽，如 0.6 为粗线，设置为黄色；0.3 为中线，设置为紫色；0.15 为细线，设置为红色。颜色设置只是为了类别区分，打印时可以在打印样式设置中设定为黑色打印，但图例线需要设置为灰色，打印时按照原色打印以弱化。

2.1.3　字高设置

打印出图后所有图纸上的文字和数字字高都应相同，这就需要按照不同比例设置文字和数字的字高，如 1 ∶ 100 的图上设置字高为 300mm，那么 1 ∶ 50 的图上应设置字高为 150mm，打印输出时必须按照比例打印。

2.1.4 比例调整

一般我们在同一张图纸上安排相同比例的图样，这样输出时比较方便，但也常常有不同比例的详图放在一张图纸上的情况。这时需要调整详图，如按照小比例打印，需要把大比例的图形按照大比例与小比例的比值放大，如图纸上同时有 1 ：4 和 1 ：2，我们以 1 ：4 的比例打印输出，就需要把 1 ：2 的图形放大 2 倍。

以某餐厅包间施工图设置为例，如图 4–3–1 所示。

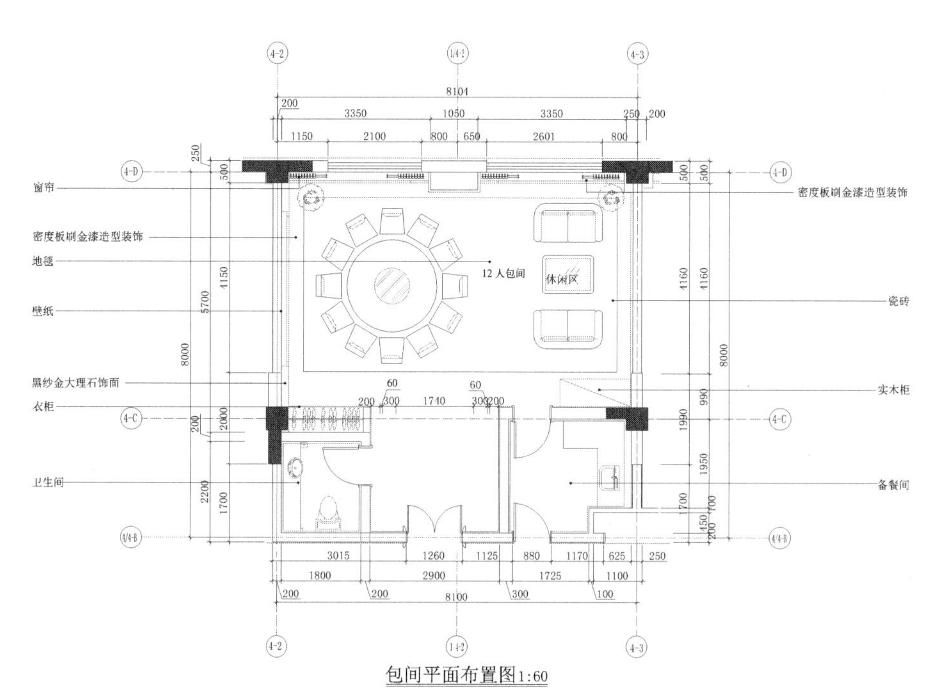

图 4–3–1 某餐厅包间施工图设置

确定好所有设置的正确性，下面就可以对图纸进行输出了。

2.2 建筑装饰施工图布局空间出图的设置

施工图在布局空间当中输出，其图纸设置部分和模型空间输出略有不同。线宽设置和颜色设置均相同，下面针对字高和比例调整部分进行说明。

2.2.1 字高设置

装饰施工图的图示部分均在模型空间按原大小绘制，文字标注部分均在布局空间中绘制，因此材料标注字高统一为 3mm 左右，图名字高为 4mm 左右，这样可以保证一套图纸的文字标注统一字体、统一字高。

2.2.2 比例调整

装饰施工图在布局空间中进行布图，按照打印纸张的大小绘制图框，如打印图幅为 A3 图纸，就在 420mm × 297mm 的幅面绘制图框，在图框中绘制视口，按比例显示施工图。如一个图纸上有多个不同比例的施工图，可以建立多个视口，分别按需要比例显示。如图 4–3–2 所示某餐厅包间节点图设置。

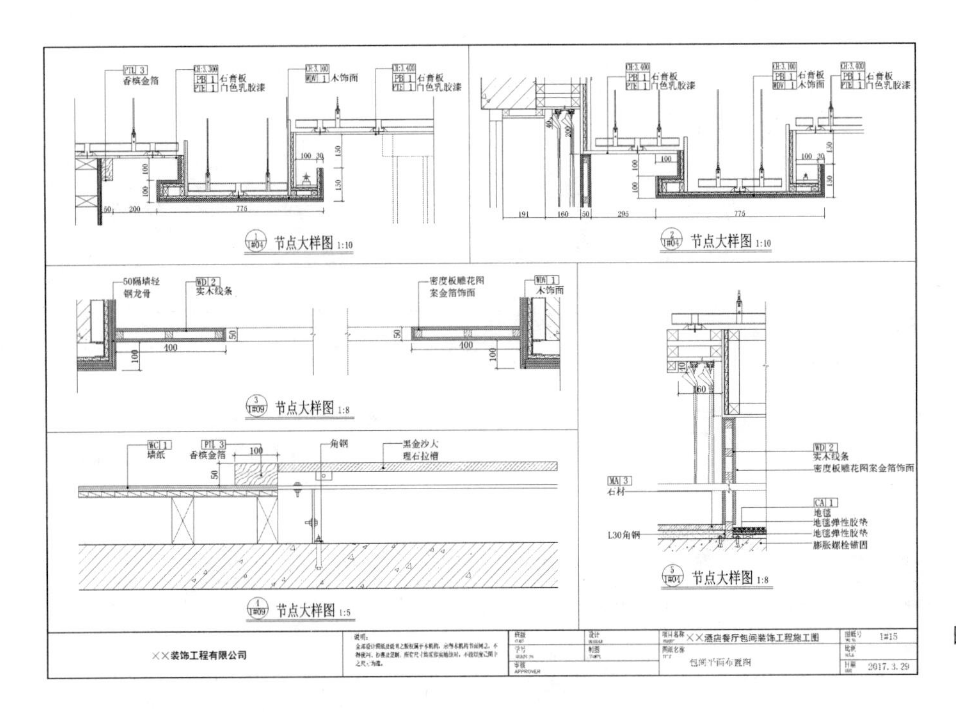

图 4–3–2　某餐厅包间节点图设置

2.3　建筑装饰施工图文件输出

对准备打印输出的图形文件，用户可以根据上述设置方式设置完成，下面通过“页面设置管理器”来完成有关的设置工作，启动“页面设置管理器”命令有以下两种方法：

2.3.1　菜单栏：选择 文件(F) → 页面设置管理器(G)... 命令。

2.3.2　命令行：在命令行输入 pagesetup。

执行“页面设置管理器”命令后，系统会弹出如图 4–3–3 所示的“页面设置管理器”对话框。

点 修改(M)... 弹出如图 4–3–4 所示的“页面设置 – 模型”。

在打印样式表中 无 选下拉的 monochrome.ctb，如图 4–3–5 所示。

点 是(Y) → 点 monochrome.ctb 右侧的 编辑图标，弹出如图 4–3–6 所示对话框，monochrome.ctb 打印样式默认所有颜色为黑色打印。根据需要应将图例线所设置的颜色改为灰色打印。设置完成后点 保存并关闭。

将图 4–3–3 所示的 页面设置 - 模型 进一步设置，其中打印机／绘图仪下的

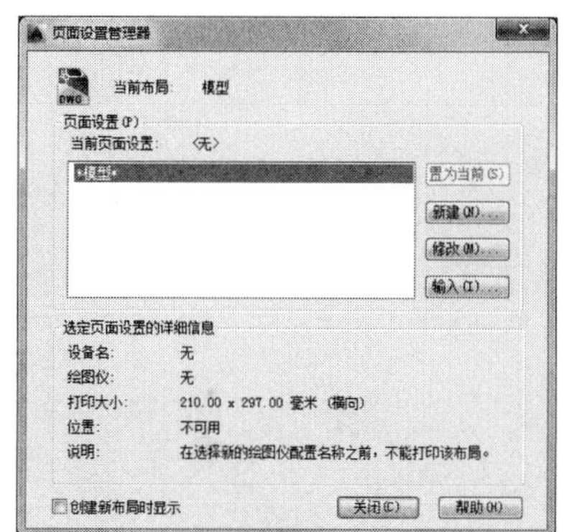

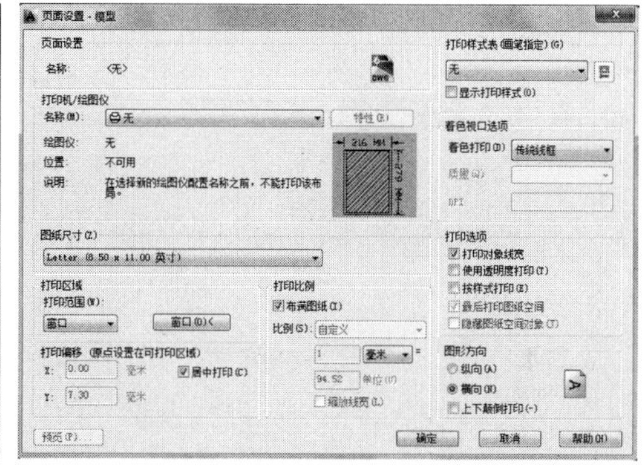

图 4–3–3 页面设置管理器（左）

图 4–3–4 页面设置 – 模型（右）

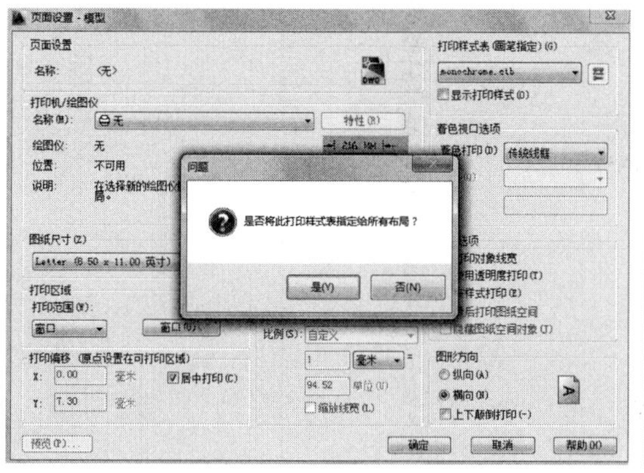

图 4–3–5 设置打印样式表（左）

图 4–3–6 打印样式表编辑器（右）

名称选所匹配的打印机型号，图纸尺寸选择需要输出的图幅，其他相关设置如图 4–3–7 所示。

当打印范围选窗口后点 窗口(O)< 返回模型空间，如图 4–3–8 所示。捕捉到图框的左上角、右下角后，点 页面设置 - 模型 对话框下方的 确定 ，完成设置。关闭页面设置 – 模型对话框。

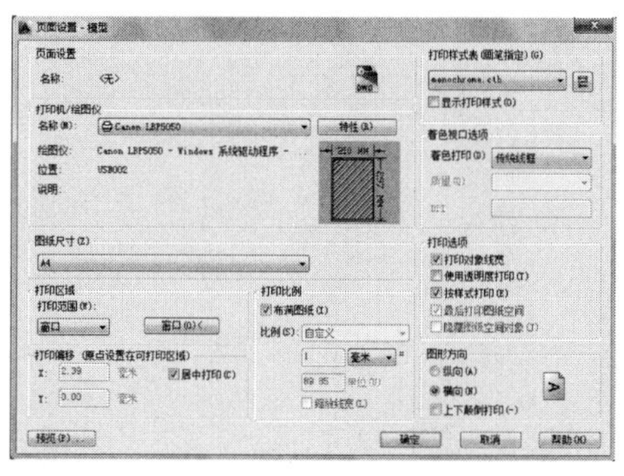

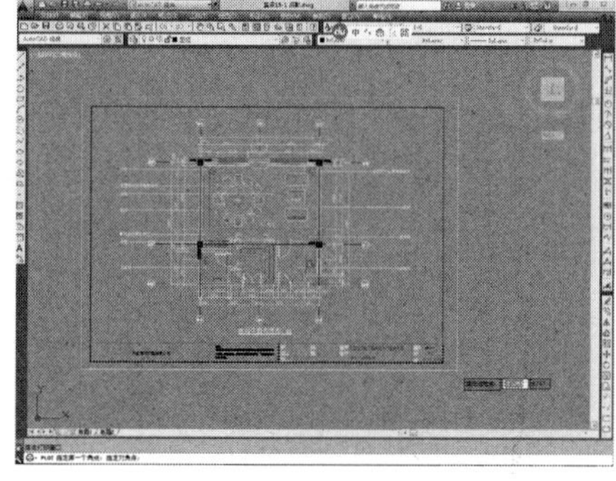

图 4–3–7 页面设置 – 模型（左）

图 4–3–8 窗口选择打印图形（右）

选菜单栏，选择 文件(F) → 打印(P)... Ctrl+P 命令，弹出如图 4–3–9 所示打印 – 模型对话框，点 确定 ，完成打印，打印结果如图 4–3–10 所示。接下来的任务就是重复打印 – 模型对话框中的窗口来选择要输出的图纸即可，所有设置都将一致。

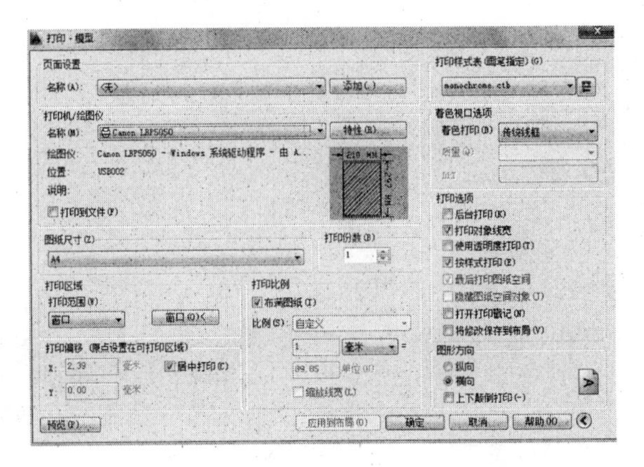

图 4-3-9 打印 - 模型

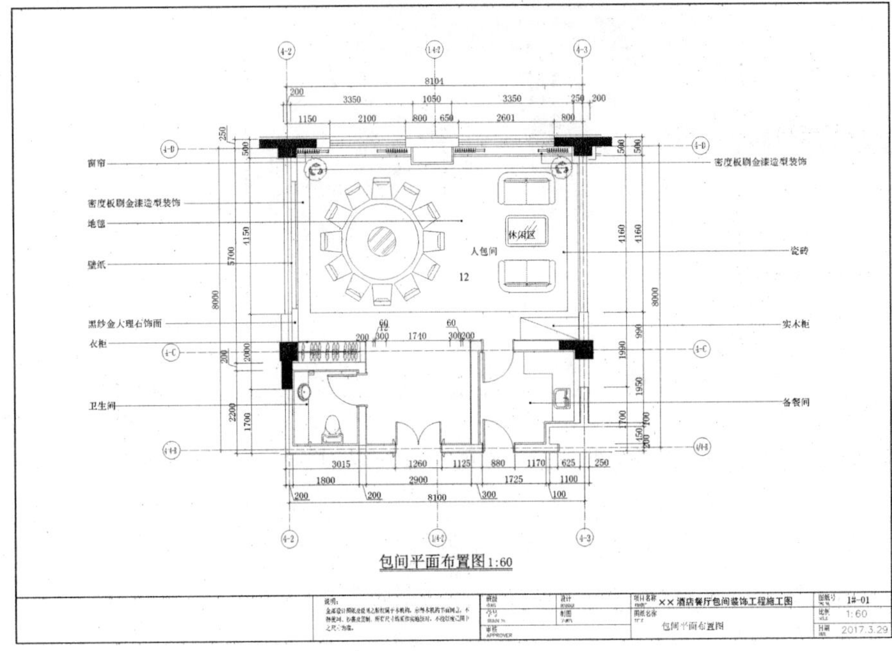

图 4-3-10 打印结果

思考题：

1. 建筑装饰施工图设置主要包括哪几方面？
2. 建筑装饰施工图文件输出需要进行哪些详细设置？

实训要求：

1. 施工图输出设置训练；
2. 打印输出建筑装饰施工图文本。

3 实训单元

3.1 装饰施工图文件输出实训

3.1.1 实训目的

通过下列实训，充分理解装饰施工图文件输出要求的方法，理解装饰施工图文件输出的设置内容和输出的程序。能独立完成建筑装饰施工图的输出设置及输出工作。

3.1.2 实训要求

1. 通过输出设置能力训练，掌握装饰施工图文件的输出设置内容及方法。

2. 通过施工图文件输出训练，掌握建筑装饰施工图文件输出的规范要求。

3. 通过施工图文件输出过程，理解建筑装饰施工图的输出要求和程序，对建筑装饰施工图输出设置、输出要求、输出流程和输出方法等进行实践验证，并能举一反三。

3.1.3 实训类型

1. 输出设置能力训练

1）根据某平面图，完成线宽设置和颜色设置。

2）把几个不同比例的详图布置在一张图上，完成输出设置。

2. 文件输出能力实训（表 4–3–1）

项目：根据某餐厅的装饰施工图完成施工图文件的输出　　表4–3–1

实训任务	餐厅装饰施工图文件输出训练
学习领域	装饰施工图文件输出
行动描述	根据一套餐厅装饰施工图，进行线宽、颜色、文字、比例等的输出设置；并完成一套完整的装饰施工图文件的输出。完成后，学生自评，教师点评
工作岗位	设计员、施工员
工作过程	详见附件
工作要求	按照建筑装饰装修制图标准、建筑装饰装修工程设计文件编制深度规定
工作工具	记录本、工作页、笔、电脑
工作方法	建筑装饰施工图阅图； 确定输出方案； 完成输出计划表； 进行文件输出设置； 完成装饰施工图文件输出； 文件自审； 评估完成效果
阀值	通过实践训练，进一步掌握装饰施工图的编制内容和编制方法

3.2 装饰施工图文件输出流程

3.2.1 进行技术准备

1. 阅读建筑装饰施工图，了解图纸内容。

2. 检查装饰施工图文件排序及图面设计。

3. 按类别排列图纸。

3.2.2 工具、资料准备

1. 工具准备：记录本、工作页、笔、电脑。

2. 资料准备：《房屋建筑室内装饰装修制图标准》、《XX 省建筑装饰装修工程设计文件编制深度规定》。

3.2.3 编写文件输出计划

完成装饰施工图文件输出的计划安排表（表 4–3–2）。

工作页10–1 装饰施工图文件输出计划表　　表4–3–2

序号	工作内容	编制要求	需要时间	备注
1	颜色设置			
2	线宽设置			
3	文字设置			
4	比例调整			
5	图面整体调整			
6	打印输出			

3.2.4 图纸输出自审

学生输出装饰施工图文件后，首先自审，完成装饰施工图文件输出自审表（表 4–3–3）。

工作页10–2 装饰施工图文件输出自审表　　表4–3–3

序号	分项	指标	存在问题	得分
1	颜色设置	10		
2	线宽设置	20		
3	文字设置	10		
4	比例调整	20		
5	打印输出	10		
6	文件整体效果	30		
	总分	100		

3.2.5 实训考核成绩评定（表 4–3–4）

实训考核内容、方法及成绩评定标准　　表4–3–4

<table>
<tr><th>系列</th><th>考核内容</th><th>考核方法</th><th>要求达到的水平</th><th>指标</th><th>教师评分</th></tr>
<tr><td rowspan="2">对基本知识的理解</td><td rowspan="2">对装饰施工图文件输出理论知识的掌握</td><td>输出设置要求</td><td>能理解输出设置</td><td>20</td><td></td></tr>
<tr><td>装饰施工图文件输出内容及要求</td><td>能正确理解装饰施工图文件输出的要求</td><td>10</td><td></td></tr>
<tr><td rowspan="2">实际工作能力</td><td rowspan="2">能正确进行输出设置，输出装饰施工图文件</td><td rowspan="2">检测各项能力</td><td>输出设置能力</td><td>30</td><td></td></tr>
<tr><td>文件输出能力</td><td>20</td><td></td></tr>
<tr><td rowspan="2">职业关键能力</td><td rowspan="2">思维能力</td><td>查找问题的能力</td><td>能及时发现问题</td><td>5</td><td></td></tr>
<tr><td>解决问题的能力</td><td>能协调解决问题</td><td>5</td><td></td></tr>
<tr><td rowspan="2">自审能力</td><td rowspan="2">根据实训结果评估</td><td>工作页</td><td>填写完备</td><td>5</td><td></td></tr>
<tr><td>装饰施工图文件</td><td>能客观评价</td><td>5</td><td></td></tr>
<tr><td colspan="4">任务完成的整体水平</td><td>100</td><td></td></tr>
</table>

5 模块五　建筑装饰施工图的审核

教学导引：建筑装饰施工图的审核是装饰施工图绘制的最后环节，完成的装饰施工图需要经过设计主管审核才能交付使用，在施工现场设计员需要进行图纸交底才能将装饰施工图正式应用在施工中，图纸审核是关键的一步。通过在教学中模拟审核环节，有助于学生提高对装饰施工图的评价能力，能够正确审核图纸将帮助学生更好地绘制施工图。

重点：掌握建筑装饰施工图的审核要点，能够准确地审核施工图。

【知识点】建筑装饰施工图自审的内容及要求；建筑装饰施工图会审的程序和内容；装饰施工图变更设计的内容和注意事项。

【学习目标】通过项目活动，学生能够熟知建筑装饰施工图审核的基本知识，能正确理解建筑装饰施工图的审核内容和实施方法，能进行装饰施工图自审，能了解建筑装饰施工图会审的程序和内容，能完成施工过程中的图纸变更设计。

学习情境1　建筑装饰施工图自审

1　学习目标

1）熟悉建筑装饰施工图自审的内容和要求；
2）掌握建筑装饰施工图审核的过程；
3）掌握建筑装饰施工图自审的方法；
4）能够根据不同建筑空间类型制定自审计划，把握审核的要点；
5）能够按照要求正确自审建筑装饰施工图，并能提出自审意见。

2　知识单元

2.1　建筑装饰施工图审核的重要性

任何一项建筑装饰工程开工之前都要充分做好准备工作，其中对施工图的审核，就是施工准备阶段的重要技术工作之一。为了做好施工前的准备，装饰施工图的审核可以分为设计单位自审、施工部门阅图自审、会同建设单位与设计单位的会审三个阶段。

作为施工技术人员如果对设计图纸不理解、发现不了图纸上的问题，这就会在施工生产中造成困难。因此，审核图纸是做好建筑装饰施工工作的基本前提，这就是施工图审核的重要性。

设计绘制好的建筑装饰施工图是设计制图人员的思维成果，是对建筑装饰装修的设计构思。这种构思形成的建筑装饰，是否完善，是否切合环境的实际、施工条件的实际、施工水平的实际等，是否能在一定施工条件下实现，这些都要求施工人员通过读图，领会设计意图及审核并发现图纸中的问题，提出问题，由设计部门和建设单位、施工部门统一意见对图纸做出修改、补充，使建筑装饰施工图能够正确指导建筑装饰工程施工。

建筑装饰工程中包括各种专业的设计施工图纸，由于各专业的设计程序不同，综合到一个工程中时，有时就会出现一些矛盾。一些缺乏现场施工经验的设计人员绘制的图纸难免有不合理之处，或在构造上施工难以实现，甚至有可能出现错误的设计。因此，施工图的自审尤为重要。

2.2　自审建筑装饰平面图

建筑装饰平面图是反映房屋总体定位、空间功能布局、人流路线设计、家具陈设布置的重要图纸，在施工中具有重要地位。

2.2.1 审核建筑装饰总平面图

建筑装饰总平面图一般应审核的内容是：

1）审核建筑装饰总平面内的房屋布局。建筑平面的房屋布局是否能满足各种功能的使用要求。如客房楼层应包含单间、双人间、套间、服务人员用房、辅助用房等房间，每个客房应包括休息与洗漱的房间。

2）审核建筑装饰总平面内的布置是否合理，使用上是否方便。比如公共房屋的大间只开一扇门能不能满足人员的疏散；公用盥洗室是否便于找到，且又比较雅观。走廊宽度是否合适，太宽浪费空间，太窄又不便于通行。

3）查看平面图上尺寸注写是否齐全，分尺寸的总和与总尺寸是否相符。发现缺少尺寸，但又无法从计算中求得，这就要作为问题提出来。再如尺寸间互相矛盾，又无法得到统一，这些都是审图应看出的问题。

4）查看较长公共建筑的路线设计、出入口设计是否符合人流疏散的要求和防火规定。比如使用人数较多的大会议室、展演厅根据空间尺度，需要设置2~6个出入口，才能满足人流疏散的要求。

2.2.2 审核平面布置图

每个房间都应有平面布置图，一般应审核的内容是：

1）审核房间平面布置图和建筑装饰总平面图是否对应，有无矛盾冲突的地方。

2）审核房间平面图的布置是否合理，使用功能是否齐全，人流路线是否流畅。如超市平面布局需要考虑合理布局购物空间、服务空间和行走空间，购物空间中需要考虑是满足几股人流同时购物，是否还要同时满足通行的需要。

3）通过平面布置图可以看出落地立面造型在平面上的形状、所占空间及与平面家具与陈设的关系是否得当。

2.2.3 审核地面铺装图

一般应审核的内容是：

1）查看地面铺装图与平面布置图是否对应。

2）查看地面铺装材料、规格是否标示清楚。

3）查看地面铺装图是否标示地面铺设方向和铺设位置，地面铺装是否考虑设施设备的布置，设计是否合理，在施工中是否能够实现。如地漏位置固定，铺设施工时需考虑地砖是否容易裁切。

4）地面拼花设计是否考虑家具与陈设的布置，在施工后是否影响美观。

2.2.4 审核平面尺寸定位图

一般应审核的内容是：

1）查看平面图上的定位尺寸注写是否齐全、详细，分尺寸的总和与总尺寸是否相符。

2）查看地面定位尺寸是否与立面造型对应。

3）查看地面定位是否影响家具的使用，如地面地插的使用，需要考虑能隐藏在家具或陈设下面。

2.3 自审顶平面图

建筑装饰工程的顶部装饰设计一般比较复杂，吊顶样式繁多，需要总顶平面图和房间顶平面图，复杂造型还须出剖面图与节点大样图。

审核建筑装饰顶平面图可以包括以下几个方面：

1）从顶平面图上可以了解房屋吊顶后的标高，顶平面图上的标高是否符合空间使用的要求，审核楼板结构尺度在完成吊顶造型后是否与吊顶标高符合。如房屋梁底一般比较低，吊顶造型设计时是否考虑梁的尺寸。

2）审核顶棚造型的构造做法，吊顶装饰造型是否能够施工，如材料与施工工艺是否能达到设计的要求等。

3）查看顶棚选择的装饰材料是否适合用于顶部，其安全性如何，如大块玻璃、石材都是在顶部慎用的材料。

4）顶棚造型设计时常常需要隐藏各种管线，通过图纸查看顶棚设计尺度是否考虑暗藏设备的尺度。

5）顶棚设计有灯具、烟感、雨淋及空调风口等设施设备，通过图纸查看这些设施设备的布置是否合理，是否影响美观等。

2.4 自审立面图

建筑装饰立面图能反映出设计人员在建筑装饰风格上的艺术构思。它为整体设计风格服务，因此，当设计风格确定、立面装饰造型确定后，设计人员一般不愿意更改。

根据经验，审核建筑装饰立面图可以包括以下几个方面：

1）从立面图上了解标高及装饰造型的尺寸，审核分尺寸与总尺寸有无误差、是否矛盾。立面高度是否与吊顶标高一致。

2）立面上的装饰造型是否具有可操作性，如材料与施工工艺是否能达到设计的要求等。

3）审核立面的装饰材料是否符合当地的外界条件，如容易污染或在当地环境中容易被腐蚀，或者在当地气候特征下，容易变形或不宜维护等。

4）立面造型设计时常常需要隐藏一些立面上的构件，如水管、暖气管等。

这时需要审核立面造型的处理手法是否会影响设备设施的使用效果；根据设施设备的自身特性是否会影响到立面造型的美观，如暖气管因发热会使某些材料变色、变形等。如果发现不确定的问题，可以提出，会同其他专家解决。

5）立面上不能完全表达的造型是否标示有剖面图或详图。

2.5 自审剖面图

建筑装饰造型复杂琐碎，要想完整表达装饰造型，需要有剖面图进行详细说明。

审核建筑装饰剖面图可以包括以下几个方面：

1）通过看图纸了解剖面图在索引图上的剖切位置，根据看图与想象审核剖切的是否准确。再看剖面图上的标高与竖向尺寸是否符合，与平、顶、立面图上所注的尺寸、标高有无矛盾。

2）建筑装饰图的立面造型或顶棚造型常常绘制详细的剖面图来说明，在剖面图上应有明确的标示，方便查找被索引的图形。根据图纸，查看剖切是否准确，尺寸是否正确。

3）详细的剖面图需绘制内部构造做法，通过图纸查看构造做法是否正确，材料的图例和尺寸标示是否正确，剖切厚度是否与造型厚度一致等问题。

2.6 自审装饰详图

建筑装饰造型复杂多样，装饰新材料也是层出不穷，构造做法也可以灵活变化，要完成设计需要的装饰造型，可以采用多种构造做法来完成。如果详图不全，会使得施工人员随意制作，将缺乏规范性；另外有的装饰造型非常复杂，也需要绘制详细的大样图。

审核建筑装饰详图可以包括以下几个方面：

1）需仔细查看一些节点或局部处的构造详图。构造详图有在成套施工图中的，也有采用标准图集上的。凡属施工图中的详图，必须结合该详图所在建筑装饰施工图中的被索引部分一起审阅。如石材干挂节点的大样图，就要看被索引部分是在平面上还是在立面上。了解该大样图来源后，再看详图上的标高、尺寸、构造细部是否有问题，或是否能实现施工。

2）凡是选用标准图集的，先要看选得是否合适，即该标准图与施工图能不能结合上。有些标准图在与施工图结合使用时，连接上可能要做些修改，这就需要提出来。

3）审核详图时，尤其标准图要看图上的零件、配件目前是否已经淘汰，或已经不再生产，不能不加调查，随便运用。

思考题：

1. 建筑装饰施工图审核有哪几个阶段？
2. 建筑装饰施工图如何自审？

实训要求：

对照装饰施工图绘制内容和要求、一般构造做法、文件编制规范自审、互审装饰施工图文本。

3　实训单元

3.1　装饰施工图审核实训

3.1.1　实训目的

本实训为学生对绘制出的建筑装饰施工图自审实训，要求学生组成团队，先自审再互审，提出审核意见，并进一步完善施工图文件。通过下列实训，充分检验学生对装饰材料和构造基本知识的掌握，检验学生对绘图知识和绘图文件编制知识的掌握，能对绘制图纸提出问题，进一步掌握装饰施工图的绘制内容和绘制要求。发挥团队互助的精神，更好地完成装饰施工图的绘制工作。

3.1.2　实训要求

1. 通过自审和互审装饰施工图的制图内容，检验学生对装饰材料和构造做法的掌握程度。
2. 通过自审和互审装饰施工图的制图标准，检验学生对装饰施工图绘制规范要求的掌握程度。
3. 通过自审和互审装饰施工图文件的编制，检验学生对装饰施工图文件编制规范的掌握程度。
4. 通过自审和互审装饰施工图文件的输出效果，检验学生对图纸设置和输出方法的掌握程度。
5. 通过自审过程，理解装饰施工图的绘制内容和程序，对装饰施工图的深化设计、绘制要求、绘制方法、文件编制和输出方法等进行实践验证，并能举一反三。

3.1.3　实训类型

单项能力实训。

1. 自审一套装饰施工图（表 5–1–1）

项目：自审一套装饰施工图　　表5-1-1

实训任务	装饰施工图自审训练
学习领域	装饰施工图自审
行动描述	学生自行提供绘制的装饰施工图一套，教师提出装饰施工图自审要求。学生对照装饰施工图绘制内容和要求、一般构造做法、文件编制规范自审图纸，并按照制图标准、图面原则设置检验施工图文件，做好自审记录，并提出自审意见
工作岗位	设计员、施工员
工作过程	详见附件
工作要求	按照建筑装饰制图标准、深化设计规定
工作工具	记录本、工作页、笔
工作方法	分析任务书，确定需审核分项； 自审装饰施工图文件编制内容完整性； 自审装饰施工图深化设计内容正确性； 自审装饰施工图制图标准； 自审图面设计和排版效果； 自审图纸设置和图纸打印效果； 完成工作页11-1 装饰施工图审核表； 提出自审意见，装饰施工图整改意见； 修改装饰施工图
阀值	通过实践训练，进一步掌握装饰施工图的绘制内容和绘制方法；掌握装饰施工图文件的编制方法

2. 审核一套装饰施工图（表5-1-2）

教师提供一套装饰设计方案图和绘制完成的装饰施工图文件，提高审核难度。

项目：审核一套装饰施工图　　表5-1-2

实训任务	装饰施工图审核训练
学习领域	装饰施工图审核
行动描述	教师提供装饰施工图一套，提出装饰施工图审核要求。学生对照装饰施工图绘制内容和要求、一般构造做法、文件编制规范审核图纸，并按照制图标准、图面原则设置检验施工图文件，做好审核记录，并提出审核意见
工作岗位	设计员、施工员
工作过程	详见附件
工作要求	按照建筑装饰制图标准、深化设计规定
工作工具	记录本、工作页、笔
工作方法	分析任务书，确定需审核分项； 审核装饰施工图文件编制内容完整性； 审核装饰施工图深化设计内容正确性； 审核装饰施工图制图标准； 审核图面设计和排版效果； 审核图纸设置和图纸打印效果； 完成工作页11-1 装饰施工图审核表； 提出审核意见，装饰施工图整改意见
阀值	通过审核训练，进一步掌握装饰施工图的绘制内容和绘制方法；掌握装饰施工图文件的编制方法，提高理论水平

3.2　装饰施工图审核流程

3.2.1　进行技术准备

对照设计方案识读建筑装饰施工图。对照建筑装饰设计方案，了解方案设计立意，审核施工图是否正确反映设计意图。

3.2.2 工具、资料准备

1．工具准备：记录本、工作页、笔。

2．资料准备：《房屋建筑室内装饰装修制图标准》、《XX省建筑装饰装修工程设计文件编制深度规定》、《工程建设标准设计图集——室内装饰墙面》（省标）、《工程建设标准设计图集——室内装饰木门》（省标）、《工程建设标准设计图集——室内装饰吊顶》（省标）、《工程建设标准设计图集——室内照明装饰构造》（省标）、《国家建筑标准设计图集——内装修》系列图集。

3.2.3 制定审核计划

根据建筑装饰施工图绘制要求和施工图文件编制规范制定审核计划。

1．审核装饰施工图文件编制内容完整性；

2．审核装饰施工图深化设计内容正确性；

3．审核装饰施工图制图标准；

4．审核图面设计和排版效果；

5．审核图纸设置和图纸打印效果。

3.2.4 图纸审核

学生自行提供装饰施工图一套，开始自审和互审，完成装饰施工图审核表（表5–1–3）。

工作页11–1 装饰施工图审核表 **表5–1–3**

序号	分项	指标	存在问题	得分
1	装饰施工图文件齐全	10		
2	深化设计正确	20		
3	图纸内容完整	10		
4	材料标注清晰	5		
5	尺寸标注准确	10		
6	符合制图标准	10		
7	图表编制完整正确	10		
8	文件编制合理	5		
9	输出设置正确	10		
10	输出文件整体效果好	10		
	总分	100		

3.2.5 提出审核意见

提出审核意见及装饰施工图整改意见。

3.2.6 修改图纸

根据整改意见修改装饰施工图。

学习情境2　建筑装饰施工图会审

1　学习目标

1）熟悉建筑装饰施工图会审的过程；
2）掌握建筑装饰施工图会审的内容和要求；
3）掌握建筑装饰施工图会审的方法；
4）能够根据项目要求会审图纸；
5）能够按照要求正确会审建筑装饰施工图，并能提出审核意见。

2　知识单元

2.1　建筑装饰施工图会审的过程

建筑装饰施工图完成后，在施工前需要会同建设单位，邀请设计单位进行会审，把问题在施工图上统一，做成会审纪要。设计部门在必要时再补充修改施工图。这样施工单位就可以按照施工图、会审纪要和修改补充图来指导施工生产。

2.2　各专业工种的施工图自审

自审人员一般由施工员、预算员、施工测量放线人员、木工、水电工等自行先学习图纸。看懂图纸内容，对不理解的地方、有矛盾的地方，以及认为是问题的地方记在学图记录本上，作为工种间交流及在设计交底时提问用。

2.3　工种间学图审图后进行交流

目的是把分散的问题进行集中。在施工单位内能自行统一的问题先进行统一，能先解决的问题先解决。留下必须由设计部门解决的问题由主持人集中记录，并根据专业不同、图纸编号的先后不同编成问题汇总。

2.4　图纸会审

会审时，先由该工程设计主持人进行设计交底。说明设计意图、应在施工中注意的重要事项，设计交底完毕后，再由施工单位把汇总的问题提出来，请设计部门答复解决。解答问题时可以分专业进行，各专业单项问题解决后，再集中起来解决各专业施工图校对中发现的问题。这些问题必须要建设单位（甲方）、施工单位（乙方）和设计部门三方协商取得统一意见，形成决定写成文字，称为“图纸会审纪要”文件。

一般图纸会审的内容包括：

1）是否无证设计或越级设计，图纸是否经设计单位正式签署；

2）施工图纸与说明是否齐全，有无分期供图的时间表；

3）总平面图与施工图的几何尺寸、平面位置、标高是否一致；

4）防火、消防是否满足规定的要求；

5）施工图中所列标准图集，施工单位是否具备；

6）材料来源有无保证，能否代换；途中所要求的条件能否满足；新材料、新技术、新工艺的应用有无问题；

7）装饰造型构造是否合理，是否存在不能施工、不便施工的技术问题，或容易导致质量、安全、工期、工程费用增加等方面的问题；

8）室内家具与陈设由谁购置，设计人员如何把握整体设计风格的问题；

9）施工安全、环境卫生有无保证。

在“图纸会审纪要”形成后，看图、审图工作基本告一段落。即使在以后施工中在发现问题也是少量的了，有的也可以根据会审时定的原则，在施工中进行解决。不过看图、审图工作并不等于结束了，施工工程中难免还有问题出现，这就需要施工人员具有施工技术水平、施工经验的综合能力来解决问题。

思考题：

1. 建筑装饰施工图会审有哪些内容？
2. 施工单位如何组织自审？

实训要求：

模拟施工图交底，学生组成小组进行角色扮演，站在不同工种的角度对图纸提出问题。

3 实训单元

3.1 装饰施工图会审实训

3.1.1 实训目的

本实训为学生对绘制出的建筑装饰施工图进行模拟会审实训，要求学生分别扮演施工单位各工种人员，提出审核意见；学生组成会审小组，分别扮演建设单位、施工单位、设计单位、监理，对绘制出的建筑装饰施工图会审，形成会审纪要。通过下列实训，学生分别从各个角度来审核施工图，理解装饰施工图绘制规范、文件编制规范的必要性，为更好地完成装饰施工图的绘制工作提高思想上的认识。

3.1.2 实训要求

1. 模拟施工单位自审——学生分别扮演施工单位各工种人员，对绘制出的建筑装饰施工图学图，提出问题。

2. 模拟各工种审图后交流——学生分别扮演施工单位各工种人员，分别对建筑装饰施工图提出问题进行交流，模拟解决部分问题，形成记录。

3. 模拟会审——学生组成会审小组，分别扮演建设单位、施工单位、设计单位、监理，对绘制出的建筑装饰施工图会审，形成会审纪要。

3.1.3 实训类型

综合能力实训。

1. 模拟施工单位自审（表 5–2–1）

项目：模拟施工单位自审一套装饰施工图 **表5–2–1**

实训任务	模拟施工单位自审训练
学习领域	施工单位自审装饰施工图
行动描述	教师提供学生绘制的装饰施工图一套，提出施工单位自审要求。学生分别扮演施工员、预算员、施工测量放线人员、木工、水电工等，对照装饰施工图绘制内容和要求、一般构造做法、文件编制规范学图审图，检验施工图文件是否能正确指导施工，能够成为施工单位完成施工的有效依据，做好审图记录，并提出审核意见
工作岗位	设计员、施工员
工作过程	详见附件
工作要求	按照建筑装饰制图标准、深化设计规定
工作工具	记录本、工作页、笔
工作方法	分析任务书，确定需审核分项； 审核装饰施工图各项内容完整性； 审核装饰施工图绘图内容正确性； 审核装饰施工图表达准确性； 各工种审核装饰施工图能指导施工的可行性； 完成工作页12–1 装饰施工图审核表； 提出审核意见，装饰施工图整改意见
阈值	通过实践训练，从各工种施工角度审核图纸，进一步提高装饰施工图的深化设计能力，掌握装饰施工图的绘制内容和绘制方法

2. 模拟会审实训（表 5–2–2）

项目:会核一套装饰施工图 表5-2-2

实训任务	装饰施工图会审训练
学习领域	装饰施工图会审
行动描述	教师提供装饰施工图一套，提出装饰施工图会审要求。学生组成会审小组，分别扮演建设单位、施工单位、设计单位、监理，对绘制出的建筑装饰施工图会审。各方代表站在本单位的利益上检验施工图文件是否能正确指导施工、有无错误和遗漏、是否符合项目要求、是否能够成为完成施工的有效依据，做好审核记录，并提出审核意见，形成会审纪要
工作岗位	设计员、施工员
工作过程	详见附件
工作要求	按照建筑装饰制图标准、深化设计规定
工作工具	记录本、工作页、笔
工作方法	分析任务书，确定需审核分项； 审核装饰施工图各项内容完整性； 审核装饰施工图绘图内容正确性； 审核装饰施工图表达准确性； 审核装饰施工图能指导施工的可行性； 各单位审核装饰施工图是否符合项目要求； 完成工作页12-2 建筑装饰施工图会审纪要； 提出审核意见，形成会审纪要
阀值	通过会审训练，从多方角度审核图纸，明确装饰施工图在施工中的重要性，进一步提高装饰施工图的深化设计能力，掌握装饰施工图的绘制内容和绘制方法

3.2 装饰施工图会审流程

3.2.1 进行技术准备

对照设计方案识读建筑装饰施工图。对照建筑装饰设计方案，了解方案设计立意，审核施工图是否正确反映设计意图。

3.2.2 工具、资料准备

1. 工具准备：记录本、工作页、笔。

2. 资料准备：《房屋建筑室内装饰装修制图标准》、《XX省建筑装饰装修工程设计文件编制深度规定》、《工程建设标准设计图集——室内装饰墙面》（省标）、《工程建设标准设计图集——室内装饰木门》（省标）、《工程建设标准设计图集——室内装饰吊顶》（省标）、《工程建设标准设计图集——室内照明装饰构造》（省标）、《国家建筑标准设计图集——内装修》系列图集。

3.2.3 制定审核计划

根据建筑装饰施工图绘制要求和施工图文件编制规范制定审核计划。

1. 审核装饰施工图文件编制内容完整性；

2. 审核装饰施工图深化设计内容正确性；

3. 审核装饰施工图表达准确性；

4. 审核装饰施工图能指导施工的可行性；

5. 各单位审核装饰施工图是否符合项目要求。

3.2.4 图纸会审程序

1. 学生分别扮演施工单位各工种人员，分别对建筑装饰施工图提出问题进行交流，模拟解决部分问题，形成记录。

2. 学生组成会审小组，分别扮演建设单位、施工单位、设计单位、监理，对绘制出的建筑装饰施工图会审，形成会审纪要。

3.2.5 实训类型

1. 施工单位各工种人员审核图纸

教师提供装饰施工图一套，学生分别扮演施工员、预算员、施工测量放线人员、木工、水电工等，分别完成装饰施工图审核表（表5-2-3）。

工作页12-1 装饰施工图审核表 **表5-2-3**

工种： **审核人**

序号	分项	指标	存在问题	得分
1	装饰施工图文件齐全	10		
2	深化设计正确	20		
3	图纸内容完整	10		
4	材料标注清晰	10		
5	尺寸标注完整准确	10		
6	满足本工种施工要求	40		
7	总分	100		
8	存在问题：			
9	整改意见：			

2. 图纸会审

由教师组织，学生组成会审小组，模拟技术交底现场进行施工图会审，进一步检验施工图文件。会审小组由建设单位（甲方）、施工单位和设计部门三方组成，学生分别扮演甲方代表、施工单位各专业人员（施工员、预算员、施工测量放线人员、木工、水电工）、设计单位代表（绘制图纸的同学）的角色，由设计单位代表进行技术交底，详细说明图纸内容，及应在施工中注意的重要事项。交底完毕后，由施工单位提出问题，请设计单位代表答复解决，形成"图纸会审纪要"文件，完成工作页12-2（表5-2-4）。

工作页12-2 建筑装饰施工图会审纪要　　表5-2-4

<table>
<tr><td>会议议题</td><td></td><td>主持人</td><td></td></tr>
<tr><td>工程名称</td><td></td><td>整理人</td><td></td></tr>
<tr><td>地点</td><td></td><td>时间</td><td></td></tr>
<tr><td rowspan="4">参加单位及人员(附会议签到表)</td><td colspan="2">建设单位：</td><td></td></tr>
<tr><td colspan="2">监理单位：</td><td></td></tr>
<tr><td colspan="2">设计单位：</td><td></td></tr>
<tr><td colspan="2">施工单位：</td><td></td></tr>
<tr><td>会议议程及内容</td><td></td><td></td><td></td></tr>
<tr><td colspan="4">施工单位、监理单位、建设单位对图纸提出了相关问题及设计院答复形成纪要：</td></tr>
<tr><td>1</td><td colspan="3">问题：
答复</td></tr>
<tr><td>2</td><td colspan="3">问题：
答复</td></tr>
<tr><td>3</td><td colspan="3">问题：
答复</td></tr>
<tr><td>4</td><td colspan="3">问题：
答复</td></tr>
<tr><td>5</td><td colspan="3">问题：
答复</td></tr>
<tr><td>6</td><td colspan="3">问题：
答复</td></tr>
</table>

3.2.6 提出审核意见

提出审核意见及装饰施工图整改意见。

3.2.7 修改图纸

根据整改意见修改装饰施工图。

学习情境3　建筑装饰施工中的变更设计

1　学习目标

1）熟悉建筑装饰施工变更设计的基本知识；
2）熟悉建筑装饰施工变更设计的程序和内容；
3）掌握施工图变更的办理程序及内容；
4）掌握施工图变更的注意事项。

2　知识单元

2.1　施工图变更设计的概念

变更设计：在建筑装饰装修设计或施工中因完善设计方案或其他原因而需变更原设计方案的，应出具变更设计方案。变更设计包括变更原因、变更位置、变更内容（或变更图纸）以及变更的文字说明。

2.2　一般变更设计应遵循以下程序

2.2.1　提出设计变更。根据实际情况可由施工单位或项目指挥部提出，也可由监理单位或原设计单位提出；提出设计变更的建议应当采取书面形式，并应当注明变更理由。设计审查单位、主管部门也可以提出设计完善意见和设计变更建议。

2.2.2　监理单位审查（限施工单位提出的设计变更）。

2.2.3　原设计单位完成方案设计或征求原设计单位意见（限委托其他设计单位编制设计变更文件）。

2.2.4　方案论证及比选。比选时，建设单位可以组织勘察设计、施工、监理等单位对设计变更建议进行经济、技术论证。

2.3　施工图变更的办理程序及内容

2.3.1　意向通知

承包人请求变更时，根据合同有关规定程序办理（申请必须附有详细的工程变更方案、变更的原因、依据及有关的文件、试验资料、图纸、照片、简图及给其费用带来影响的估价报告等有关的资料）经监理工程师同意后上报工程计划部，经设计代表、工程计划部审核后，报主管部门批准，由工程计划部完成下发"设计变更通知表"。

2.3.2 资料收集

指挥部相关部门、设计代表会同监理工程师受理变更。变更意向通知发出后，必须着手收集与该变更有关的一切资料。包括：变更前后的图纸（或合同、文件）；来自业主、监理工程师、承包人等方面的文件与会谈记录；上级主管部门的指令性文件等。

2.3.3 费用评估

指挥部根据掌握的文件资料和实际情况，按照合同的有关条款，考虑综合影响，完成下列工作之后对变更费用做出评估。

1）审核变更工程数量，评审的主要依据是：

（1）变更通知及变更图纸；

（2）业主代表现场认定；

（3）监理工程师现场计量。

2）确定变更工程的单价：有清单单价的按清单单价计量，无清单单价的由施工单位根据具体项目下浮相应百分点计量。且编制预算上报工程计划部，确定单价后，报审查确认后批复。

2.3.4 签发工程变更令

变更资料齐全，变更价格确定后，经上级主管部门批准，由工程计划部向承包人发出《工程变更指令》。

2.4 施工图变更的注意事项

2.4.1 进行设计变更，事先应周密调查、备有图文资料，并填写《设计变更报审表》，详细申述设计变更理由（包括与原设计的经济比较）按照审批权限逐级报请审批。未经正式批准不得实施。

2.4.2 申请必须附有详细的工程变更方案、变更原因、依据及有关文件、试验资料、图纸、照片、简图及给其费用带来影响的估价报告等有关的资料。

2.4.3 变更设计文件内容应全面，达到国家规定的施工图设计编制范围和深度。

思考题：

1. 建筑装饰施工图变更应遵循的原则和程序是什么？
2. 建筑装饰施工图变更的注意事项有哪些？

模块六　综合项目实训

教学导引：通过前面几个学习情境的学习，我们熟悉了建筑装饰施工图绘制的整个流程。通过综合项目的实训，来提高学生的计划能力和整体把握能力，从方案的识读、尺寸的复核开始做好施工图绘制的准备，能独立完成一套小型组合空间的装饰施工图绘制，并编制文本。综合项目实训是对前面所学知识的综合运用和能力的进一步提高。

重点：装饰施工图绘制计划的制定；独立完成深化设计和完整施工图的绘制。

【知识点】方案图识读；现场尺寸复核；建筑装饰施工材料和构造；建筑装饰施工图深化设计；建筑装饰施工图绘制的内容及绘制方法；建筑装饰施工图图表编制；建筑装饰施工图图面原则；建筑装饰施工图文件编制；图纸设置和输出；建筑装饰施工图自审和会审。

【学习目标】通过本单元综合项目活动，能正确理解建筑装饰施工图深化设计的要求，理解装饰施工图绘制的内容及要求。能够独立完成小型空间的装饰施工图绘制和文件编制、输出工作；能组成团队完成中型空间的装饰施工图绘制和文件编制、输出工作。

1　学习目标

1）能够正确完成方案图识读；
2）能够正确完成现场尺寸复核；
3）掌握建筑装饰施工材料和构造；
4）能够按照项目要求完成建筑装饰施工图深化设计；
5）能够根据项目要求正确完成装饰施工图的绘制；
6）能够根据项目要求正确编制建筑装饰施工图文件；
7）能够根据项目要求输出建筑装饰施工图文件，图面效果好；
8）能够根据项目要求完成自审和会审。

2　实训单元

2.1　会议室装饰施工图绘制及文件编制实训

2.1.1　实训目的

本实训为单一空间的装饰施工图绘制及文件编制实训，要求学生能独自完成一套施工图的绘制与文件编制、输出工作。通过下列实训，充分理解会议室的一般施工构造，理解会议室装饰施工图的绘制内容和绘制要求。能独立完成会议室装饰施工图的深化设计工作及会议室装饰施工图的绘制工作。

2.1.2　实训要求

1. 通过深化设计能力训练，掌握会议室的一般装饰构造及绘制方法。

2. 通过绘图能力训练，掌握会议室装饰施工图绘制的规范要求。

3. 通过绘图过程，理解会议室装饰施工图的绘制内容和程序，对会议室装饰施工图的深化设计、绘制要求、绘制流程和绘制方法等进行实践验证，并能举一反三。

2.1.3　实训类型

综合能力实训

已知某会议室建筑平面图（图6–1–1）和设计效果图（图6–1–2），可根据已知条件自行确定造型尺寸，绘制一套装饰施工图，应包括：封面、图纸目录、施工说明、装饰材料表、平面布置图、地面铺装图、顶棚布置图、立面图、节点大样图、固定家具的立面图及剖面节点图等内容。并按照国家制图标准编制成施工图文本，A3 幅面，并输出为 pdf 格式（表 6–1–1）。

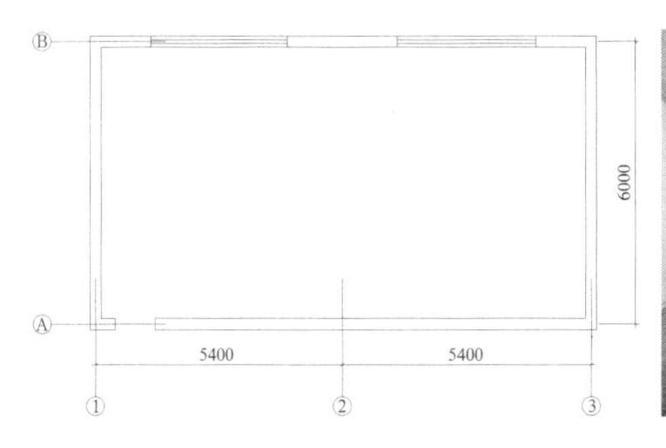

图 6–1–1　会议室建筑平面图（左）
图 6–1–2　会议室设计效果图（右）

项目：根据某会议室方案设计图完成一套会议室装饰施工图　　表6–1–1

实训任务	会议室装饰施工图绘制与文件编制训练
学习领域	会议室装饰施工图绘制
行动描述	教师给出会议室设计方案，提出施工图绘制要求。学生做出深化设计方案，按照会议室装饰施工图绘制内容和要求，绘制出会议室装饰施工图，并按照制图标准、图面原则设置。输出施工图后，学生自评，教师点评
工作岗位	设计员、施工员
工作过程	详见附件
工作要求	按照建筑装饰制图标准、深化设计规定
工作工具	记录本、工作页、笔、电脑
工作方法	分析任务书，识读设计方案，调研装饰材料和装饰构造，完成工作页13–1会议室装饰材料调研表； 确定装饰构造方案，完成装饰构造草图； 制定制图计划，完成工作页13–2 会议室装饰施工图绘制计划表； 现场测量，尺寸复核； 完成会议室平面图、立面图、剖面图、详图； 编制图表；根据项目编制施工说明； 编制装饰施工图文件； 输出装饰施工图文件； 装饰施工图自审，检测设计完成度，以及完成效果，完成工作页13–3会议室装饰施工图自审表； 现场施工技术交底，装饰施工图会审，完成工作页13–4建筑装饰施工图会审纪要
阀值	通过实践训练，进一步掌握会议室装饰施工图的绘制内容和绘制方法

2.2　会议室装饰施工图绘制及文件编制流程

2.2.1　进行技术准备

1. 识读设计方案。识读会议室设计方案，了解方案设计立意，明确造型设计及尺寸要求，调研装饰材料，完成工作页 13–1（表 6–1–2）。

工作页13–1 会议室装饰施工图材料调研表　　　　表6–1–2

项次	项目	材料	规格	品牌，性能描述，构造做法	价格
1	地面				
2	顶棚				
3	墙面				
4	柱				
5	家具				
6	设备				

2. 现场尺寸复核。根据会议室方案图进行尺寸复核，测量现场尺寸，检查设计方案的实施是否存在问题。

3. 深化设计。根据会议室设计方案，确定构造形式，进行龙骨、面层、搭接方式等的深化设计，绘制构造草图。

2.2.2 工具、资料准备

1. 工具准备：记录本、工作页、笔、电脑。

2. 资料准备：《房屋建筑室内装饰装修制图标准》、《XX省建筑装饰装修工程设计文件编制深度规定》、《工程建设标准设计图集——室内装饰墙面》（省标）、《工程建设标准设计图集——室内装饰木门》（省标）、《工程建设标准设计图集——室内装饰吊顶》（省标）、《工程建设标准设计图集——室内照明装饰构造》（省标）、《国家建筑标准设计图集——内装修》系列图集。

2.2.3 编写绘图计划

完成会议室装饰施工图绘制的计划安排表（表6–1–3）。

工作页13–2 会议室装饰施工图绘制计划表　　　　表6–1–3

序号	工作内容	绘制要求	需要时间	备注
1	总平面图			
2	平面布置图			
3	平面尺寸定位图			
4	地面铺装图			
5	立面索引图			
6	顶平面布置图			
7	顶棚尺寸定位图			

续表

序号	工作内容	绘制要求	需要时间	备注
8	顶棚灯位开关控制图			
9	顶棚索引图			
10	立面图			
11	剖面图			
12	详图			
13	固定家具施工图			
14	编制图表			
15	编制施工图文件			
16	输出施工图文件			

2.2.4 按照计划绘制会议室装饰施工图

学生按照绘图计划完成会议室装饰施工图的绘制，并进行文件的编制。

2.2.5 打印输出装饰施工图

进行输出设置，打印输出装饰施工图。

2.2.6 图纸自审

学生绘制完成会议室装饰施工图后，首先自审，完成会议室装饰施工图自审表（表6–1–4）。

工作页13–3 会议室装饰施工图自审表　　表6–1–4

序号	分项	指标	存在问题	得分
1	会议室装饰施工图文件齐全	10		
2	深化设计正确	20		
3	图纸内容完整	10		
4	材料标注清晰	5		
5	尺寸标注准确	10		
6	符合制图标准	10		
7	图表编制完整正确	10		
8	文件编制合理	5		
9	输出设置正确	10		
10	输出文件整体效果好	10		
	总分	100		

2.2.7 图纸会审

由教师组织，学生组成会审小组，模拟技术交底现场进行施工图会审，进一步检验施工图文件。会审小组由建设单位（甲方）、施工单位和设计部门三方组成，学生分别扮演甲方代表、施工单位各专业人员（施工员、预算员、施工测量放线人员、木工、水电工）、设计单位代表（绘制图纸的同学）的角色，由设计单位代表进行技术交底，详细说明图纸内容，及应在施工中注意的重要事项。交底完毕后，由施工单位提出问题，请设计单位代表答复解决，形成"图纸会审纪要"文件，完成工作页 13–4（表 6–1–5）。

工作页13–4 建筑装饰施工图会审纪要 **表6–1–5**

会议议题		主持人	
工程名称		整理人	
地点		时间	
参加单位及人员 （附会议签到表）	建设单位：		
	监理单位：		
	设计单位：		
	施工单位：		
会议议程及内容			
施工单位、监理单位、建设单位对图纸提出了相关问题及设计院答复形成纪要：			
1	问题： 答复		
2	问题： 答复		
3	问题： 答复		
4	问题： 答复		
5	问题： 答复		
6	问题： 答复		
7	问题： 答复		
8	问题： 答复		

2.2.8 实训考核成绩评定（表 6–1–6）

实训考核内容、方法及成绩评定标准 **表6–1–6**

系列	考核内容	考核方法	要求达到的水平	指标	教师评分
对基本知识的理解	对会议室装饰施工图理论知识的掌握	会议室装饰构造深化设计	能理解构造深化设计	10	
		会议室装饰施工图绘制内容及要求	能正确理解装饰施工图绘制的内容和要求	10	
实际工作能力	能正确深化设计，完成会议室装饰工图，并编制文件，打印输出	检测各项能力	方案识读能力	5	
			深化设计能力	15	
			绘图能力	15	
			图面设置能力	5	
			文件编制能力	5	
			文件输出能力	5	
			图纸交底能力	10	
职业关键能力	思维能力	查找问题的能力	能及时发现问题	5	
		解决问题的能力	能协调解决问题	5	
自审能力	根据实训结果评估	工作页	填写完备	5	
		会议室装饰施工图	能客观评价	5	
任务完成的整体水平				100	

学习情境2　组合空间装饰施工图绘制及文件编制

1　学习目标

1）能够正确完成方案图识读；
2）能够正确完成现场尺寸复核；
3）掌握建筑装饰施工材料和构造；
4）能够按照项目要求完成建筑装饰施工图深化设计；
5）能够根据项目要求正确完成装饰施工图的绘制；
6）能够根据项目要求正确编制建筑装饰施工图文件；
7）能够根据项目要求输出建筑装饰施工图文件，图面效果好；
8）能够根据项目要求完成自审和会审。

2　实训单元

2.1　酒店套房装饰施工图绘制及文件编制实训

2.1.1　实训目的

本实训为小型组合空间的装饰施工图绘制及文件编制实训，要求学生能独自完成一套施工图的绘制与文件编制、输出工作。通过下列实训，充分理解酒店套房的一般施工构造，理解酒店套房装饰施工图的绘制内容和绘制要求。能独自完成酒店套房装饰施工图的深化设计工作及酒店套房装饰施工图的绘制工作。

2.1.2　实训要求

1. 通过深化设计能力训练掌握酒店套房的一般装饰构造及绘制方法。

2. 通过绘图能力训练掌握酒店套房装饰施工图绘制的规范要求。

3. 通过绘图过程理解酒店套房装饰施工图的绘制内容和程序，对酒店套房装饰施工图的深化设计、绘制要求、绘制流程和绘制方法等进行实践验证，并能举一反三。

2.1.3　实训类型

综合能力实训（表 6–2–1）。

已知一酒店豪华套间的建筑平面（图 6–2–1）和房间的设计效果图（图 6–2–2~ 图 6–2–4），可以根据已知条件，自行确定造型尺寸，绘制出完整的一套建筑装饰施工图，应包括：封面、图纸目录、施工说明、装饰材料表、平面布置图、地面铺装图、顶棚布置图、立面图、节点大样图、固定家具的立面图及剖面节点图等内容。并按照国家制图标准编制成施工图文本，A3幅面，输出为pdf格式（表6-2-1）。

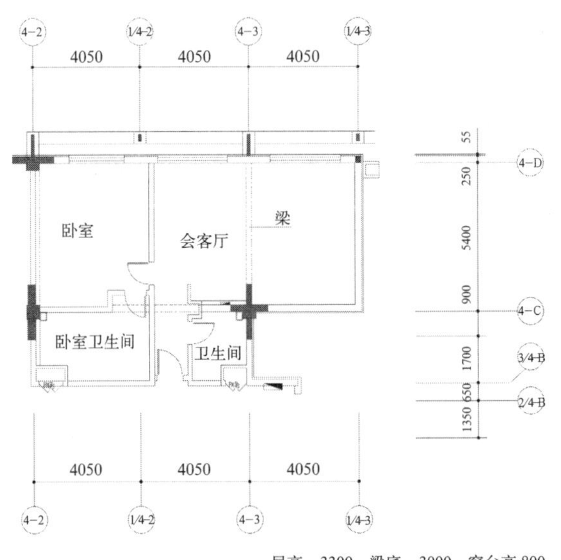

图6-2-1 酒店套间建筑平面图

图6-2-2 会客厅效果图（下左）

图6-2-3 卧室效果图（下中）

图6-2-4 卫生间效果图（下右）

项目：根据某酒店套房方案设计图完成一套酒店套房装饰施工图 **表6-2-1**

实训任务	酒店套房装饰施工图绘制与文件编制训练
学习领域	酒店套房装饰施工图绘制
行动描述	教师给出酒店套房设计方案，提出施工图绘制要求。学生做出深化设计方案，按照酒店套房装饰施工图绘制内容和要求，绘制出酒店套房装饰施工图，并按照制图标准、图面原则设置。输出施工图后，学生自评，教师点评
工作岗位	设计员、施工员
工作过程	详见附件
工作要求	按照建筑装饰制图标准、深化设计规定
工作工具	记录本、工作页、笔、电脑
工作方法	分析任务书，识读设计方案，调研装饰材料和装饰构造，完成工作页14-1酒店套房装饰材料调研表； 确定装饰构造方案，完成装饰构造草图； 制定制图计划，完成工作页14-2 酒店套房装饰施工图绘制计划表； 现场测量，尺寸复核； 完成酒店套房平面图、立面图、剖面图、详图； 编制图表； 根据项目编制施工说明； 编制装饰施工图文件； 输出装饰施工图文件； 装饰施工图自审，检测设计完成度，以及完成效果，完成工作页14-3 酒店套房装饰施工图自审表； 现场施工技术交底，装饰施工图会审，完成工作页14-4 建筑装饰施工图会审纪要
阀值	通过实践训练，进一步掌握酒店套房装饰施工图的绘制内容和绘制方法

2.2　酒店套房装饰施工图绘制及文件编制流程

2.2.1　进行技术准备

1. 识读设计方案。识读酒店套房设计方案，了解方案设计立意，明确造型设计及尺寸要求，调研装饰材料，完成工作页 14–1（表 6–2–2）。

工作页14–1　酒店套房装饰施工图材料调研表　　表6–2–2

项次	项目	材料	规格	品牌，性能描述，构造做法	价格
1	地面				
2	顶棚				
3	墙面				
4	柱				
5	家具				
6	设备				

2. 现场尺寸复核。根据酒店套房方案图进行尺寸复核，测量现场尺寸，检查设计方案的实施是否存在问题。

3. 深化设计。根据酒店套房设计方案，确定构造形式，进行龙骨、面层、搭接方式等的深化设计，绘制构造草图。

2.2.2　工具、资料准备

1. 工具准备：记录本、工作页、笔、电脑。

2. 资料准备：《房屋建筑室内装饰装修制图标准》、《XX 省建筑装饰装修工程设计文件编制深度规定》、《工程建设标准设计图集——室内装饰墙面》（省标）、《工程建设标准设计图集——室内装饰木门》（省标）、《工程建设标准设计图集——室内装饰吊顶》（省标）、《工程建设标准设计图集——室内照明装饰构造》（省标）、《国家建筑标准设计图集——内装修》系列图集。

2.2.3　编写绘图计划

完成酒店套房装饰施工图绘制的计划安排表（表 6–2–3）。

工作页14-2 酒店套房装饰施工图绘制计划表　　表6-2-3

序号	工作内容	绘制要求	需要时间	备注
1	总平面图			
2	平面布置图			
3	平面尺寸定位图			
4	地面铺装图			
5	立面索引图			
6	顶平面布置图			
7	顶棚尺寸定位图			
8	顶棚灯位开关控制图			
9	顶棚索引图			
10	立面图			
11	剖面图			
12	详图			
13	固定家具施工图			
14	编制图表			
15	编制施工图文件			
16	输出施工图文件			

2.2.4 按照计划绘制酒店套房装饰施工图

学生按照绘图计划完成酒店套房装饰施工图的绘制，并进行文件的编制。

2.2.5 打印输出装饰施工图

进行输出设置，打印输出装饰施工图。

2.2.6 图纸自审

学生绘制完成酒店套房装饰施工图后，首先自审，完成酒店套房装饰施工图自审表（表6-2-4）。

工作页14-3 酒店套房装饰施工图自审表　　表6-2-4

序号	分项	指标	存在问题	得分
1	酒店套房装饰施工图文件齐全	10		
2	深化设计正确	20		
3	图纸内容完整	10		
4	材料标注清晰	5		
5	尺寸标注准确	10		
6	符合制图标准	10		
7	图表编制完整正确	10		
8	文件编制合理	5		
9	输出设置正确	10		
10	输出文件整体效果好	10		
	总分	100		

2.2.7 图纸会审

由教师组织，学生组成会审小组，模拟技术交底现场进行施工图会审，进一步检验施工图文件。会审小组由建设单位（甲方）、施工单位和设计部门三方组成，学生分别扮演甲方代表、施工单位各专业人员（施工员、预算员、施工测量放线人员、木工、水电工）、设计单位代表（绘制图纸的同学）的角色，由设计单位代表进行技术交底，详细说明图纸内容，及应在施工中注意的重要事项。交底完毕后，由施工单位提出问题，请设计单位代表答复解决，形成"图纸会审纪要"文件，完成工作页14-4（表6-2-5）。

工作页14-4 建筑装饰施工图会审纪要 **表6-2-5**

会议议题		主持人	
工程名称		整理人	
地点		时间	
参加单位及人员（附会议签到表）	建设单位：		
	监理单位：		
	施工单位：		
	设计单位：		
会议议程及内容			
施工单位、监理单位、建设单位对图纸提出了相关问题及设计院答复形成纪要：			
1	问题： 答复：		
2	问题： 答复：		
3	问题： 答复：		
4	问题： 答复：		
5	问题： 答复：		
6	问题： 答复：		
7	问题： 答复：		
8	问题： 答复：		

2.2.8 实训考核成绩评定（表6-2-6）

实训考核内容、方法及成绩评定标准 **表6-2-6**

系列	考核内容	考核方法	要求达到的水平	指标	教师评分
对基本知识的理解	对酒店套房装饰施工图理论知识的掌握	酒店套房装饰构造深化设计	能理解构造深化设计	10	
		酒店套房装饰施工图绘制内容及要求	能正确理解装饰施工图绘制的内容和要求	10	
实际工作能力	能正确深化设计，完成酒店套房装饰施工图，并编制文件，打印输出	检测各项能力	方案识读能力	5	
			深化设计能力	15	
			绘图能力	15	
			图面设置能力	5	
			文件编制能力	5	
			文件输出能力	5	
			图纸交底能力	10	
职业关键能力	思维能力	查找问题的能力	能及时发现问题	5	
		解决问题的能力	能协调解决问题	5	
自审能力	根据实训结果评估	工作页	填写完备	5	
		酒店套房装饰施工图	能客观评价	5	
任务完成的整体水平				100	

某酒店包间室内装修施工图

姓名：

班级：

学号：×××

×××××××××××

××年××月

图纸目录

序号	图号	图纸内容	档案号	备注	序号	图号	图纸内容	档案号	备注
一		图纸目录			十八	15	D4大样 S8、S9、S10剖面图		
二		施工说明			十九	16	D5大样图 S11、S12剖面图		
三		装饰材料表			二十	17	D6大样图 S13剖面图		
四	01	平面布置图			二十一	18	S14、S15、S16剖面图		
五	02	平面尺寸定位图			二十二	19	D7大样图 S17、S18剖面图		
六	03	地面铺装图			二十三				
七	04	平面插座布置图			二十四				
八	05	顶棚平面布置图			二十五				
九	06	顶棚尺寸定位图			二十六				
十	07	顶棚灯位开关控制图			二十七				
十一	08	AB向立面图			二十八				
十二	09	CDEF向立面图			二十九				
十三	10	衣柜内立面图			三十				
十四	11	备餐间立面展开图			三十一				
十五	12	S1、S2剖面图			三十二				
十六	13	D1大样图 S3、S4、S5剖面图			三十三				
十七	14	D3大样图 S6、S7剖面图			三十四				

施工说明

一、工程概况

1、本说明以这套图纸为依据，本工程总建筑面积约2万平方米，地下 1 层，地上 13层，其中此次需装饰设计的面积约为 20314 平方米。

2、尺寸及标高：一般无专门说明时，尺寸单位为毫米；标高单位为米。

3、施工图的编号说明

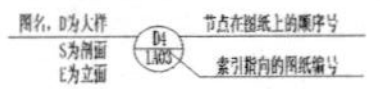

4、建筑设计单位：＿＿＿＿＿＿＿＿＿＿

5、除本设计有特殊要求规定外，其他各种工艺、材料均按国家规定的最高标准。

二、墙面工程

1、本工程装饰隔墙除注明外均采用“75系列轻钢龙骨，12mm厚单层双面纸面石膏板”轻质隔墙，内置防火岩棉。

2、轴线与隔墙厚位置的确定：当图纸无专门标明时，一般轴线位于各墙厚的中心。

3、当图纸无专门标明时，墙面石材均为干挂。

4、其他材料做法：详见节点大样图。

三、门窗工程

1、设计选用的门窗材料、规格及配件等要求详见门窗详图。

2、设计图所示门窗尺寸为门窗实际加工尺寸。

3、除在图中有特别标明“按装饰设计施工”的外，走道侧面的建筑防火门可只做饰面；其他建筑防火门及疏散楼梯门不属于本设计范围内。

四、地面工程

1、地面工程质量应符合建筑地面工程施工验收及规范GB 50209-2010的要求。

2、卫生间楼地面应做基层防水处理(按国家规定的验收标准)。

五、顶棚工程

1、本工程吊顶材料无专门标明时，石膏板吊顶均采用“60轻钢主龙骨，50副龙骨，12厚纸面石膏板”，铝板吊顶为2mm铝板。

2、卫生间顶棚材料如采用纸面石膏板，特指“防水纸面石膏板”。

六、其他

1、隐藏钢结构表面不低于st2级，底漆为两道红丹醇酸防锈漆。

2、进行油漆工程之前，先进行油漆色板封样，征得设计师同意后方可大面积施工。

3、凡本工程所用装饰材料的规格、型号、性能、色彩应符合装饰工程规范的质量要求，施工订货前会同建设、设计等有关各方共同商定。

4、本装饰设计图必须报公安消防部门检审，获通过后方可施工。

七、施工中具体参照标准

本工程所有的参照标准均按现行的相关国家标准或行业标准。承建商在进行工程中应采用最佳及最合适的标准，同时，业主方总监也有权要求承建商在工程实施中采用他认为最好的标准，但必须满足中华人民共和国行业标准之建筑装饰工程施工及验收规范。

1、石料工程

材料：

(1)石料本身不得有隐伤、风化等缺陷，清洗石料不得使用钢丝刷或其他工具，而破坏其外露表面或在上面留下痕迹。（石材本身的封闭防护）

安装：

(1)检查底层或垫层安施妥当，并修饰好。

(2)确定线条，水平图案，并加以保护，防止石料混乱存放。

(3)在底、垫层达到其初凝状态前施放石料。

(4)用浮飘法安放石料并将之压入均匀平面固定。

(5)令灰浆至少养护24小时可施加填缝料。

(6)用勾缝灰浆填缝，填孔隙，用工具将表面加工成平头接合。

(7)石材放样应得到设计师审批、认可。

清洁：

(1)在完成勾缝和填缝以后及在这些材料施放和硬化之后，应清洁有尘土的表面，所用的溶液不得有损于石料、接缝材料或相邻表面。

(2)在清洁过程中应使用非金属工具。

石料加工：

(1)将石料加工成所需要的样板尺寸、厚度和形状、准确切割，保证尺寸符合设计要求。

(2)准确塑造特殊型、镶边和外露边缘，并且进行修饰以与相邻表面相配。

(3)提供的砂应是干净、坚硬的硅质材料。

(4)所用粘结材料的品种、掺合比例应符合设计要求，并有产品合格证。

2、木工

材料：

材料应用最好之类型，自然生长的木料，必须经过烘干或自然干燥后才能使用，没有虫蛀、松散或腐节或其他缺点，锯成方条形，并且不会翘曲、爆裂及其他因为处理不当而引起的缺点。

胶合板按不同材种选用进口或国产，但必须达到AAA要求，承建商应在开工前提供材料和终饰样板且经筹建处和设计师认可批准才能使用。

防火设计：

(1)本工程建筑分类为 一 类建筑。

(2)建筑内部各部位装修材料的燃烧等级：(见附表一)。

(3)消火栓、喷淋、烟感、防火门等位置，除注明外以建筑蓝图为准。

(4)所有基层木材均应满足防火要求，表面三度防火涂料，防火涂料产品符合消防部门验收要求。

(5)玻璃幕墙与每层楼板、隔墙处的缝隙采用不燃材料严密填实（声学要求除外）。

(6)所有的建筑变形缝内均采用不燃材料严密填实。

(7)所有建筑墙面上开洞、开孔后均采用不燃材料严密填实。

防火处理：

(1)所有基层木材均应满足防火要求，涂上三层本地消防大队同意使用的防火涂料。

(2)承建商要在实际施工前呈送防火涂料给筹建处批准方可开始涂刷。

木材、夹板成型架框：

(1) 假用木材成架安装于天花板上时，应确保所有部件牢固及拉紧，且不得影响其他管线(风管、喷淋管等)走向，依照设计图纸固定于天花。

(2)全部木作天花均要涂上三层本地消防大队批准使用的防火涂料。

八、装饰防火胶板

防火胶板的粘结剂应使用与防火胶板配套使用的品牌，并遵守使用说明。

九、装饰五金

所有五金器具必须防止生锈和沾染，使用前应提供样品征得筹建处及设计师同意。

在完成工作所有五金器具都应擦油、清洗、磨光和可以操作，所有钥匙必须清楚地贴上标签。

十、本施工图所参照的有关标准及规范

1、《建筑装饰装修工程质量验收规范》GB 50210-2011

2、《建筑设计防火规范》GB 50016-2014

3、《建筑内部装修设计防火规范》GB 50222-1995（2001年修订）

4、《无障碍设计规范》GB 50763-2012

十一、装饰材料有害物质排放限量的参照标准

为了预防和控制建筑装饰材料产生的室内环境污染，使本设计的建筑装饰工程符合新颁布的国家标准《民用建筑工程室内环境污染控制规范》GB 50325—2010（2013年版）的要求，下列物资，必须符合相应的国家强制性标准。

1. 建筑主体材料、装修材料：花岗石、大理石、建筑（卫生）陶瓷、石膏制品、水泥与水泥制品、砖、瓦、混凝土、混凝土预制构件、砌块、墙体保温材料、工业废渣、掺工业废渣的建筑材料及各种新型墙体材料等必须符合《建筑材料放射性核素限量》GB 6566-2010

2. 人造板（胶合板、纤维板、刨花板）及其制品必须符合《室内装饰装修材料人造板及其制品中甲醛释放限量》GB 18580-2001

3. 室内装修用水性墙面涂料 必须符合《室内装饰装修材料内墙涂料中有害物质限量》GB 18582-2008

4. 室内装修用溶剂型木器（以有机物作为溶剂）的涂料必须符合《室内装饰装修材料溶剂型木器涂料中有害物质限量》GB 18581-2001

5. 室内装修的胶粘剂产品必须符合《室内装饰装修材料胶粘剂中有害物质限量》GB 18583-2008

6. 纸为基材的壁纸必须符合《室内装饰装修材料壁纸中有害物质限量》GB 18585-2001

7. 聚氯乙烯卷材地板必须符合《室内装饰装修材料聚氯乙烯卷材地板中有害物质限量》GB 18586-2001

8. 地毯、地毯衬垫及地毯胶粘剂必须符合《室内装饰装修材料地毯、地毯衬垫及地毯胶粘剂有害物质释放限量》GB 18587-2001

9. 室内用水性阻燃剂、防水剂、防腐剂等水性处理剂必须符合《民用建筑工程室内环境》GB 50325-2001

10. 各类木家具产品必须符合《室内装饰装修材料木家具中有害物质限量》GB 18584-2001

11. 所有消防箱均由施工单位制作安装。

十二、补充说明

1、施工单位需具有深化设计的能力，现场用材排版、管线位置、材料内部构造应以图纸形式完成其构造深化，图纸须依据当地政府的有关设计规定，满足设计要求，经设计审核确认，并经业主及工程管理公司认可，方可施工。

2、材料表内材料的防火等级为材料的本身。

3、施工时请按照建筑内部装修防火规范，达到高档酒店用材的防火等级，各层标高在装修条件允许的情况下应将顶部提高，可超过施工图纸所标注尺寸，但绝不能低于所标注的尺寸，若遇到无法满足设计要求的情况及时联系设计师处理

4、石材干挂墙体部分：凡是在原钢筋混凝土墙体干挂石材且设计无具体要求的，采用50x50x5镀锌角钢基础，10号加长膨胀螺钉入墙加固，凡是在非承重墙体干挂石材且设计无具体要求的，采用8号镀锌槽钢主骨+50x50x5角钢基础。

5、卫生间、盥洗间增加的墙体需要顺砖砌，采用100系列轻质加气混凝土砌块砌筑，且地面、墙面满做防水。

6、各楼层的消防楼梯间部分在施工设计上基本不做变化，墙面批灰刷白色乳胶漆，墙脚50mm高踢脚线，材质随地面。

7、各楼层的顶面检修口采用成品检修口，位置按照实际需要确定，以美观、经济、实用为基本原则。

8、消火栓及其他设备点位位置应根据设备图纸来定位安装。

9、客房层走廊、楼梯间、工作间等公共区域做法均参考三层公共区域图纸。

10、FM甲代表甲级防火门，FM乙代表乙级防火门，FM丙代表丙级防火门，具体详见各层平面图。
FJM代表防火卷帘，具体见各层天花图。

11、公用节点或常规节点请详见通用节点DE-01-17。

12、本说明未尽事宜均按国家有关施工及验收规范执行。

装饰材料表

LEGEND 范例	DESCRIPTION 材料名称	BRAND 品牌	SPECIFICATION 规格	PLACE 使用部位	备注（燃烧性能）	LEGEND 范例	DESCRIPTION 材料名称	BRAND 品牌	SPECIFICATION 规格	PLACE 使用部位	备注（燃烧性能）
AC	板材						PB	石膏板			
AC 1	仿木纹防火板			衣柜、备餐柜、吧台等内饰面	A级		PB 1	纸面石膏板	12mm	各空间吊顶	A级
CA	地毯						PTE	乳胶漆			
CA 1	地毯		见选样	大堂局部、宴会厅、包房、客房、客房走廊级			PTE 1	白色乳胶漆		顶面、墙面局部	B1级
CU	窗帘			宴会厅、包房、客房等			PTL	油漆			
CU 1	装饰帘		见选样		B2级		PTL 3	香槟金箔		顶面局部/局部墙面线条	B1级
CU 2	纱帘		见选样		B2级						
							SST	不锈钢			
CT	陶瓷砖、人造石						SST 3	玫瑰金不锈钢		墙面局部	A级
CT 5	防滑地砖		300mm×300mm	厨房、备餐间等	A级						
CT 6	人造石		根据设计要求	工作台台面	A级						
CT 7	墙砖		300mm×600mm	备餐间、厨房、卫生间	A级		WC	墙纸			
							WC 1	墙纸		包房、宴会厅、客房 走廊	B1级
							WC 2	墙布		墙面局部	B1级
FAB	软包硬包										
FAB 1	布艺软包		根据设计要求	包房/客房局部	B2级						
							WD	实木			
							WD 2	实木线条		墙面局部	B1级
MA	大理石										
MA 1	新西米黄大理石		20mm	大堂、电梯厅、走廊	A级						
MA 2	新西米黄大理石		20mm	大堂、电梯厅、走廊	A级		WDV	木饰面			
MA 3	卡佐啡大理石		20mm	大堂、电梯厅、走廊	A级		WDV 1	木饰面	根据设计要求	墙面局部	B1级
MA 7	黑金砂大理石		20mm	大堂、电梯厅、走廊、包房卫生间	A级		WDV 2	木制踢脚线	根据设计要求	墙面局部	B1级
MR	镜子										
MR 1	明镜			墙面局部	A级						

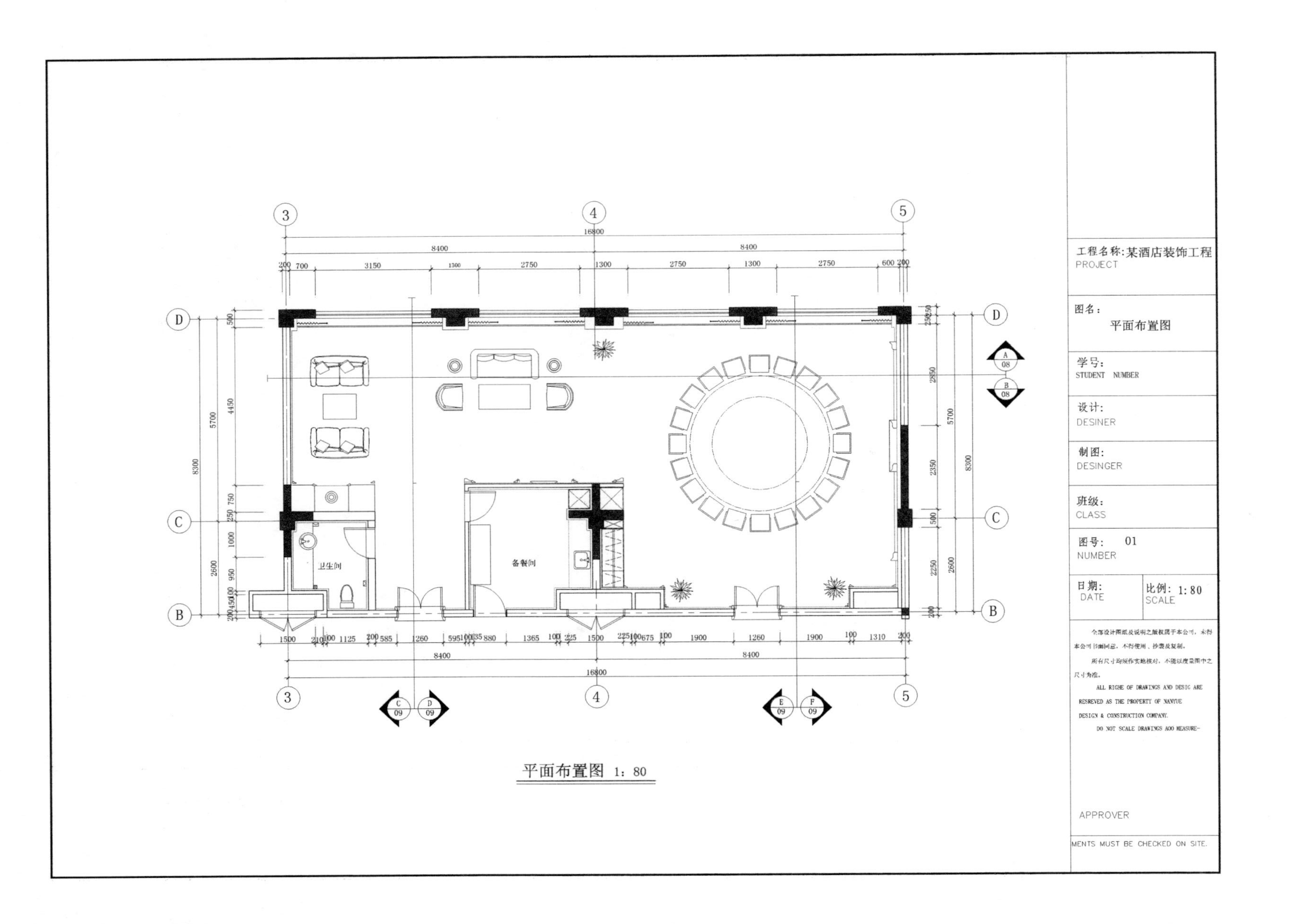
工程名称:某酒店装饰工程
PROJECT
图名:
平面布置图
学号:
STUDENT NUMBER
设计:
DESINER
制图:
DESINGER
班级:
CLASS
图号: 01
NUMBER
日期:
DATE
比例: 1:80
SCALE
APPROVER
MENTS MUST BE CHECKED ON SITE.
备餐间
卫生间
平面布置图 1:80

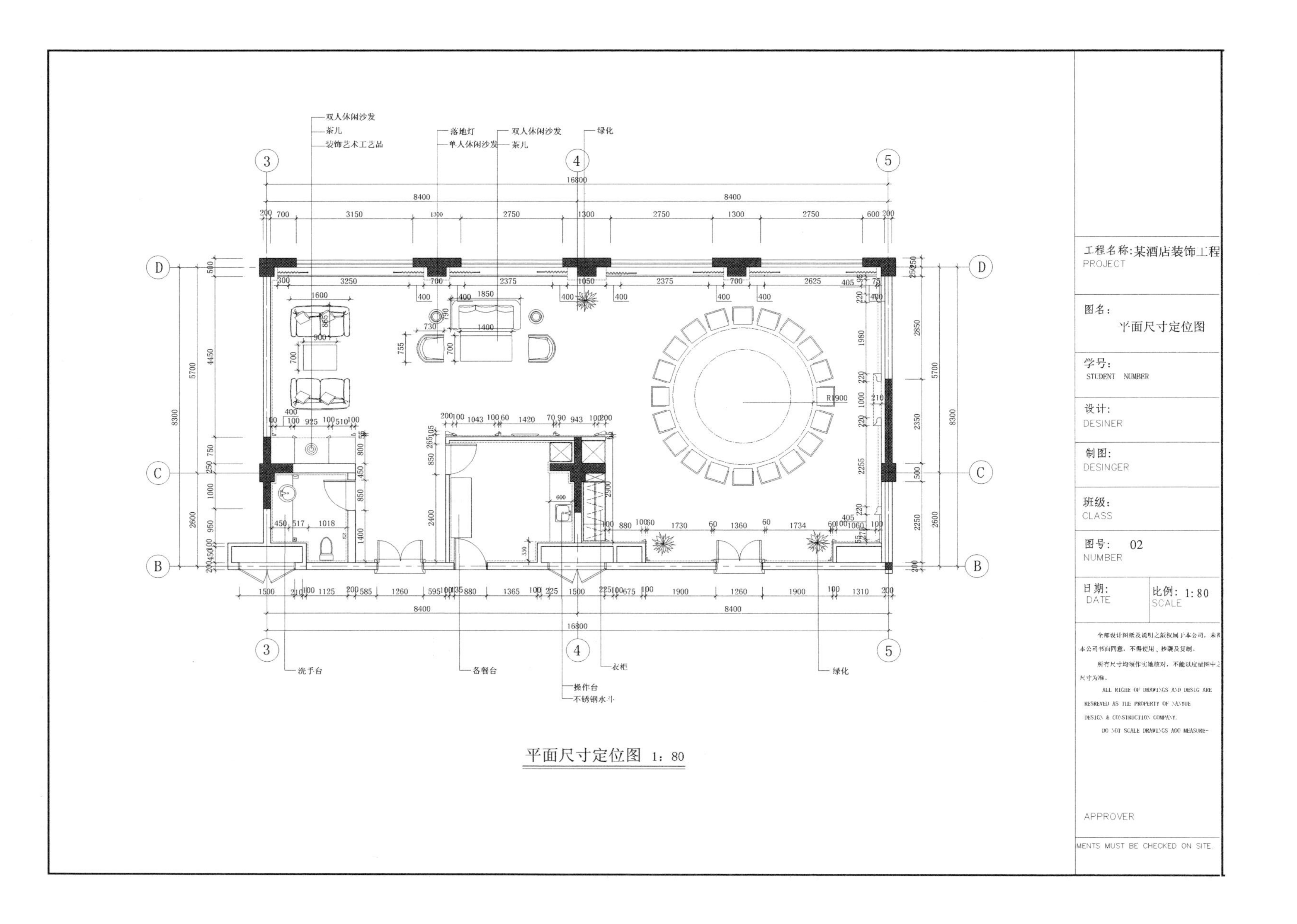

双人休闲沙发
茶儿
装饰艺术工艺品
落地灯
单人休闲沙发
双人休闲沙发
茶儿
绿化
洗手台
备餐台
衣柜
操作台
不锈钢水斗
绿化
工程名称:某酒店装饰工程
PROJECT
图名:
平面尺寸定位图
学号:
STUDENT NUMBER
设计:
DESINER
制图:
DESINGER
班级:
CLASS
图号: 02
NUMBER
日期:
DATE
比例: 1:80
SCALE
APPROVER
MENTS MUST BE CHECKED ON SITE.

平面尺寸定位图 1:80

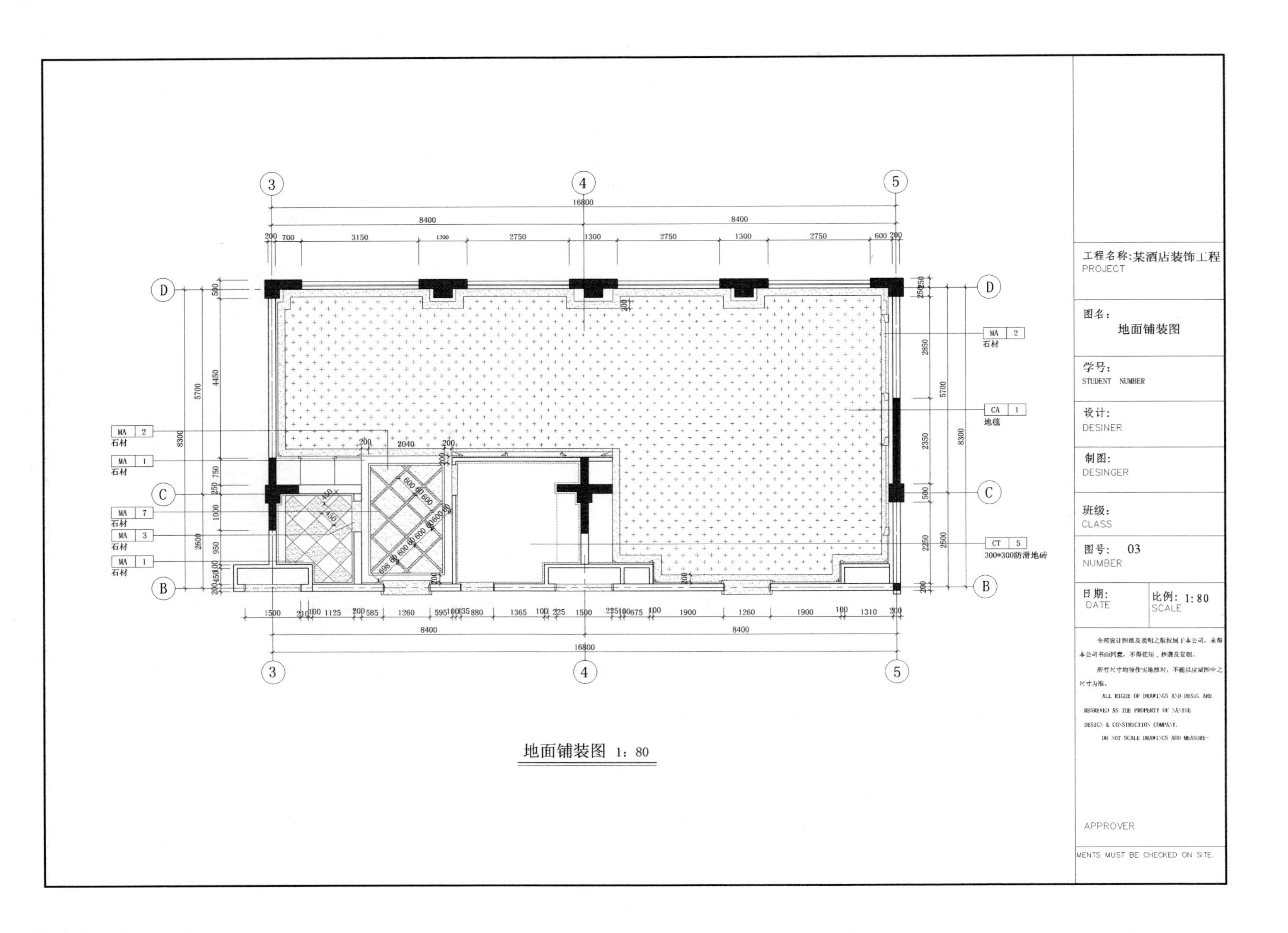

工程名称:某酒店装饰工程
PROJECT
图名:
地面铺装图
学号:
STUDENT NUMBER
设计:
DESINER
制图:
DESINGER
班级:
CLASS
图号: 03
NUMBER
日期:
DATE
比例: 1:80
SCALE
APPROVER
MENTS MUST BE CHECKED ON SITE.
MA 2 石材
CA 1 地毯
CT 5 300*300防滑地砖
MA 1 石材
MA 7 石材
MA 3 石材
地面铺装图 1:80

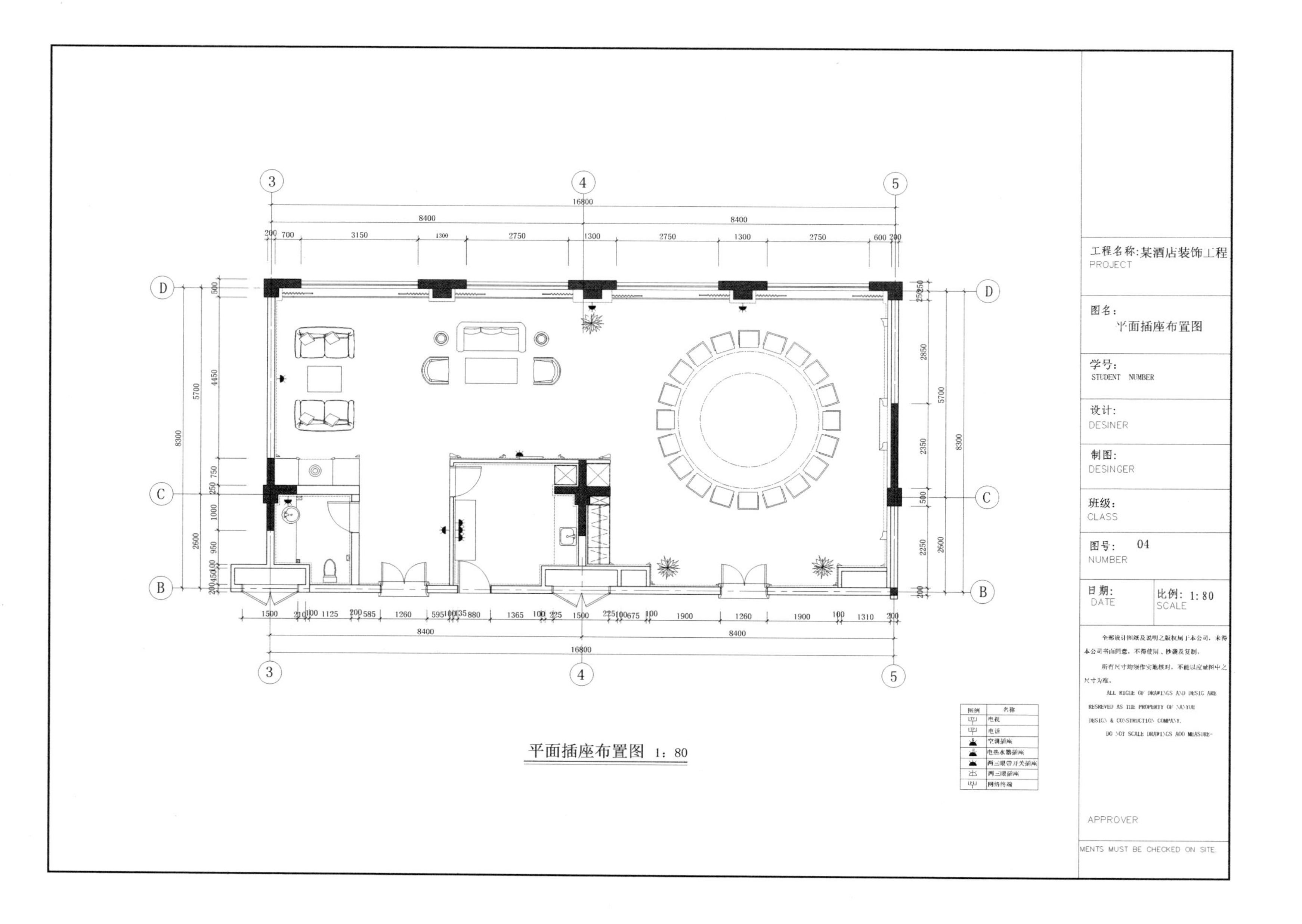
工程名称:某酒店装饰工程
PROJECT
图名:
平面插座布置图
学号:
STUDENT NUMBER
设计:
DESINER
制图:
DESINGER
班级:
CLASS
图号: 04
NUMBER
日期:
DATE
比例: 1:80
SCALE
全部设计图纸及说明之版权属于本公司，未得本公司书面同意，不得使用、抄袭及复制。
所有尺寸均须作实地核对，不能以度量图中之尺寸为准。
ALL RIGHT OF DRAWINGS AND DESIG ARE RESERVED AS THE PROPERTY OF NAYUE DESIGN & CONSTRUCTION COMPANY.
DO NOT SCALE DRAWINGS ADD MEASURE-
APPROVER
MENTS MUST BE CHECKED ON SITE.
图例 名称
电视
电话
空调插座
电热水器插座
两三眼带开关插座
两三眼插座
网络终端
平面插座布置图 1:80

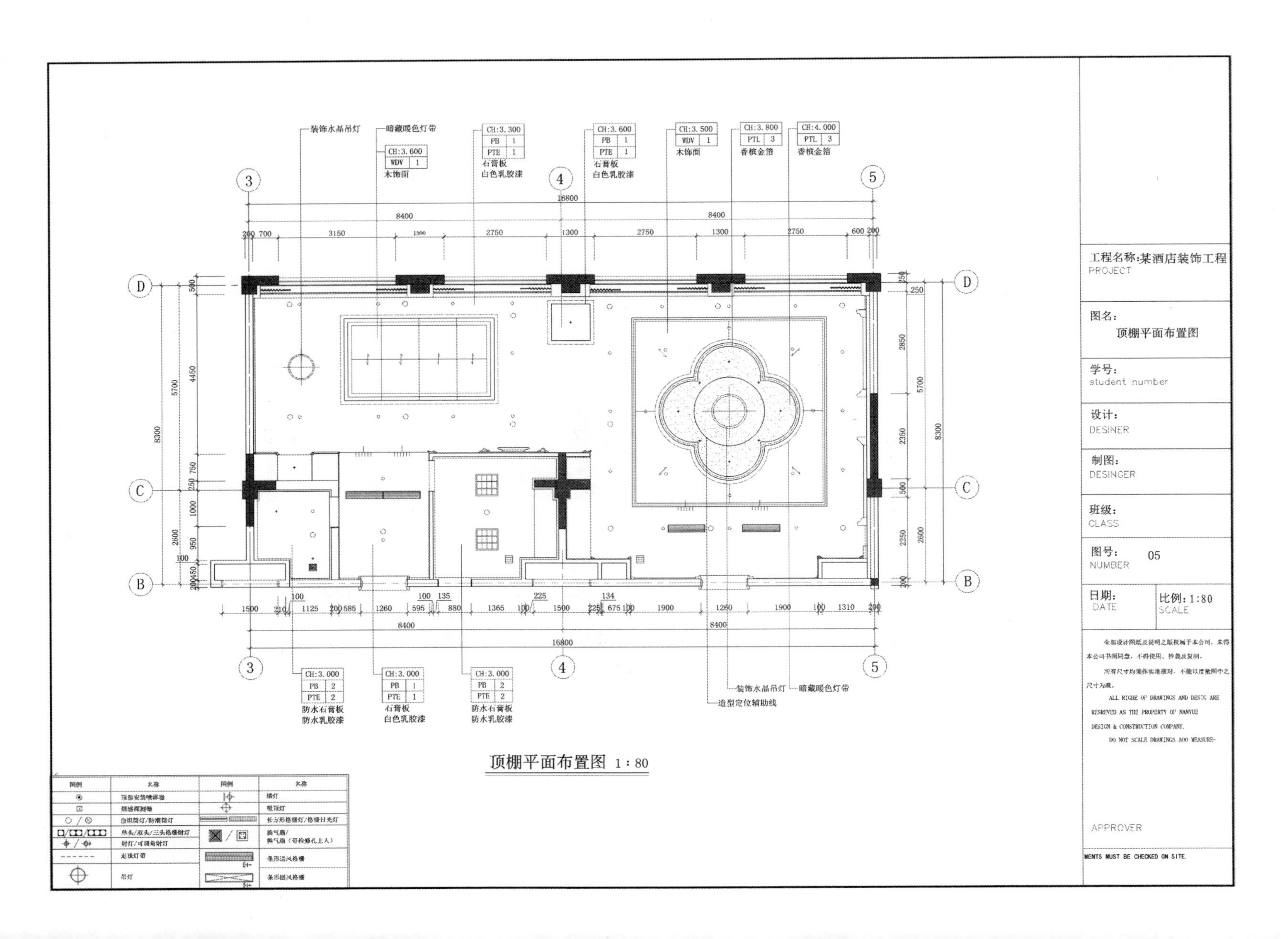
装饰水晶吊灯
暗藏暖色灯带
CH:3.600
WDV 1
木饰面
CH:3.300
PB 1
PTE 1
石膏板
白色乳胶漆
CH:3.600
PB 1
PTE 1
石膏板
白色乳胶漆
CH:3.500
WDV 1
木饰面
CH:3.800
PTL 3
香槟金箔
CH:4.000
PTL 3
香槟金箔
CH:3.000
PB 2
PTE 2
防水石膏板
防水乳胶漆
CH:3.000
PB 1
PTE 1
石膏板
白色乳胶漆
CH:3.000
PB 2
PTE 2
防水石膏板
防水乳胶漆
装饰水晶吊灯
暗藏暖色灯带
造型定位辅助线
16800
8400
8300
5700
2600
顶棚平面布置图 1:80
工程名称:某酒店装饰工程
PROJECT
图名:
顶棚平面布置图
学号:
student number
设计:
DESINER
制图:
DESINGER
班级:
CLASS
图号:
NUMBER
05
日期:
DATE
比例:1:80
SCALE
APPROVER
MENTS MUST BE CHECKED ON SITE.

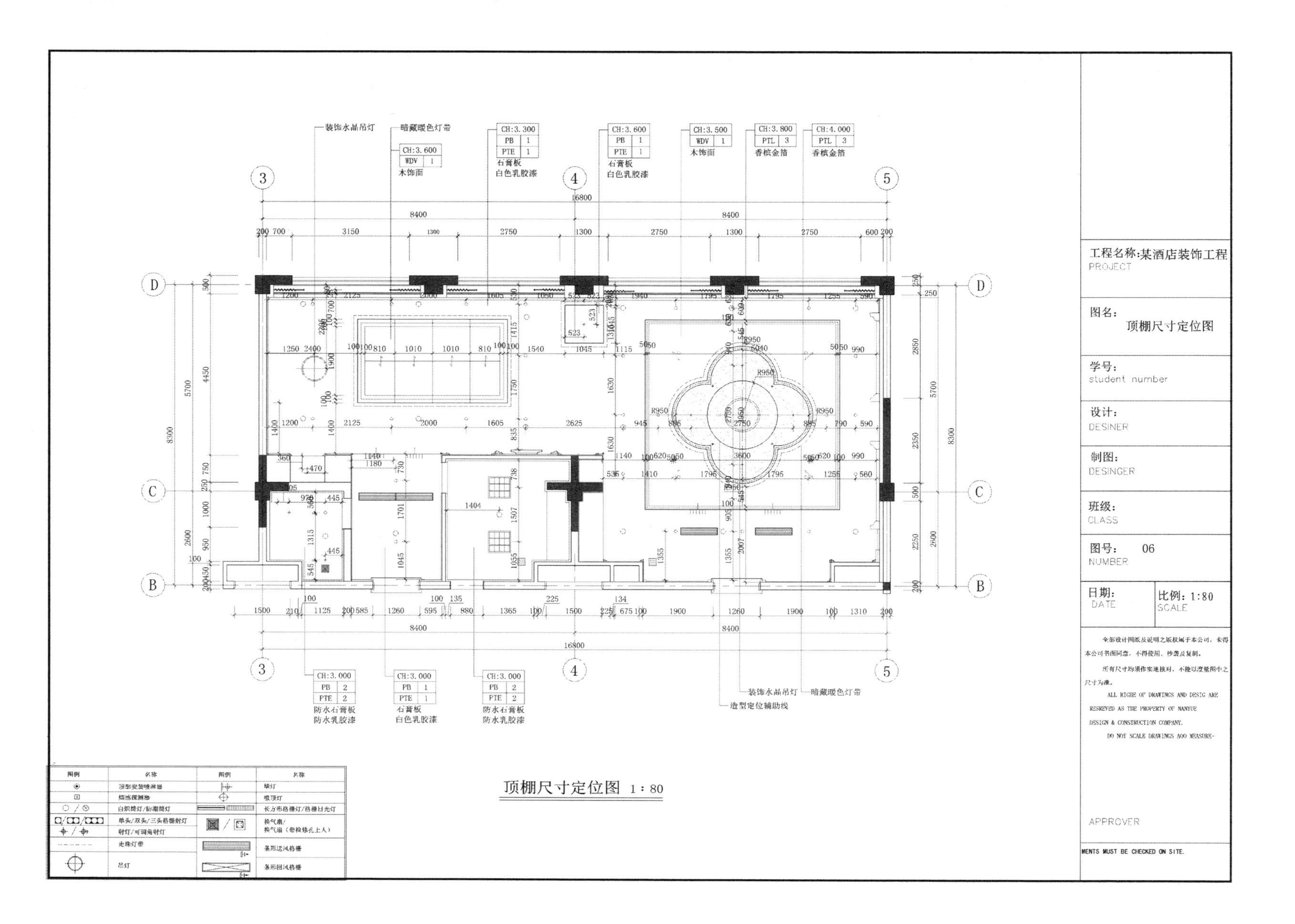

装饰水晶吊灯
暗藏暖色灯带
CH:3.600 WDV 1 木饰面
CH:3.300 PB 1 PTE 1 石膏板 白色乳胶漆
CH:3.600 PB 1 PTE 1 石膏板 白色乳胶漆
CH:3.500 WDV 1 木饰面
CH:3.800 PTL 3 香槟金箔
CH:4.000 PTL 3 香槟金箔
CH:3.000 PB 2 PTE 2 防水石膏板 防水乳胶漆
CH:3.000 PB 1 PTE 1 石膏板 白色乳胶漆
CH:3.000 PB 2 PTE 2 防水石膏板 防水乳胶漆
装饰水晶吊灯
暗藏暖色灯带
造型定位辅助线
顶棚尺寸定位图 1:80
工程名称:某酒店装饰工程
PROJECT
图名:
顶棚尺寸定位图
学号:
student number
设计:
DESINER
制图:
DESINGER
班级:
CLASS
图号: 06
NUMBER
日期:
DATE
比例: 1:80
SCALE
APPROVER
MENTS MUST BE CHECKED ON SITE.

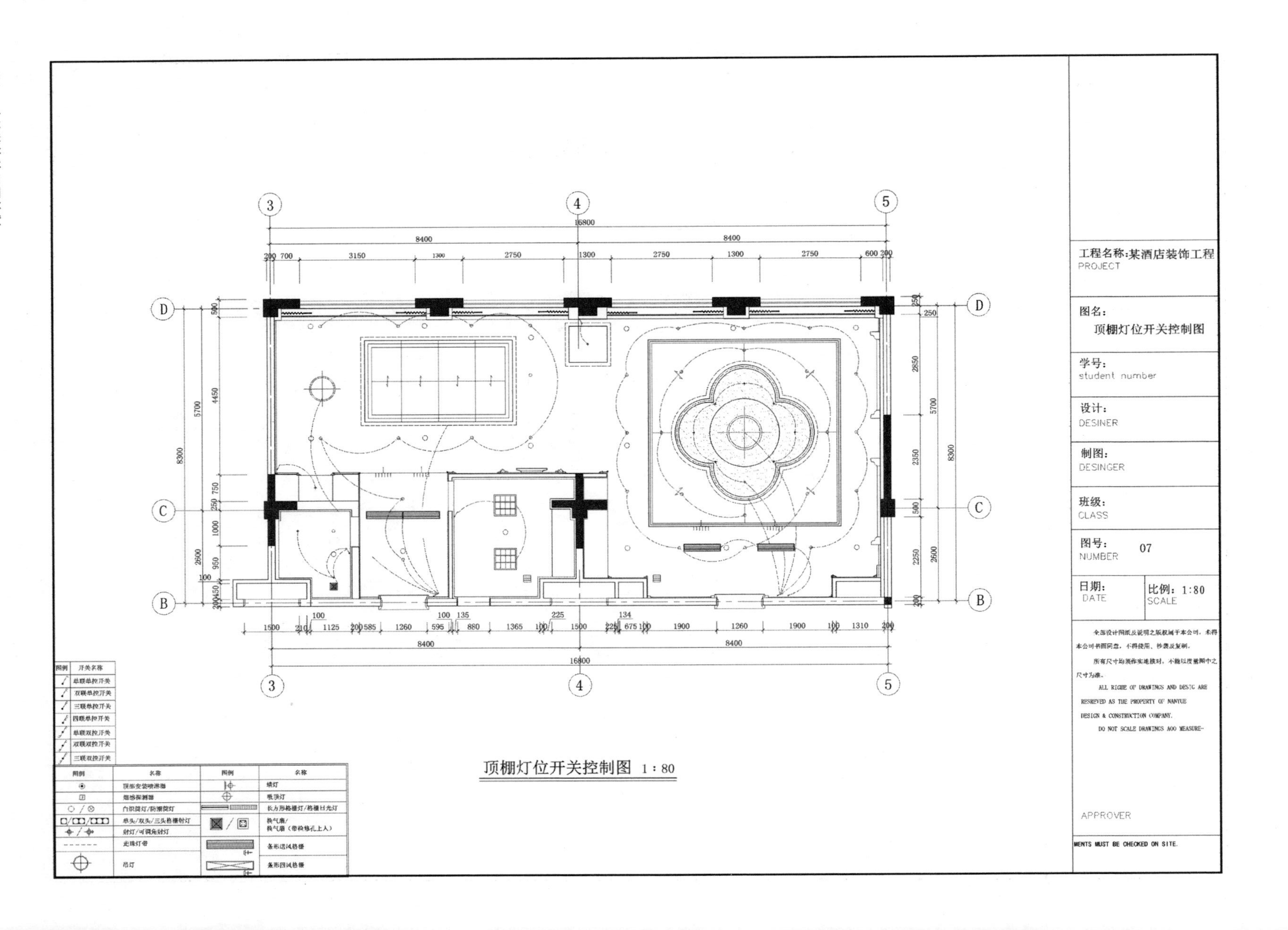
工程名称:某酒店装饰工程
PROJECT
图名:
顶棚灯位开关控制图
学号:
student number
设计:
DESINER
制图:
DESINGER
班级:
CLASS
图号:
NUMBER
07
日期:
DATE
比例: 1:80
SCALE
ALL RIGHT OF DRAWINGS AND DESIG ARE
RESERVED AS THE PROPERTY OF NANYUE
DESIGN & CONSTRUCTION COMPANY.
DO NOT SCALE DRAWINGS AOO MEASURE-
MENTS MUST BE CHECKED ON SITE.
APPROVER
顶棚灯位开关控制图 1:80

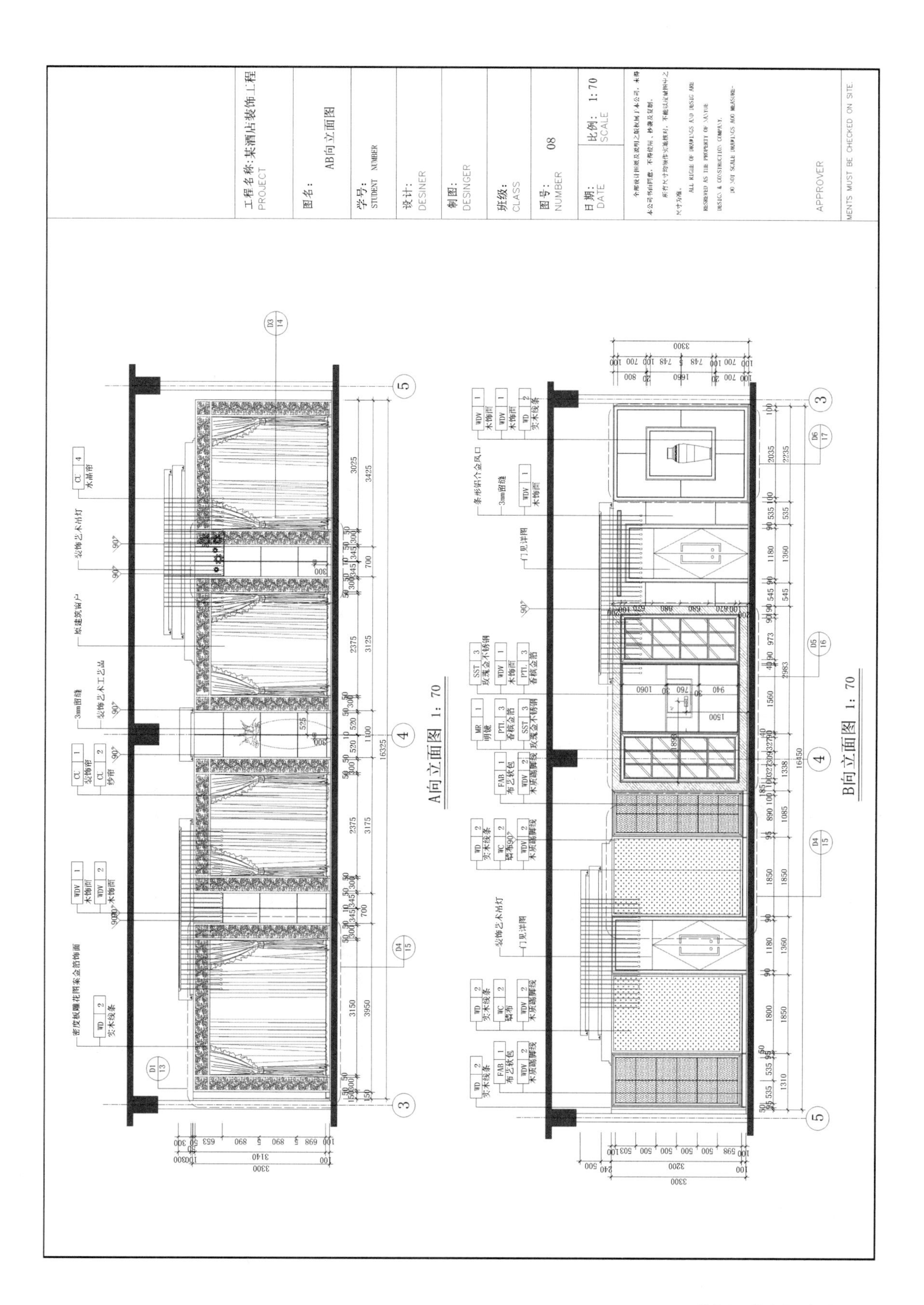

工程名称:某酒店装饰工程
PROJECT
图名:
AB向立面图
学号:
STUDENT NUMBER
设计:
DESINER
制图:
DESINGER
班级:
CLASS
图号:
NUMBER
08
日期:
DATE
比例: 1:70
SCALE
APPROVER
A向立面图 1:70
B向立面图 1:70

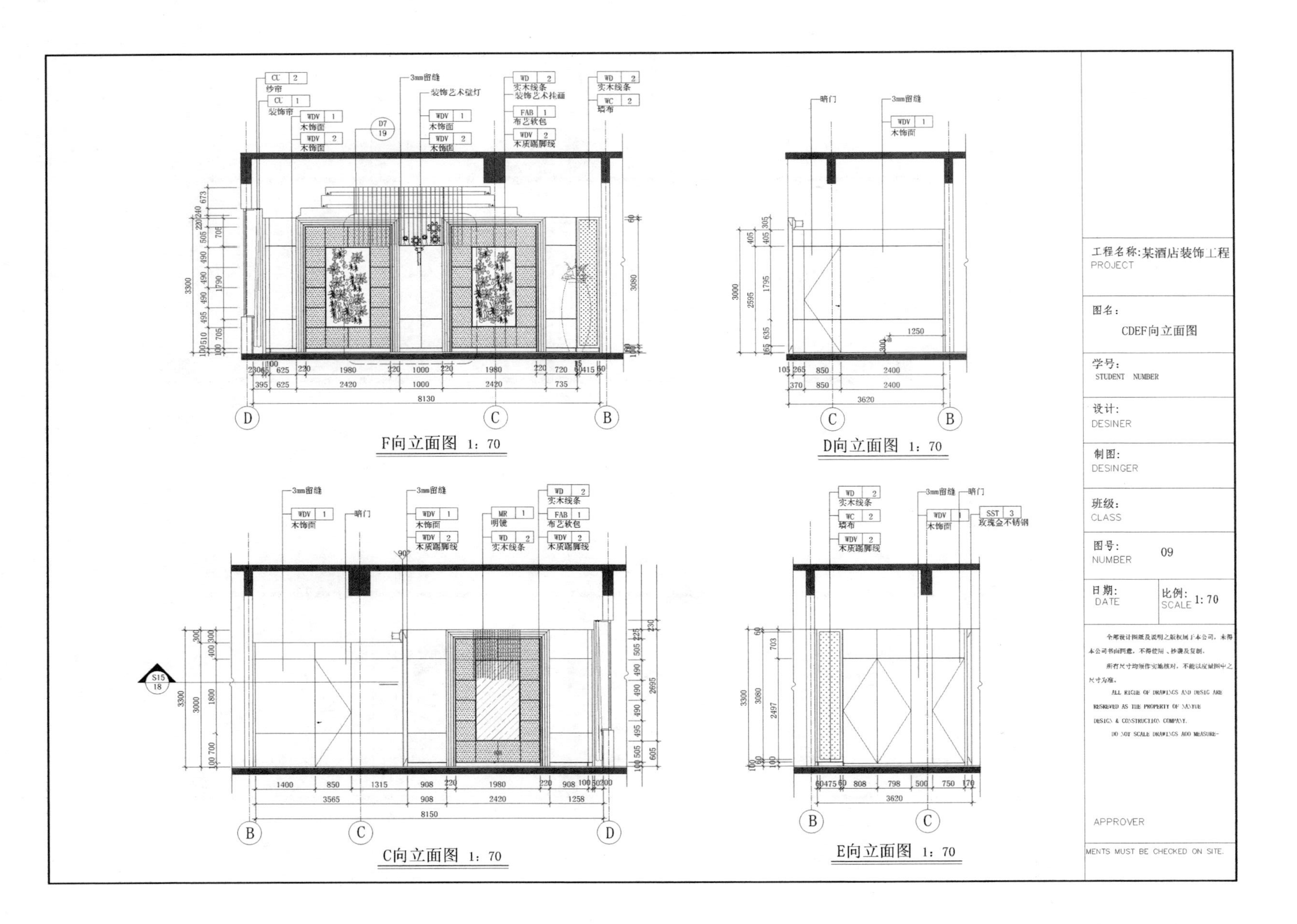
F向立面图 1:70
D向立面图 1:70
C向立面图 1:70
E向立面图 1:70
工程名称:某酒店装饰工程
PROJECT
图名:
CDEF向立面图
学号:
STUDENT NUMBER
设计:
DESINER
制图:
DESINGER
班级:
CLASS
图号:
NUMBER
09
日期:
DATE
比例: 1:70
SCALE
APPROVER
MENTS MUST BE CHECKED ON SITE.

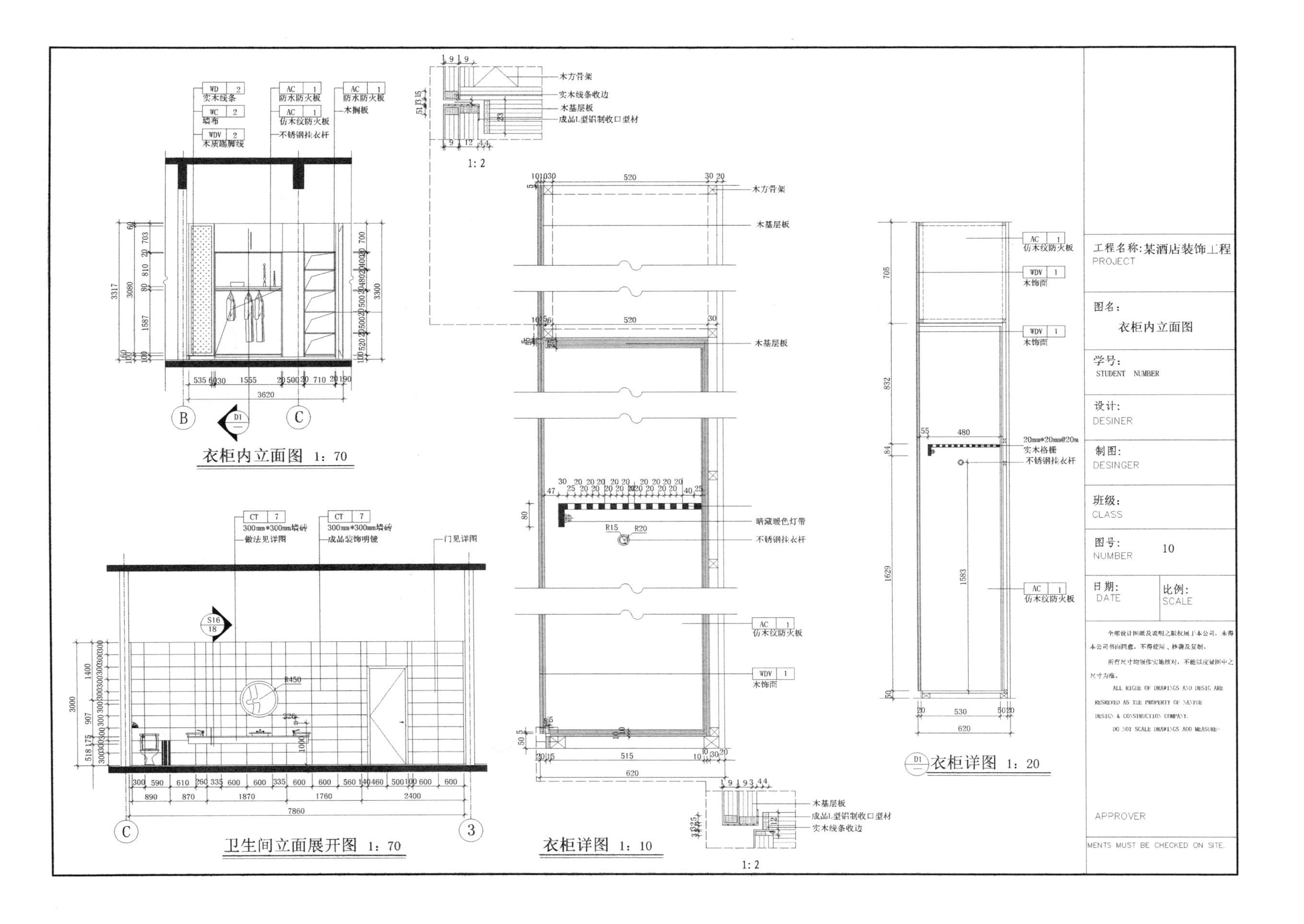
工程名称:某酒店装饰工程
PROJECT
图名:
衣柜内立面图
学号:
STUDENT NUMBER
设计:
DESINER
制图:
DESINGER
班级:
CLASS
图号:
NUMBER
10
日期:
DATE
比例:
SCALE
APPROVER
衣柜内立面图 1:70
卫生间立面展开图 1:70
衣柜详图 1:10
衣柜详图 1:20
木方骨架
实木线条收边
木基层板
成品L型铝制收口型材
暗藏暖色灯带
不锈钢挂衣杆
仿木纹防火板
木饰面
防水防火板
木搁板
实木线条
墙布
木质踢脚线
300mm*300mm墙砖
做法见详图
成品装饰明镜
门见详图
实木格栅

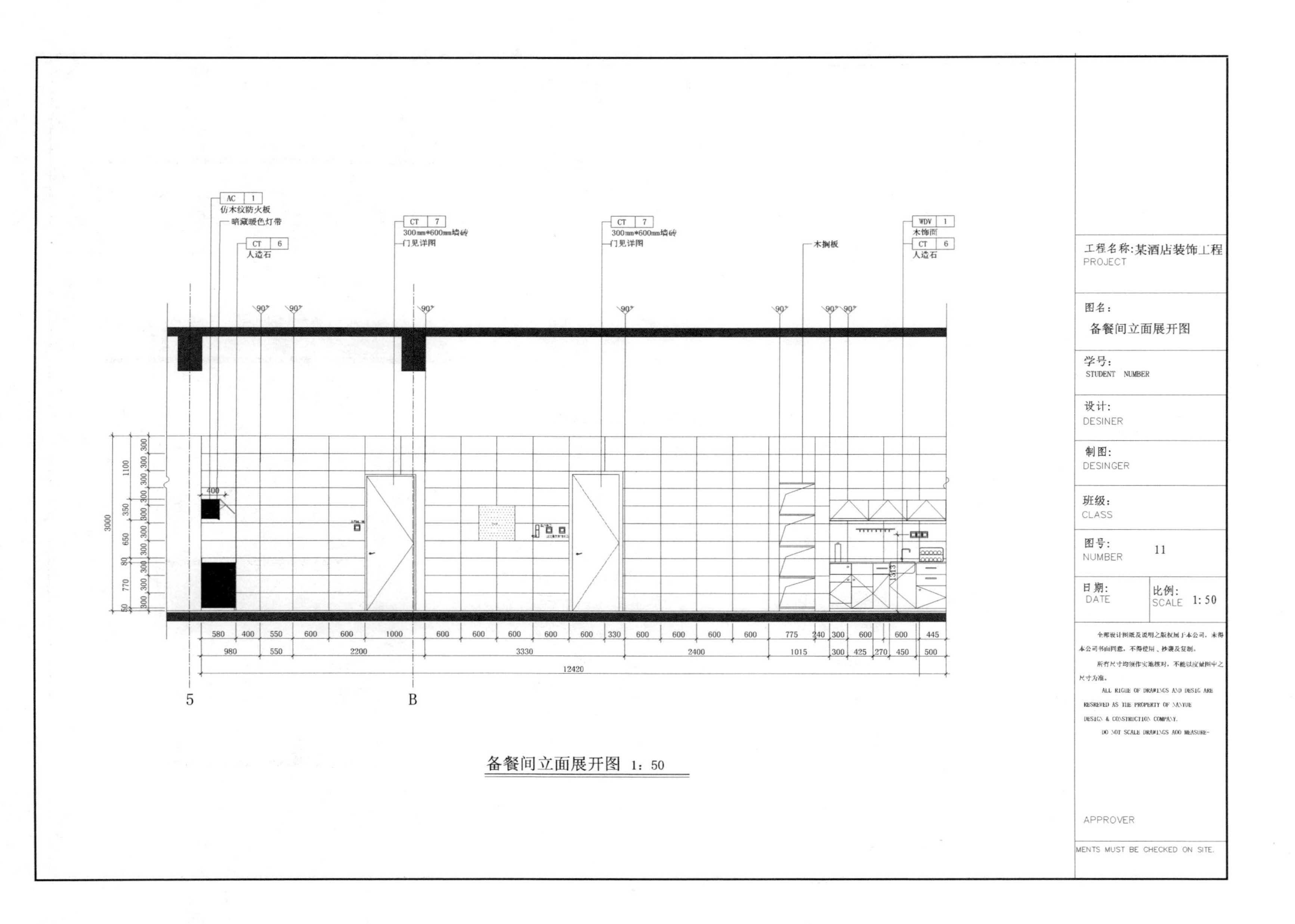

备餐间立面展开图 1:50

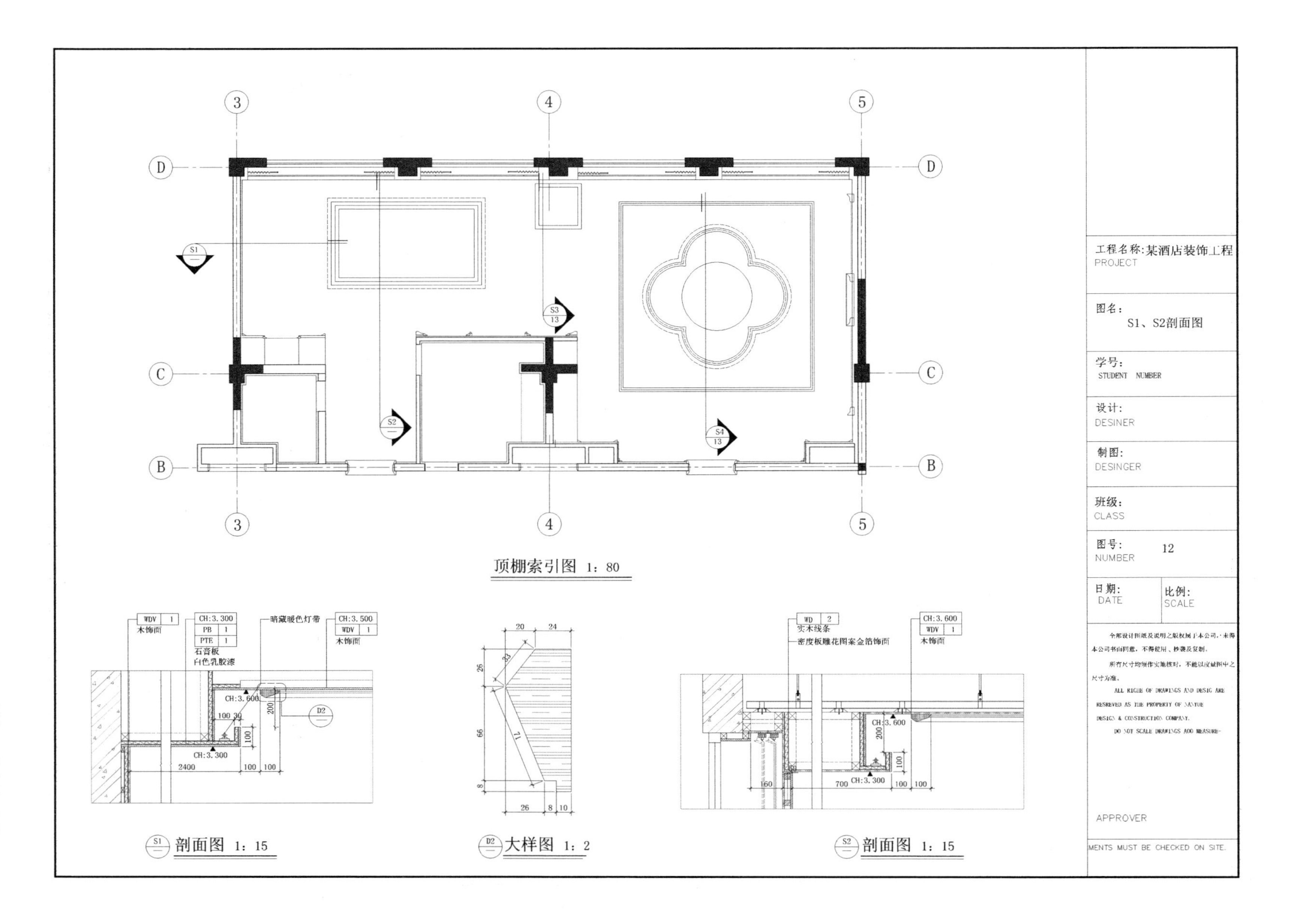

顶棚索引图 1：80
WDV 1
木饰面
CH:3.300
PB 1
PTE 1
石膏板
白色乳胶漆
暗藏暖色灯带
CH:3.500
WDV 1
木饰面
CH:3.600
CH:3.300
剖面图 1：15
大样图 1：2
WD 2
实木线条
密度板雕花图案金箔饰面
CH:3.600
WDV 1
木饰面
剖面图 1：15
工程名称:某酒店装饰工程
PROJECT
图名：
S1、S2剖面图
学号：
STUDENT NUMBER
设计：
DESINER
制图：
DESINGER
班级：
CLASS
图号：
NUMBER
12
日期：
DATE
比例：
SCALE
APPROVER
MENTS MUST BE CHECKED ON SITE.

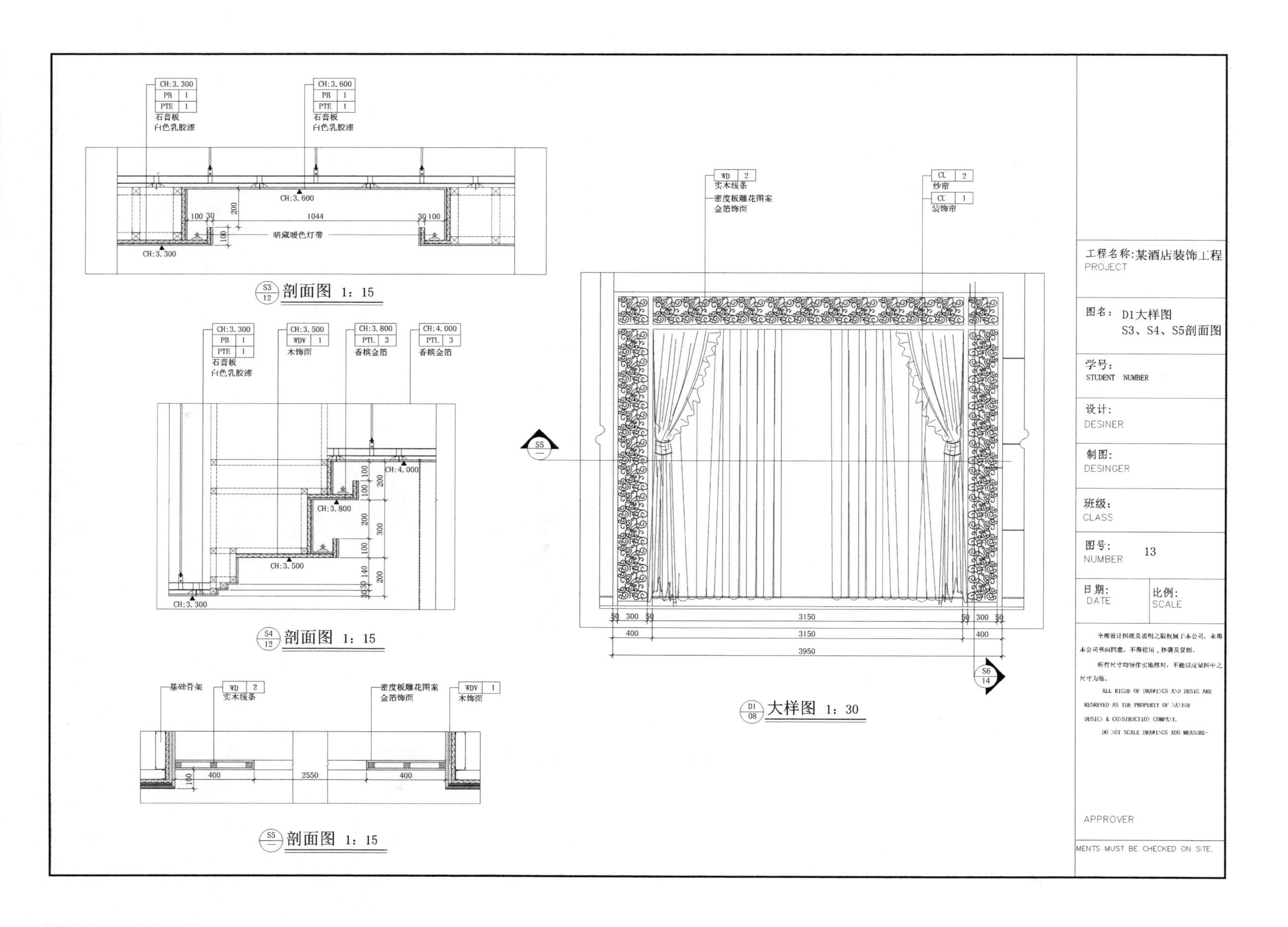

CH:3.300 PB 1 PTE 1 石膏板 白色乳胶漆
CH:3.600 PB 1 PTE 1 石膏板 白色乳胶漆
CH:3.600
1044
暗藏暖色灯带
CH:3.300
S3 12 剖面图 1:15
CH:3.300 PB 1 PTE 1 石膏板 白色乳胶漆
CH:3.500 WDV 1 木饰面
CH:3.800 PTL 3 香槟金箔
CH:4.000 PTL 3 香槟金箔
CH:4.000
CH:3.800
CH:3.500
CH:3.300
S4 12 剖面图 1:15
基础骨架
WD 2 实木线条
密度板雕花图案 金箔饰面
WDV 1 木饰面
2550
S5 剖面图 1:15
WD 2 实木线条
密度板雕花图案 金箔饰面
CU 2 纱帘
CU 1 装饰帘
3150
3950
D1 08 大样图 1:30
工程名称:某酒店装饰工程
PROJECT
图名: D1大样图
S3、S4、S5剖面图
学号:
STUDENT NUMBER
设计:
DESINER
制图:
DESINGER
班级:
CLASS
图号:
NUMBER
13
日期:
DATE
比例:
SCALE
全部设计图纸及说明之版权属于本公司，未得本公司书面同意，不得使用、抄袭及复制。
所有尺寸均须作实地核对，不能以度量图中之尺寸为准。
ALL RIGHT OF DRAWINGS AND DESIG ARE RESERVED AS THE PROPERTY OF NAYUE DESIGN & CONSTRUCTION COMPANY.
DO NOT SCALE DRAWINGS ADD MEASURE-
APPROVER
MENTS MUST BE CHECKED ON SITE.

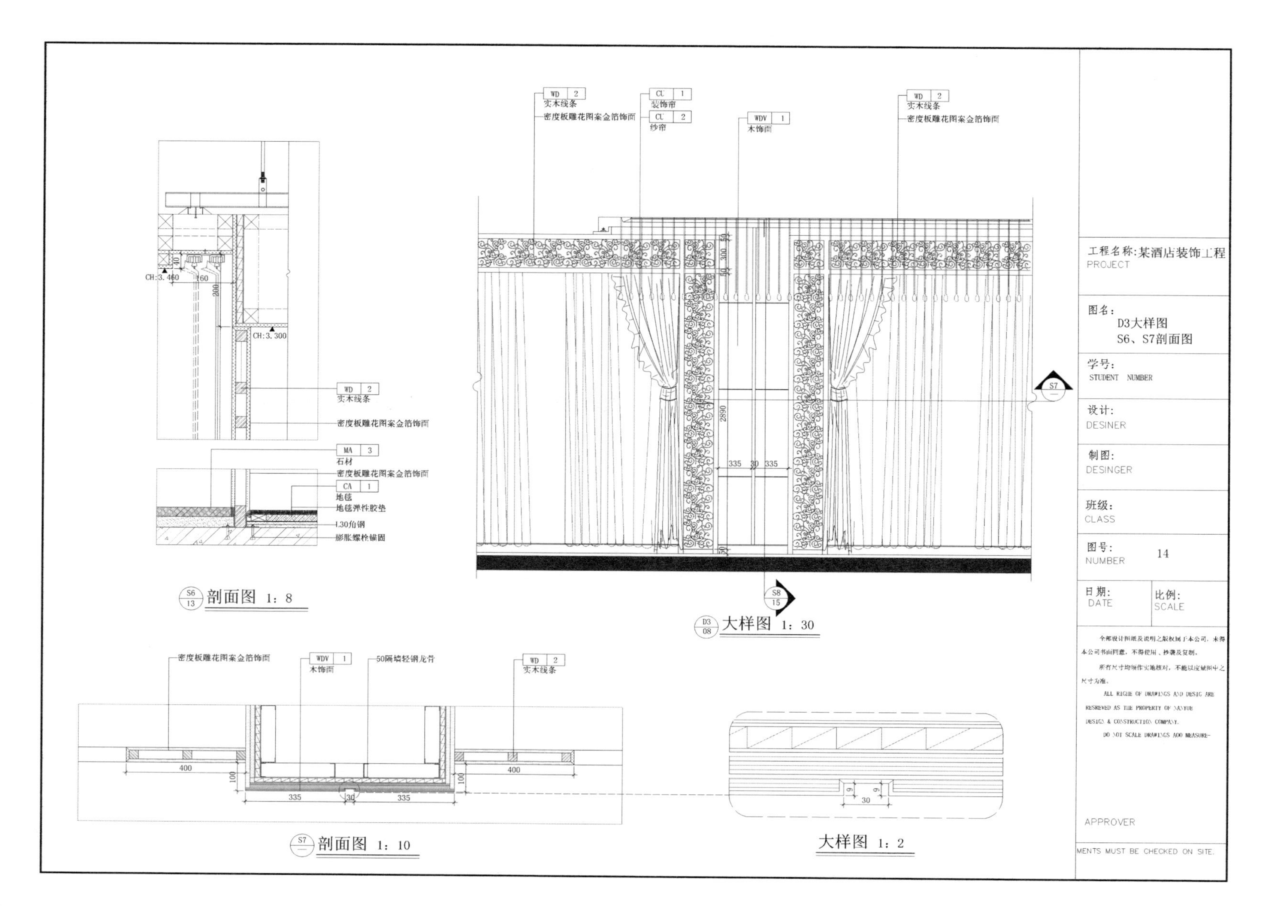
WD 2
实木线条
密度板雕花图案金箔饰面
CU 1
装饰帘
CU 2
纱帘
WDV 1
木饰面
CH:3.460
CH:3.300
MA 3
石材
CA 1
地毯
地毯弹性胶垫
L30角钢
膨胀螺栓锚固
剖面图 1：8
大样图 1：30
50隔墙轻钢龙骨
剖面图 1：10
大样图 1：2
工程名称：某酒店装饰工程
PROJECT
图名：
D3大样图
S6、S7剖面图
学号：
STUDENT NUMBER
设计：
DESINER
制图：
DESINGER
班级：
CLASS
图号：
NUMBER
14
日期：
DATE
比例：
SCALE
APPROVER
MENTS MUST BE CHECKED ON SITE.

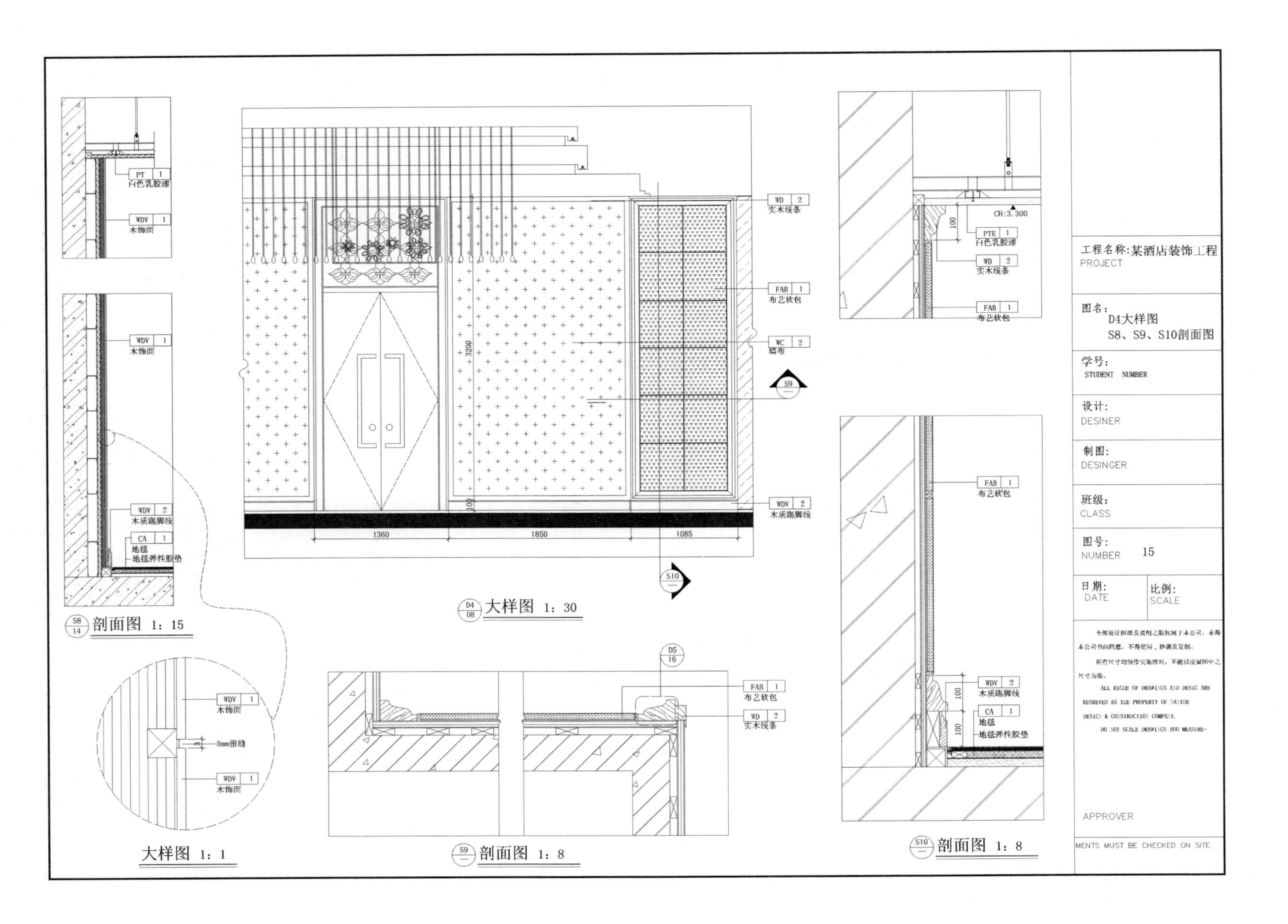

PT 1 白色乳胶漆
WDV 1 木饰面
WDV 1 木饰面
WDV 2 木质踢脚线
CA 1 地毯
地毯弹性胶垫
S8 14 剖面图 1:15
WDV 1 木饰面
3mm留缝
WDV 1 木饰面
大样图 1:1
WD 2 实木线条
FAB 1 布艺软包
WC 2 墙布
S9
WDV 2 木质踢脚线
3200
100
1360
1850
1085
S10
D4 08 大样图 1:30
D5 16
FAB 1 布艺软包
WD 2 实木线条
S9 剖面图 1:8
CH:3.300
100
PTE 1 白色乳胶漆
WD 2 实木线条
FAB 1 布艺软包
FAB 1 布艺软包
WDV 2 木质踢脚线
CA 1 地毯
地毯弹性胶垫
S10 剖面图 1:8
工程名称:某酒店装饰工程
PROJECT
图名:
D4大样图
S8、S9、S10剖面图
学号:
STUDENT NUMBER
设计:
DESINER
制图:
DESINGER
班级:
CLASS
图号:
NUMBER 15
日期:
DATE
比例:
SCALE
APPROVER
MENTS MUST BE CHECKED ON SITE.

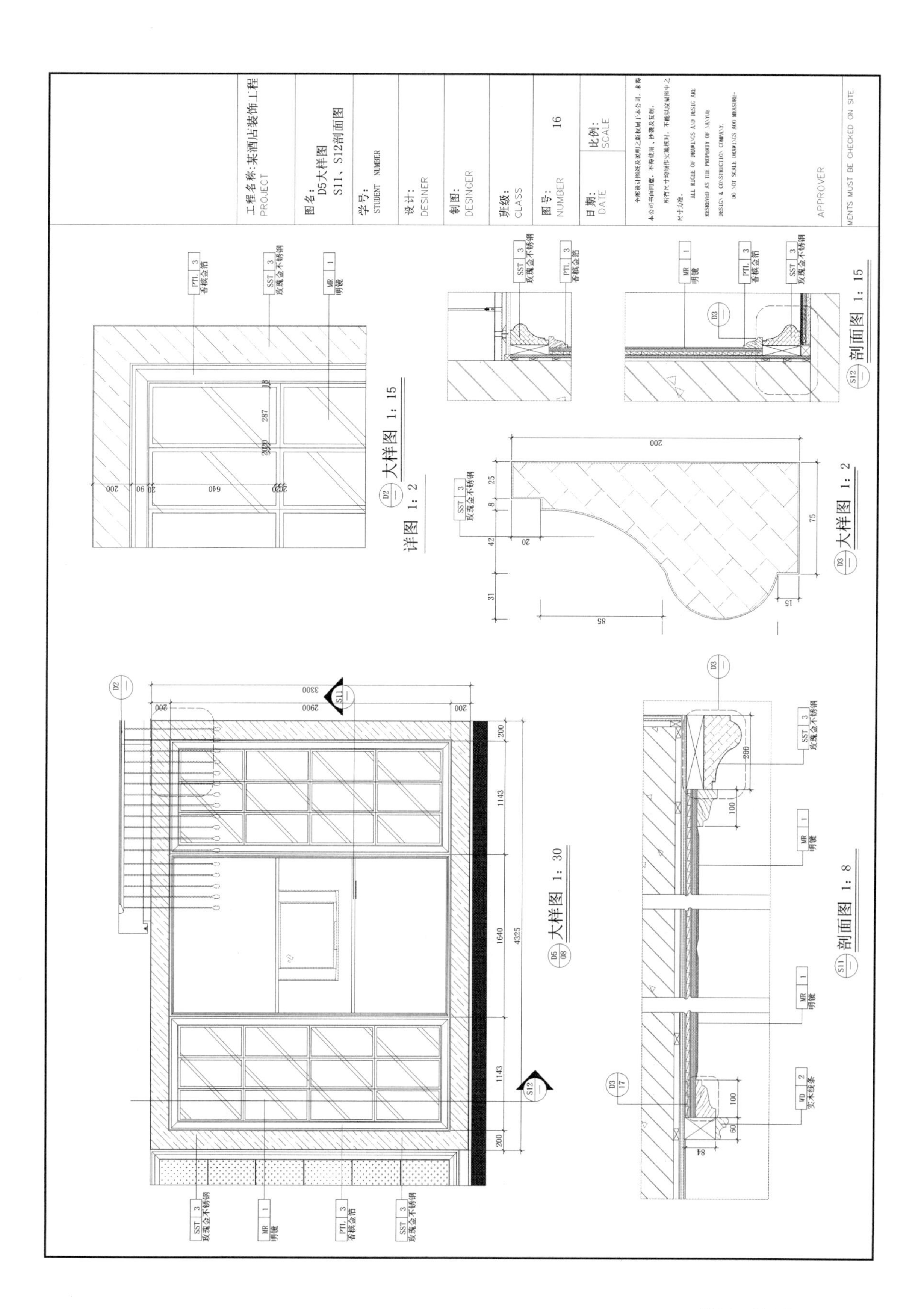

工程名称:某酒店装饰工程
PROJECT
图名:
D5大样图
S11、S12剖面图
学号:
STUDENT NUMBER
设计:
DESINER
制图:
DESINGER
班级:
CLASS
图号:
NUMBER
16
日期:
DATE
比例:
SCALE
APPROVER
大样图 1: 30
剖面图 1: 8
详图 1: 2
大样图 1: 15
大样图 1: 2
剖面图 1: 15
SST 3 玫瑰金不锈钢
PTL 3 香槟金箔
MR 1 明镜
WD 2 实木线条

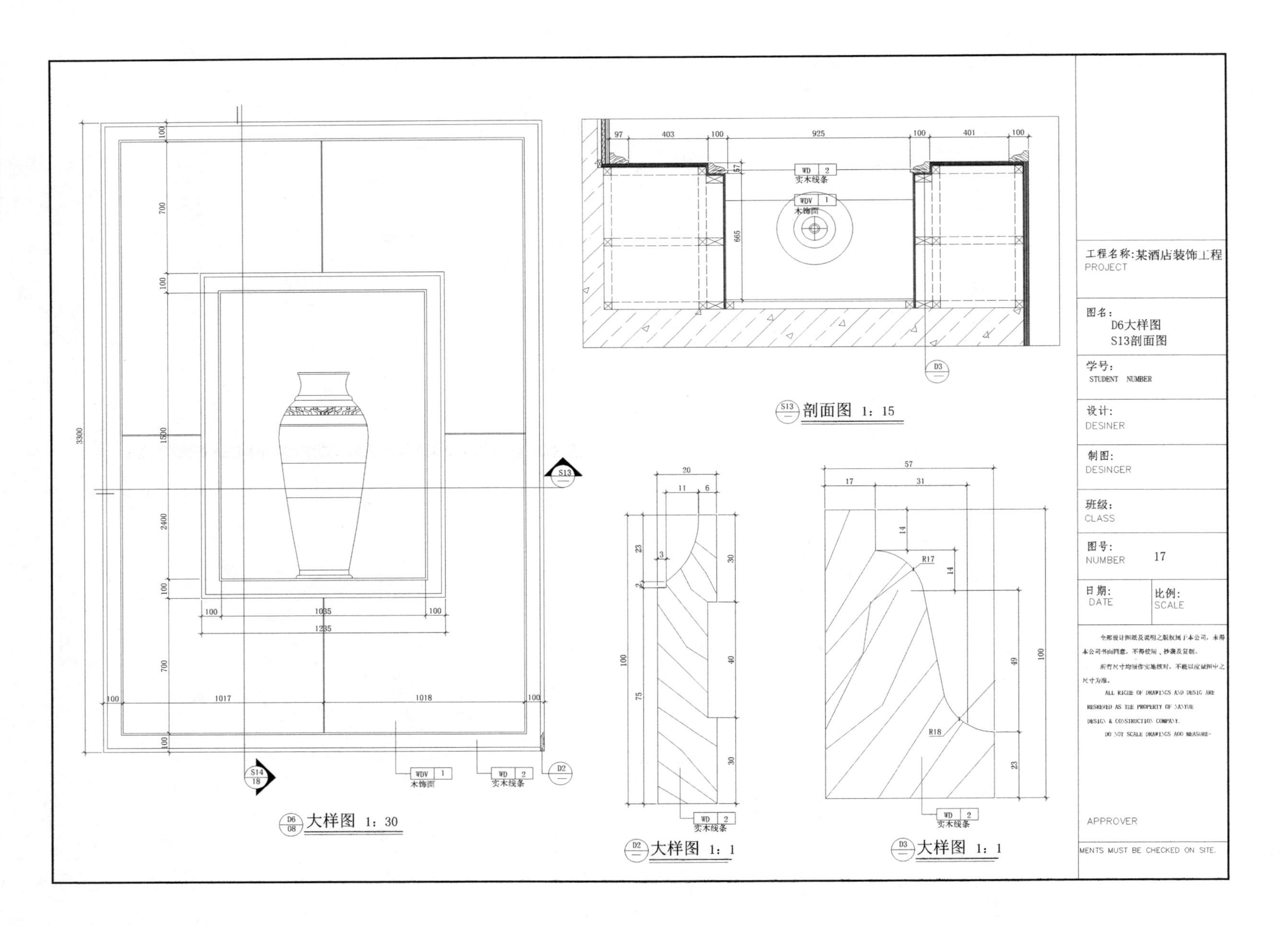

工程名称:某酒店装饰工程
PROJECT
图名:
D6大样图
S13剖面图
学号:
STUDENT NUMBER
设计:
DESINER
制图:
DESINGER
班级:
CLASS
图号:
NUMBER
17
日期:
DATE
比例:
SCALE
ALL RIGHT OF DRAWINGS AND DESIG ARE
DO NOT SCALE DRAWINGS ADD MEASURE-
APPROVER
MENTS MUST BE CHECKED ON SITE.
S13 剖面图 1:15
D6 08 大样图 1:30
D2 大样图 1:1
D3 大样图 1:1
WD 2
实木线条
WDV 1
木饰面
R17
R18
3300

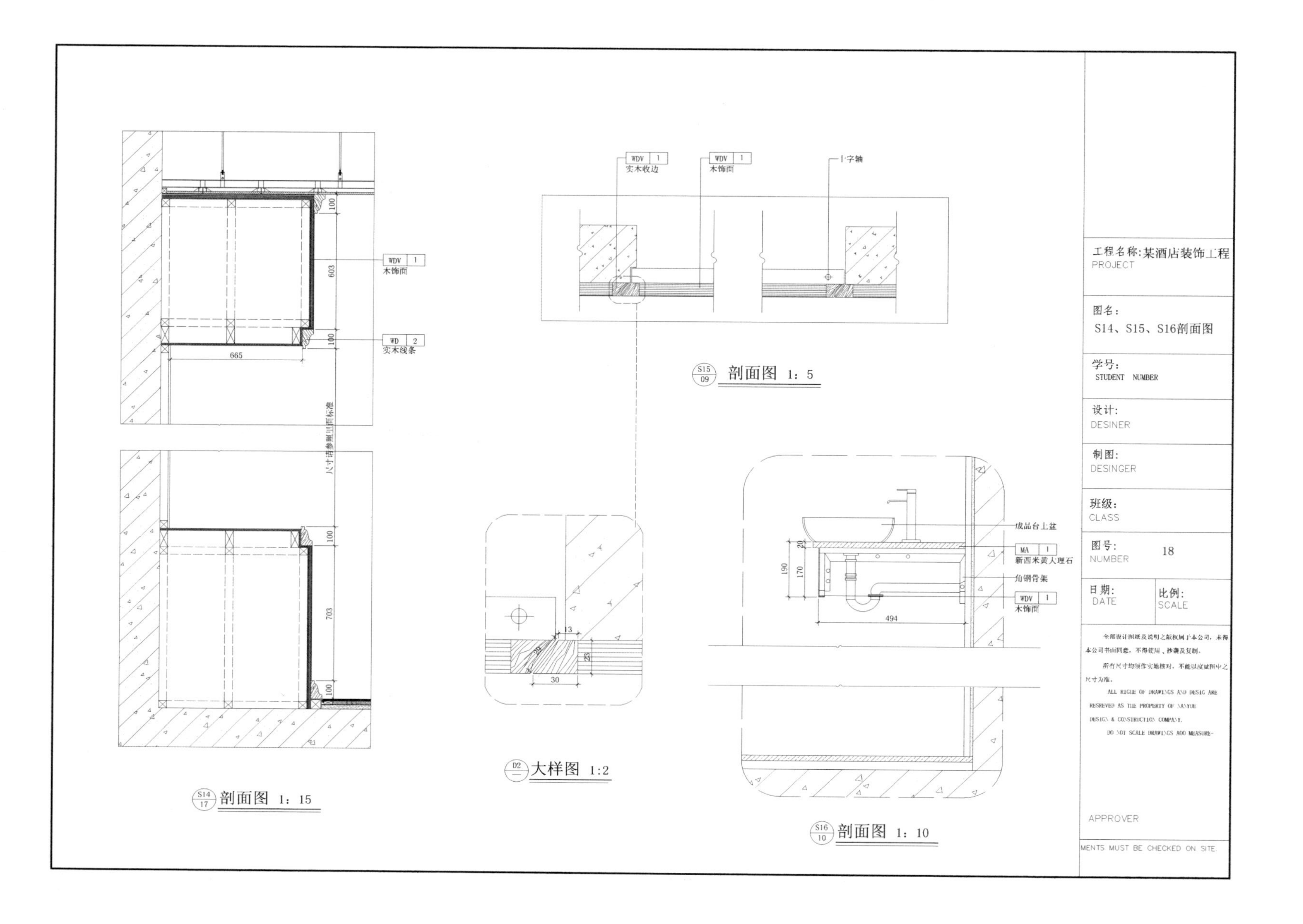
WDV 1
木饰面
WD 2
实木线条
100
603
100
665
703
尺寸请参照山西标准
剖面图 1:15
WDV 1
实木收边
WDV 1
木饰面
工字轴
剖面图 1:5
13
23
30
大样图 1:2
成品台上盆
MA 1
新西米黄大理石
角钢骨架
WDV 1
木饰面
20
170
190
494
剖面图 1:10
工程名称:某酒店装饰工程
PROJECT
图名:
S14、S15、S16剖面图
学号:
STUDENT NUMBER
设计:
DESINER
制图:
DESINGER
班级:
CLASS
图号:
NUMBER
18
日期:
DATE
比例:
SCALE
APPROVER
MENTS MUST BE CHECKED ON SITE.

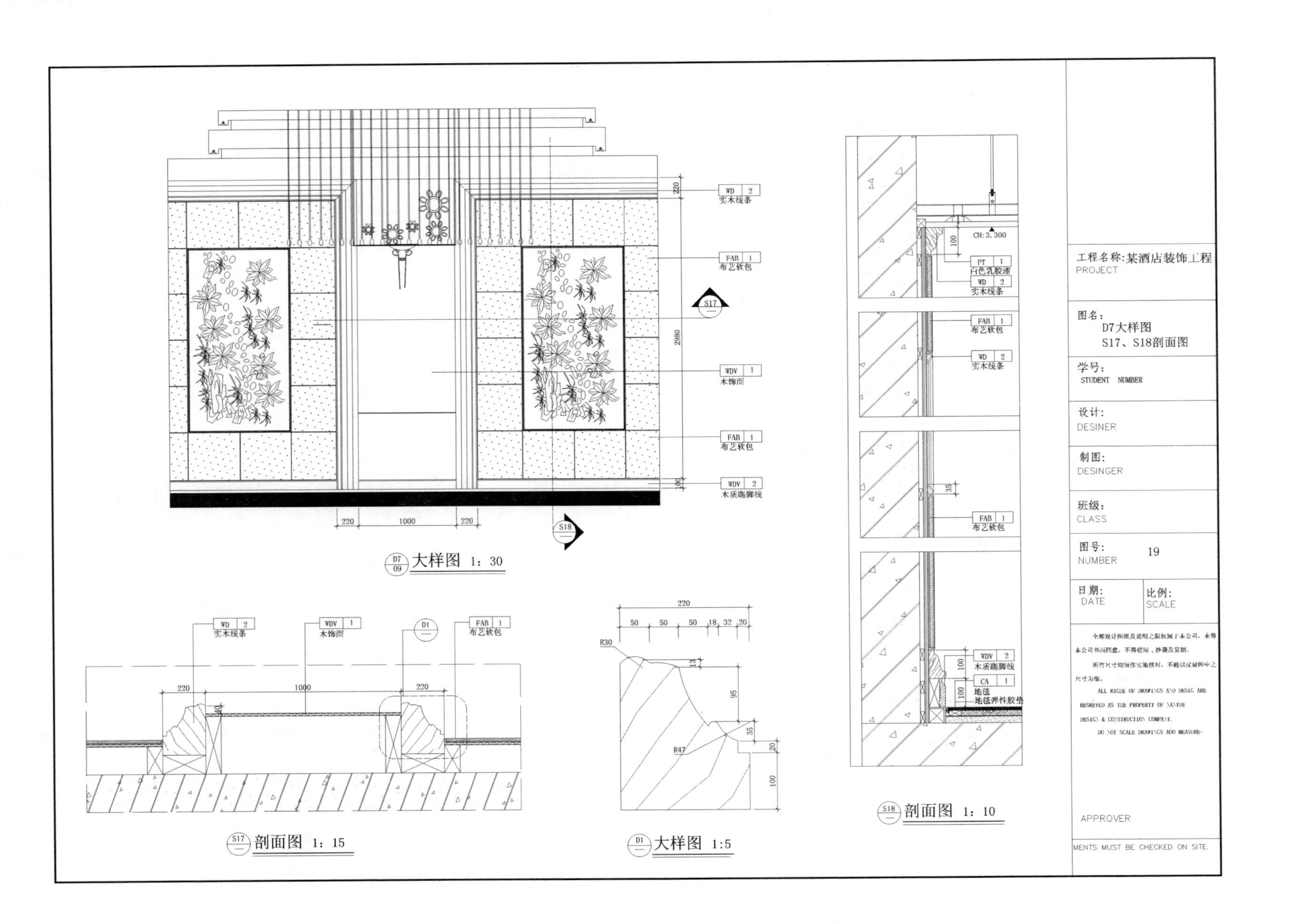
WD 2 实木线条
FAB 1 布艺软包
WDV 1 木饰面
FAB 1 布艺软包
WDV 2 木质踢脚线
2980
220
1000
220
大样图 1:30
WD 2 实木线条
WDV 1 木饰面
FAB 1 布艺软包
剖面图 1:15
220
R30
R47
大样图 1:5
CH:3.300
PT 1 白色乳胶漆
WD 2 实木线条
FAB 1 布艺软包
WD 2 实木线条
FAB 1 布艺软包
WDV 2 木质踢脚线
CA 1 地毯
地毯弹性胶垫
剖面图 1:10
工程名称:某酒店装饰工程
PROJECT
图名:
D7大样图
S17、S18剖面图
学号:
STUDENT NUMBER
设计:
DESINER
制图:
DESINGER
班级:
CLASS
图号:
NUMBER
19
日期:
DATE
比例:
SCALE
APPROVER
MENTS MUST BE CHECKED ON SITE.

参考文献

[1] 中华人民共和国住房和城乡建设部 .GB/T 50001—2017 房屋建筑制图统一标准 [S]. 北京：中国建筑工业出版社，2018.

[2] 江苏省住房和城乡建设厅 .JGJ/T244—2011 房屋建筑室内装饰装修制图标准 [S]. 北京：中国标准出版社，.2012.

[3] 江苏省住房和城乡建设厅 . 江苏省建筑装饰装修工程设计文件编制深度规定，2007.

[4] 中国建筑标准设计研究院 . 国家建筑标准设计图集 J502—1 ～ 3 内装修[S]. 北京：中国计划出版社，2004.

[5] 江苏省工程建设标准站 . 苏 J12—2005 05 系列江苏省工程建设标准设计图集——室内装饰木门 [S]. 北京：中国建筑工业出版社，2005.

[6] 江苏省工程建设标准站 . 苏 J/T13—2005 05 系列江苏省工程建设标准设计图集——室内装饰吊顶 [S]. 北京：中国建筑工业出版社，2005.

[7] 江苏省工程建设标准站 . 苏 J/T14—2005 05 系列江苏省工程建设标准设计图集——室内装饰墙面 [S]. 北京：中国建筑工业出版社，2005.

[8] 江苏省工程建设标准站 . 苏 J/34—2009 江苏省工程建设标准设计图集——室内照明装饰构造 [S]. 南京：江苏科学技术出版社，2009.

[9] 上海现代建筑装饰环境设计研究院有限公司 . 室内设计应用详图集 [M]. 北京：中国建筑工业出版社，2009.

[10] 叶铮 . 室内建筑工程制图 [M]. 北京：中国建筑工业出版社，2004.

[11] 刘超英，陈卫华 . 建筑装饰装修材料・构造・施工 [M]. 北京：中国建筑工业出版社，2010.

[12] 张倩 . 室内装饰材料与构造教程 [M]. 重庆：西南师范大学出版社，2007.

[13] 平国安 . 室内装饰设计员 [M]. 北京：机械工业出版社，2007.

[14] 孙亚峰 . 室内陈设 [M]. 北京：中国建筑工业出版社，2005.

[15] 李栋，胡伟 . 宾馆室内装饰设计与施工管理实例 [M]. 南京：东南大学出版社，2005.

[16] 石珍 . 家庭装饰设计与预算图集 [M]. 上海：上海科学技术出版社，2005.

[17] 隋洋 . 室内设计原理（下）[M]. 长春：吉林美术出版社，2007.

[18] 徐长玉 . 家居装饰设计 [M]. 北京：机械工业出版社，2009.

[19] 张绮曼，郑曙旸 . 室内设计资料集 [M]. 北京：中国建筑工业出版社，1991.

[20] 武峰 .CAD 室内设计施工图常用图块——金牌家装实例 [M]. 北京：中国建筑工业出版社，2004.

[21] 罗良武 . 建筑装饰装修工程制图识图实例导读 [M]. 北京：机械工业出版社，2010.